第一本兼具探討區塊鏈、**NFT** 與
WEB3 技術與產業實務運用的專業書籍

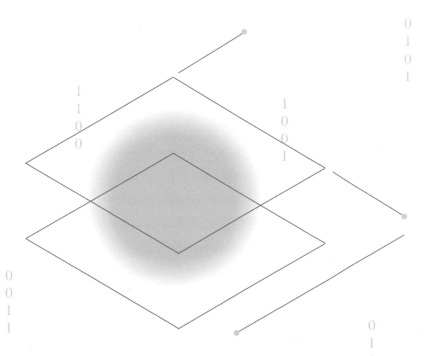

區塊鏈NFT與
Web3實務應用

序言

黃序

　　時下許多熱門潮語，如：元宇宙、加密貨幣、智能合約、NFT、Web3 等前瞻性數位商品應用或經濟生態圈，幾乎多源自於對區塊鏈技術之運用，讓人很想一窺其中奧妙究竟。其實，自學者中本聰(Satoshi Nakamoto)於 2008 年提出 Bitcoin: A Peer-to-Peer Electronic Cash System 論文，便觸發了熱潮，全球如火如荼般地投資加密貨幣，惟支持幣圈背後所蘊藏的區塊鏈技術遂如彗星般地橫空問世，開始為世人所重視與深究。尤其像是「去中心化、匿名性及不可竄改性」等特色更為世人所標榜與尊崇，特別是大大地鼓舞了那些不喜受審查、或厭惡受壟斷基礎網路協議的人們，開始大膽萌生追求強調個資保障、數位自由的烏托邦理想國度之期待，紛紛冀望透過區塊鏈之核心技術應用，實現讓數位世界資產得以彰顯其價值，並透過加密貨幣扮演數位世界的支付要角，創造並真正實現完全去中心化管理的 Web3 經濟，這或許是個理想，但人們卻因此夢想，而對未來有了更美好的期待與努力之憧憬。

　　本書的兩位作者——李昇暾特聘教授、詹智安諮詢委員，是本人服務於國立成功大學 FinTech 商創研究中心的重要核心顧問，他們憑藉其各自多年累積的學術研究能量及整合產業寶貴的實務經驗，以深入淺出方式介紹這個同時匯集加密演算法、資料結構、點對點網路、共識機制等多項關鍵特色的區塊鏈技術，讓讀者們輕鬆入門了解區塊鏈如何在不同協定共識下，百家爭鳴般地發展出適合各產業應用之多元商業模式或投資商品。尤其，難能可貴的是本書以簡單明瞭之架構設計，從區塊鏈技術的發展沿革、各主流共識協議下的框架開發，甚至是區塊鏈技術應用與理論間可能存在之期待落差，被以詳實易懂方式娓娓地道理釋義，本書無論被作為自修研讀或教科書，相信對莘莘學子於學習區塊鏈應用之路必有所啟發與助益，同時各領域新手定亦能快速上手熟闇區塊鏈的箇中奧妙，以實現本書科普知識的立著深意期許。

　　逢此知識科普的新書出版良緣時機，本人再次感激多年以來，亦師亦友的李昇暾特聘教授對於本校 FinTech 商創研究中心之竭力支持與辛勞貢獻，成就本中心研究能量與學企合作持續厚實成長，始得深受我國金融業與實務各界的肯定與信任。本人很榮幸此次獲得兩位作者之邀，為本書撰序，於此聊贅數語，以表至誠推薦之意。最後，本人再次祝福本書作者與有機會拜讀本書的諸位慧眼獨具讀者福慧並進，喜樂幸福常隨、平安健康永伴。

國立成功大學管理學院院長暨
FinTech 商創研究中心主任

李自序

時移重析區塊鏈　境遷新探 NFT

中心去化無何有　來日喜迎 Web3

　　自本書前版「區塊鏈智能合約與 DApp 實務應用」付梓後至今，回顧短短三年當中，隨著時光推移，緣起緣滅，有的策略技術曾熥到掉不著，讓人們緊追其後，有的卻已經擦落去，消逝在時間的洪流之中，而十餘年前揭櫫「去中心化」並體現「無何有之鄉」願景的區塊鏈仍屹立不搖！在經歷了多次的跌宕起伏，眾所關注的不外乎是濫觴於區塊鏈之比特幣與加密貨幣等息息相關的投資議題，是以「幣圈一天，人間十年」最能彰顯加密貨幣市場的不確定性。

　　當年拜智能合約之賜興起的 ICO 同質化代幣成為眾人除了 IPO 之外的另一種投資管道，卻因為良莠不齊的專案偏離初衷，最後甚至發生惡意吸金的情事，使得 ICO 不再受到投資人的青睞與信任。而之後出現的證券型代幣 STO 也沒有在市場上掀起太大的波瀾。接著在 2021 年出現的非同質化代幣浪潮，亦即眾所周知的 NFT（non fungible token），將加密貨幣應用推出另一波高潮，創造許多新的商業模式。NFT 雖然承襲了區塊鏈不可竄改的特性，但是不可竄改並不代表可被信任，NFT 遇到如產銷履歷、產品溯源等情況時，仍必須仰賴受信任的中介者。NFT 之於區塊鏈的最後一哩路，時至今日人們依然沒有找出圓滿的解決之道。

　　技術與話題永遠都不斷在推陳出新，在臉書掀起元宇宙熱度後，更有些人主張可以藉由 NFT 逐漸建構元宇宙與區塊鏈的共生關係，最終實現「人們可以在虛擬世界主張數位資產的所有權」之願景。雖然這樣的應用是否實際符合去中心化的理念仍有諸多爭議，但乘著 NFT 與元宇宙的浪潮，有人重提 2014 年由以太坊共同創辦人 Gavin Wood 定義的 Web3，並將元宇宙與 Web3 劃上等號。於是具有去中心化、對抗威權與審查、強調對於個資有絕對掌控權等核心價值的 Web3 吸引了人們的目光，眾人將實現 Web3 的理想寄託在可體現「無何有之鄉」的區塊鏈技術之上。

　　區塊鏈對企業的影響，並不如同以往像大數據或人工智慧等破壞式創新技術，可以一個低成本的解決方案，突如其來地轉變傳統的商業模式。反之，它是一種類似改變全球商業與生活型態的網際網路 TCP/IP 資訊基礎技術，須經過數十年的醞釀期來排除技術、治理、組織等障礙，才有機會滲透到產業的各個層面穩健地發展。而結合區塊鏈與 Web3 的去中心化生態圈在本質上是一種維新思潮(亦即為莊子〈逍遙遊〉所言的「無何有之鄉」)，然當前行之有年的各項制度與社會結構則是圍繞在中心化的法則設計，因而去中心化的思維吸引了許多對現實中心化體制不滿與絕望的年輕世代；他們將目光投射到虛擬世界那片未開發之地，欣然擁抱這些帶來希望與機會的相關技術。也正因為如此，在現實與虛擬之間，儼然形成世代之爭；追隨區塊鏈、NFT 與 Web3 等技術更像是反對體制、反抗威權以及世代隔閡的社會運動，而廣被年輕世代接受與歡迎。

　　這一波又一波的浪潮，不斷衝擊多年來生活在中心化世界的我們，區塊鏈要能成功，思考模式須徹底地改變，倘若無法從根本心念調整，那麼區塊鏈技術發展到最後徒為枉然。我們曾在哈佛商業評論〈數轉乾坤——企業數位轉型之策略規劃與心法〉策略專文指出：「單純的新技術學習或可另由其他外部資源快速引入，但心法的內化仍需無縫對接，方能發揮整體戰力。」意即企業試圖藉由引進新技術來驅動成員對組織的想像，但應優先執行、卻時常被忽略的是專注於改變組織成員的心態，以及改革組織的文化與流程。其談論的是數位轉型於企業中的應用之道，而核心的精神理念與筆者於協助企業推動數轉時奉為圭臬的心訣：「轉行轉型轉心念，心念不轉空轉型。」有異曲同工之妙。吾人無法單從實驗室的經濟模型得到結果，也無法控制環境所有的變數，唯有分析成性，藉由不斷的觀察與歸納體解局勢，累積知識並進而轉識成智，點滴成涓，才有可能勾勒出最接近真實世界的願景藍圖。

　　學海無涯，資通訊技術學無止境，可預見未來幾年一定會有更多技術問世。《韓非子‧說林上》：「聖人見微以知萌，見端以知末。」鑒古可知今，見微可知著，期勉讀者們能透過本書尋得區塊鏈的發展脈絡，與時俱進，甚至是預見演變的腳蹤，加添自己的技術競爭力。「法不孤起，仗境方生；道不虛行，遇緣則應。」瞭解各樣資訊技術所生之緣，當進一步了解它與我們生活的相應之道，未來會如何變化，且讓我們都能隨遇而安，帶著平和愉快的心情邁步前進。

　　單絲不成線、獨木不成林，這本專業書籍的誕生歸功我身邊的一群專才戮力齊心，以及日常萬事運命牽引、涓滴成流的書寫題材。首先感謝本書另一位作者詹智安先生多年來的合作與傾心盡力的付出，書內許多素材皆源自於他過去在金控公司「區塊鏈實驗室」所累積的寶貴實務經驗；接著特別要感謝成大管理學院院長黃宇翔特聘教授為序，筆者有幸經由其主持之教育部深耕計畫「Fintech 商創中心」機會，習得關於區塊鏈與商轉等理論及實務知識。另要感謝成大工設所吳宛蓁同學專業的封面設計，讓本書增添不少光彩，而本系專案助理陸佩君小姐與碁峰資訊公司出版團隊提供了許多編輯協助，對提升本書品質亦是厥功甚偉；最後，感謝內人素娟於逐字校正潤稿與精神上的鼓勵委實貢獻。

　　資訊技術日新月異，筆者才疏學淺，本書雖經多次校訂增修，疏漏謬誤仍難避免，尚祈讀者先進不吝指正並海涵。

李昆憲

成大工資管系暨資管所 AI 實驗室
中華民國 112 年元月

詹自序

　　Bitcoin 的成功，讓人們開始關注核心的區塊鏈。雖然區塊鏈號稱是下一個可以改變世界的資訊技術，但其實不論是雜湊演算法、橢圓曲線數位簽章演算法 (ECDSA)、Merkle Tree、P2P 網路等，所有區塊鏈使用到的技術幾乎都不是新的發明；即使濫觴於 Ethereum 區塊鏈平台上的智能合約也非全新的概念，它是參考了早在 1994 年就由身兼計算機科學家、法律學家及密碼學家的 Nick Szabo 首次提出的數位合約(digital contract)。因此，區塊鏈可說是一輛組裝巧妙的「拼裝車」罷了！

　　2017 年 12 月，世界各大加密貨幣首次站上歷史高點後，隨即便因為各國政府對監管強度的要求提高，以及流走著聯準會即將升息的風聲，使得資本紛紛離開高風險市場，致使加密貨幣陷入長期熊市，價格一路崩跌，投資人哀鴻遍野，泡沫化的傳言不脛而走。但加密貨幣往往猶如九命怪貓一樣，皆能起死回生。2021 年 11 月 10 日時 bitcoin 曾創下 1 顆約 68,925 美元的歷史高位。也許誠如美國諾貝爾經濟學獎得主克魯曼（Paul Krugman）的觀點，他認為加密貨幣儼然成為一種信仰，因此無論面對何樣的風風雨雨，加密貨幣未來將無限期存活下去。

　　到底應不應該投入對區塊鏈的學習與研究？這其實是一個有趣卻又難以簡明回答的問題。尤其區塊鏈的三大核心特色每每被不同的質疑論點聲討：「『去中心化』去得了嗎？」、「POW 不是讓權力更加集中在少數的礦工手上？」、「POS 是不是只要掌控 66% 質押權，其他人就難以生成新區塊？」、「比特幣其實只有 1 萬多個節點，這就足以視為去中心化？」、「以太坊只有 8,000 多個節點，也能稱為去中心化？」、「『不可竄改』對於企業的聯盟鏈來說，不是可以透過實體的合約約束來實現嗎？況且 GDPR 的遺忘權讓人們有權利能要求資料控管者刪除其個人資料，但是資料一旦上鏈就會被永久寫到區塊鏈之中，這兩者不是相互牴觸嗎？」、「『不可否認』不代表就可以相信！區塊鏈本身不可竄改所以很安全，但如果寫入區塊鏈的資料一開始就已經是錯的呢？」、「區塊鏈的最後一哩路要如何達成？」

　　當您問了一個問題之後，似乎就會衍生更多的問題。對於資訊從業人員來說，技術的熱忱與追求是不可以偏廢的。就好比多年前的 .COM 雖然泡沫化了，但時勢造英雄，當今全球前幾名的大型企業幾乎都是網路科技公司！我們只能將自己準備好！如此而已。

　　另方面，Java 程式語言已是目前大型企業廣泛採用的科技標準，然而綜觀當今書籍市場尚沒有人嘗試將區塊鏈與之結合。筆者有幸曾服務於國內某金控公司的「區塊鏈實驗室」，本書即基於個人對兩大技術之整合的實務心得與經驗來撰寫，希望藉由本書拋磚引玉，吸引更多人投入對區塊鏈的研究；也期許 IT 工程師能多花一些心思在商業模式與企業管理的修為。個人深深感受資訊技術與軟實力是國家產業轉型的軸心，在一個天然資源匱乏的地方，更應該強化新型態商業模式的設計與創新研究動能，拋棄過去數十年的硬體思維，才能夠帶領這塊土地早日走出產業轉型的道路。

　　本書能夠順利出版，首先要感謝恩師——李昇暾教授多年來持續不斷的鼓勵與指導；同時也要感謝內人洪幸琪小姐，以及我的一對雙胞胎——子嫻與子逸，能夠體諒犧牲陪伴他們的時光，全心投入本書的撰寫。

2023 年 1 月

詹智安于台北市

前言

想一窺區塊鏈之原貌與風采？

想一探 NFT 跨世代投資價值觀？

想駕馭區塊鏈生態圈之核心技術？

想體驗區塊鏈可能商轉之實務應用？

想親證中心去化之 Web3 無何有鄉？

本書讓您所願速成就！

區塊鏈生態圈

以上幾點是一般對由區塊鏈核心技術所演化出來的虛擬貨幣、數位代幣、元宇宙、NFT 甚或 Web3 等區塊鏈生態圈有興趣的讀者閱眾想一窺全貌的議題，為此，我們以下圖來開展此生態圈所涵蓋的核心技術與應用。

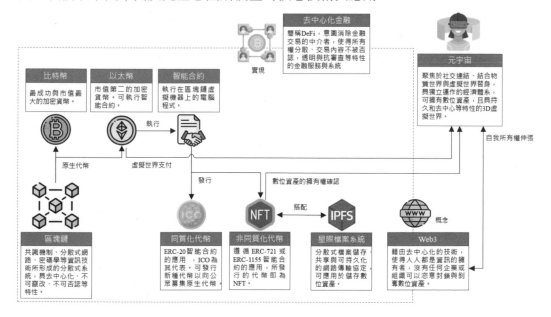

　　所有的一切皆發源於「區塊鏈」這三個字，單是此詞彙的緣起就可以說上一大段故事。但無論如何，這個結合加密演算法、資料結構、點對點網路、共識機制等諸多元素的資訊技術，早已推衍出許多經濟行為，大幅改變過去這十幾年來的投資活動；也藉由去中心化、不可竄改、不可否認之特性，建構數位世界的信任關係。

　　伴隨區塊鏈技術孕育而生、最為有名的原生代幣莫過於比特幣與以太幣這兩種加密貨幣。加密貨幣常被稱為虛擬貨幣或數位貨幣，乃是透過密碼學技術創建、發行、校驗和流通的電子貨幣，同時可確保交易的安全性及控制貨幣交易。雖然有人認為加密貨幣具有挑戰法幣地位的機會，但大部分國家還是只將加密貨幣歸類為商品，當作是一種無形資產，不將之視為現金與約當現金。本書在第一章即針對區塊鏈、比特幣與以太幣這兩種加密貨幣的前世今生逐一詳細介紹。

　　相對於比特幣，橫空出世的以太幣更是令人期待，因為它帶來「智能合約（Smart Contract）」這個能為虛擬世界奠定與建構經濟活動的基礎。智能合約是一種運作在以太坊區塊鏈之上的電腦程式，執行時需要花費以太幣做為燃料費。我們會在第二章手把手帶領讀者實作，一步一步演示如何透過以太坊客戶端軟體（Ethereum Client）連接以太坊主鏈、測試鏈，及架設屬於自己的私有鏈，再嘗試透過錢包軟體傳輸加密貨幣。

　　本書在第三章開始切入智能合約相關的主題。試著撰寫最簡單的智能合約，並且在區塊鏈虛擬機器上執行之。到了第四章之後，除了更深入介紹程式語法之外，也會對 ICO 首次代幣募資做深入淺出的介紹。ICO 乃是一種遵循 ERC 20 智能合約協議標準推出的募資模式，是新種加密代幣，它架構在以太幣這種原生代幣之上再另外發行。由於每一個代幣蘊藏的價值都是相同的，故又被稱為同質化代幣。

　　第五章是針對大型企業所撰寫的，尤其是相對保守的大型金融機構。問世已將近 30 年的 Java，早已是各大型企業的中堅技術，然如 Node.js 這類較新穎的技術，雖已成為許多新創公司使用的工具，卻因稽核規範的禁止，而不符合部分大型企業的科技標準。本章所介紹的 web3j 是一個 Java 函式庫套件，為大型企業與區塊鏈之間建構新的橋樑，成為此癥結的解決方案。而在第六章將介紹如何以 Java 語言實作去中心化應用程式 DApp 系統，亦探討幾個可能商轉的 B2B 及 B2B2C 應用個案，帶領讀者進入活用所學觀念的殿堂。

第七章介紹 ERC 721 智能合約，透過這個標準使得人們可發行 NFT（non fungible token）代幣，由於每個代幣能夠呈現不同的價值，故又被稱為非同質化代幣。NFT 天生有諸多的限制，例如不一致風險等。因此，可以搭配星際檔案系統（InterPlanetary File System, IPFS）的網路傳輸協定，藉其分散式檔案儲存、共享與可持久化的特性，提升數位資產的完整性與一致性，消除可能的風險。當我們有了加密貨幣、ICO 與 NFT 之後，便可以建構「去中心化金融（decentralized finance, DeFi）」的商業模式。

DeFi 所追求的目標即是消除金融交易的中介者，使之具備所有權分散、交易內容不被否認，且具有透明與抗審查等特性的金融服務與系統，其精神和 Web3 訴求建立一種不受審查、不受壟斷的基礎網路協議，用以保護使用者個資的方向是如出一轍的。面對大型社群平台可能恣意封鎖與剝奪人們的數位資產，Web3 認為人人都可以是資訊的擁有者，藉由去中心化的網路應用，對抗威權與審查、強調對於個資有絕對的掌控權等。因此也讓具有這些特性的區塊鏈，成為實現 Web3 的關鍵候選。

那麼元宇宙又是怎麼一回事？元宇宙乃是以 VR 技術為始，表現形式大多以遊戲為起點，逐漸整合網際網路、數位娛樂、教育、醫療等。基本上，元宇宙的初心並沒有在去中心化這個議題上多作著墨。但美國遊戲軟體公司 Beamable 的創辦人 Jon Radoff，依市場價值將元宇宙分為七層架構，其中第三層命名為「去中心化層」，這一層即為元宇宙與區塊鏈有可能交集的地方，意指可以在虛擬世界中以加密貨幣進行支付，並可以藉由 NFT 對元宇宙的數位資產進行擁有權的確認。而欲進行前述兩種經濟活動的前提是，必須要能夠對虛擬世界的數位身分進行辨識，於是 Web3 概念與區塊鏈技術便再次和元宇宙同框結合。至於可以如何實現？現階段依然議論紛紜，莫衷一是。有人認為持有加密貨幣錢包就算是一種身分證明，但就像有人盜取提款卡與密碼後就能冒充為本人領錢，因而目前仍無法完全證實錢包把持者是否就是真實世界的真正擁有者。

或有一問：「Web3 會不會形成一種經濟？」這個問題的本質與「去中心化是否具有營利機會？」是相同的。在中心化的經濟世界中，人們理所當然地付費給提供服務或產品的中心化機構與組織。但在去中心化的世界呢？也許網紅與Youtuber 的商業模式可以給我們一些提示。素人創作者來自網路的四面八方，就好像活在去中心化的世界一般，當人們讚賞他們的作品時，便可能小額打賞或是付費成為會員。當然，現階段還是必須透過中心化的平台與金融體系才能付錢給素人創作者，可是一旦虛擬世界成真，人們就可以直接在虛擬世界中創作、直接透過虛擬貨幣進行支付、移轉數位資產所有權，那般才是真正的實現筆者所認為的 Web3 經濟，否則現在的 Web3 頂多只是技術探索的前哨站，或是淪為行銷炒作罷了。

去中心化某程度算是一種哲學思維，Web3 經濟是否能夠到來？是否能夠成真？此存在著高度的不確定性。但唯一能肯定的是，藉由細細端詳與品味本書，也許，你我皆能夠在心中描繪出自己的願景，或是促成心中理想的無何有之鄉提早到來。

區塊鏈生態圈涉及了多項資訊技術，有志於學之讀者常受困惑於眾多專有名詞、函數名稱、變數等，因此本書附錄 A 提供了區塊鏈專有名詞之解釋，附錄 B 整理了本書所用到的 web3j 與 solidity 兩大方案之文件說明，希望能協助讀者輕鬆地駕馭區塊鏈技術。

本版增修之處

加密貨幣市場與區塊鏈商業模式的局勢千迴百轉，前書中所提及的概念與核心技術之實務應用，常有翻轉與更新，不斷出現新的落地應用。另前書付梓後陸續收到不少讀者的回饋，對於這些寶貴的意見筆者竭誠感激，亦將其納入此次再版內容之參酌。總上所述，依循前版的架構進行改寫與修正，將各章節的內容重新調整如下：

- 第一章為基礎概念，新增並修正了現有的技術觀念與輿情解析，以宏觀的角度探討區塊鏈相關議題。

- 第二、三、四、五章介紹以太坊區塊鏈的核心技術，將前版所列舉的程式依照其最新的版本更新，確認全部語法於現今實作上是可以執行的。

- 第六章產業應用的刪減幅度最多，僅留下 B2B 的案例，其它較不實用的 B2C 則予以割捨，另新增中信與永豐最近的合作案例介紹。

- 最後新增第七章「NFT 與 Web3 實務應用」，深入淺出地解析具跨世代價值觀的 NFT、元宇宙與 Web3 在未來可能的發展趨勢，並實際帶領讀者發行第一個 NFT 非同質化代幣。

　　本書撰寫之素材取自作者群於成大 EMBA「資訊管理」、資管所「企業智慧」等課堂授課之講義以及結合業界之實務案例經驗，編寫方式也盡可能依輕鬆活潑的方式呈現，使讀者更容易記取專門術語與相關技術。本書適用於大專院校區塊鏈相關課程與業界教育訓練之授課教材，以及對區塊鏈有興趣之自學者。本書另一特色為各章皆附習題，以提供授課老師課堂之需與自學者自我挑戰、成長之用。而本書內容之編撰以實用性為首要考量，章節單元之獨立性與連貫性次之，此與作者群過去一系列多冊 Java 與區塊鏈相關書籍之編寫風格一致，期望對各位有心一窺區塊鏈堂奧之讀者閱眾有實質上的助益！讀者可拜訪 https://stli.iim.ncku.edu.tw/blockchain/，下載本書各章節之範例程式與查閱內容修訂。

　　另為協助初學者閱眾能快速掌握區塊鏈的基本觀念，本書將前版之自序文微幅調整如下節之「三分鐘學區塊鏈」。

三分鐘學區塊鏈

數千年來，古今中外，上至國家政府組織，下至家庭社會，許多典章制度皆以中心化(centralized)的方式順暢運行，其主要的貢獻就在於信任(trust)；舉凡金融、以物易物、借貸等交易、合約皆有人背書作證，這套行之有年的制度累經更迭，未曾被質疑過是否需要大刀闊斧改掉重練。直到十年前開始有人提出是否有其它可行的方式取代大家習以為常的中心化制度，其中最極端的作法就是與中心化完全相反的「去中心化」(decentralized)，亦即不再需要一個中心機構幫你我背書證明交易的存在；但如此巨大的變革要如何維持原有的信任機制呢？此即資訊技術上場之時矣。若無中心機構背書，那誰可以？答案就在 decentralized，也就是中心以外的人！誰？即有意願加入此去中心化體系運作的你我！接下來又涉及了「誰是你？我是誰？」往昔有公部門(中心機構)認證你我身分，現在則可藉由資訊密碼學的身分認證(identity authentication)技術加以實現。

其次，所謂去中心化的環境要如何生成？其實多年前曾紅極一時的點對點(P2P)網路即可輕易地撐起這環境。對比中心化體系是由中心記錄並維護管理所有用戶的交易資料，去中心化的這本大帳冊就由有意願加入 P2P 的參與者幫忙維護；為了感念這些志願者的辛勞，區塊鏈生態圈就透過給予一些「電子現金」當作實質的獎勵——這也就是比特幣的濫觴。最後，在去中心化體系下，誰能幫我們認證交易去取得大家的信任呢？答案十分簡單，就是請「大家」一起來見證這些確實發生過的交易不會被否認或竄改。既然是大家一起見證，也就是取得共識(consensus)，同樣可藉由密碼學的訊息認證(message authentication)輕鬆實現。

十年前發跡的比特幣，乃至於今日火紅的區塊鏈，就是去中心化管理機制的實踐者；分散式帳本之三大議題：去中心化、確保隱私(身分驗證)、交易不容竄改或否認(見證與共識)於此盡展其能。而所謂的智能合約則更進一步將交易合約程式化，一舉體現自動化交易的境界；至此一個沒有中心化的烏托邦世界便逐漸浮現。

自從這個「無何有之鄉」誕生第一枚比特幣開始，迄今發展之快速「若決江河，沛然莫之能禦也」！隨著技術的推陳出新與多元化運用，儼然俯拾皆區塊鏈矣。然時時示時人，時人自不識，本書因而以兩個實務應用案例：供應鏈金融與醫療理賠等，提供讀者更具象化的體驗。「法不孤起，仗境方生；道不虛行，遇緣則應。」在了解區塊鏈所生之緣起後，當進一步了解它與我們生活的相應之道。「綿綿情仇相牽連，牽來牽去一條鏈，一條命運的鎖鏈，鎖鏈，鎖鏈。」這首由郭金發先生主唱、於 1973 年在華視播出的同名連續劇主題曲「命運的鎖鏈」，其 (劇情) 歌詞巧妙呼應到數十年後區塊鏈場景；儘管時空迥異，但竟能無縫接合摩登的區塊鏈模式，進而激盪出有別於愛恨情仇的發想，隨之勾勒出這條人生分散式帳本的「命運區塊鏈」。

　　一個人自生而沒，歷經人生各階段，每日行住坐臥間於接觸人事地物等所起心動念之一切作為，皆如照相機記錄在各人心田因地裡，假以時日則果地自熟，即謂「因該果海、果徹因源」。這些點點滴滴的作為也就是蘋果公司 Steve Jobs 在他著名的史丹佛大學畢業演講中所提到第一個故事"connecting the dots"裡的那些"dots"；像是當年他自里德大學休學，後來去學了書法，這個 dot 便由他自己寫到十方世界(即宇宙)的區塊鏈上，也就是「十方世界區塊鏈」；而他日後為蘋果公司設計字體時，這些字體的 dot 便 connect 到彼時的書法 dot 上。「我們無法預先把點點滴滴串連起來；只有在『未來』回顧時，才會明白那些點點滴滴是如何串在一起的。你得信任某個東西，直覺也好，命運也好，生命也好，或者業力。(You have to trust in something-your gut, destiny, life, karma, whatever.)」這裡的 karma 就是去中心化的「十方世界區塊鏈」：無中心、身分確定、交易不容否認！而這本遍十方世界分散式大帳本的共同維護者就是芸芸眾生，每個人在此區塊鏈中記錄著自己的人生交易資料，區塊與區塊彼此之間因而形成「連帶關係」，日後得以尋因推果。藉由 dots connection 審視當下所受之果，回溯塊塊相連即知前之因；反之，現前所造之因，鏈鏈互牽必有驗果之時。是以就此宏觀來看，區塊鏈不僅實作了世間交易分散式帳本，也進一步體現了人生分散式帳本的無何有之鄉。

浮生掠影不空過 世事區塊起串鏈

若人欲解鏈實義 勤修本卷萬境圓

CONTENTS

目錄

CHAPTER 04 深訪智能合約

CHAPTER 05 web3j：體現 DApp 之方案

CHAPTER 06 Java DApp 個案設計

CHAPTER 07 NFT 與 Web3 實務應用

APPENDIX A 區塊鏈專有名詞解釋

APPENDIX B 區塊鏈相關套件文件說明

APPENDIX C 圖像引用致謝

範例下載

本書範例請至

http://books.gotop.com.tw/download/AEL026500 下載。其內容僅供合法持有本書的讀者使用，未經授權不得抄襲、轉載或任意散佈。

01

漫談區塊鏈

　　本書第一章節將先從比特幣的前世今生談起，包含了比特幣的起源及其底層所使用的關鍵技術等；其次介紹對區塊鏈發展有舉足輕重影響力的技術——以太坊（Ethereum）；同時說明加密貨幣市場的概況，包含了：ICO 群眾募資、STO 證券代幣發行等，以及世界知名投資人士、金融產業與各國政府對加密貨幣的態度與觀點；接著簡短地探討區塊鏈技術在 Fintech 領域上的應用，包含了當前火紅的 NFT，以及對金融產業所帶來的衝擊；最後分析區塊鏈技術存廢的最大關鍵因素——新商業模式的設計，透過瞭解區塊鏈案例之妙用，吾人即可領略他山之石可以攻錯的寶貴經驗。

本章架構如下：

- ❖ 中立的科技
- ❖ 比特幣的緣起
- ❖ 以太坊區塊鏈
- ❖ 加密貨幣概況
- ❖ Fintech 與區塊鏈
- ❖ 區塊鏈商業模式

1-1　中立的科技

科技是中立的，端看人們如何運用它。

曾經有一部名為《極端駭客入侵》的紀錄片，記述著被《Wired》雜誌稱為「世界最危險的人物」——Cody Wilson 以及 Amir Taaki 的故事。兩個來自不同生長環境的年輕人，卻都有著相同的目標：期望著人們能獲得「無政府的真正自由」。

時年 24 歲的 Cody Wilson 利用 3D 列印技術，在家製造了名為「解放者（Liberator）」的槍枝，並將槍枝藍圖開放源碼（open source）放於網路供人下載使用；另外一位 Amir Taaki 曾被譽為 30 歲以下最有前途的比特幣先驅、駭客、科技企業家等，當他親眼目睹中東國家悲慘的戰爭景象後，決定藉由自己所擁有的技術能力，創造一個完全去中心化、不需要國家法律、公平且自由的世界。

兩人會面後相談甚歡，並決定合作開發一種運用比特幣的匿名特性，隱藏用戶真實身分的技術——「暗黑錢包（Dark Wallet）」，卻遭到犯罪者不當利用，藏身於更深、更幽冥、更無法追捕的地下世界為非作歹，導致這類型的犯罪事件層出不窮，人們也因而將比特幣這種新穎的支付方式與毒品、黑市、黑社會掛鉤。

儘管新興科技被用在多數人無法認同的場景中，卻仍有正向光明的另一面。2018 年 5 月，澳洲「聯合國兒童基金會」曾推出官網「The Hopepage」，該網站在徵得訪客同意的情況下執行挖礦軟體，只要用戶在網頁上佇留越久，其個人電腦就可貢獻越多的運算力，透過這個方法集結群眾力量（crowdsourcing）來進行加密貨幣「挖礦」的工作，挖礦所得之款項將被兌換成法定貨幣，用以幫助孟加拉的弱勢兒童。根據估計，The Hopepage 網站當時每個月可替「聯合國兒童基金會」增加約 6,000 美元的捐款收入。

隨著新興科技日新月異的發展，伴隨而來是層出不窮的道德問題；但無論如何，人類都不該自我設限，應當平心靜氣地看待科技發展所帶來的無限可能，如同《雙城記(A Tale of Two Cities)》中所言：「它是最好的時代，也是最壞的時代；它是智慧的時代，也是愚蠢的時代。(It was the best of times, it was the worst of times. It was the age of wisdom, it was the age of foolishness.)」

已走過十多年的區塊鏈技術未來會是如何的境界？它會是一項中立的科技？期待讀者閱畢本書後，能找到滿意的答案！

1-2　比特幣的緣起

法不孤起，仗境方生，如同器世間萬事萬物一樣，比特幣不是憑空而降，也不是單獨存在的，本節就來聊聊它的緣起。

當人們談論比特幣時，有時指的是底層的資訊技術，有時則為加密貨幣。為避免產生認知上的誤差，本書遵循使用習慣，當第一個字母為大寫時，Bitcoin 代表所使用的資訊技術與網路；當為小寫時，bitcoin 則代表加密貨幣本身；而 BTC 則是代表貨幣符號。

在旅程開始前，我們先來瀏覽「www.blockchain.com」網站，此為區塊鏈與加密貨幣的交易與觀測網站，讀者可參考下列網址：https://www.blockchain.com/btc/block/000000000019d6689c085ae165831e934ff763ae46a2a6c172b3f1b60a8ce26f。

Block 0 ⓘ

USD | **BTC**

This block was mined on January 04, 2009 at 2:15 AM GMT+8 by Unknown. It currently has 740,844 confirmations on the Bitcoin blockchain.

The miner(s) of this block earned a total reward of 50.00000000 BTC ($1,079,911.00). The reward consisted of a base reward of 50.00000000 BTC ($1,079,911.00) with an additional 0.00000000 BTC ($0.00) reward paid as fees of the 1 transactions which were included in the block. The Block rewards, also known as the Coinbase reward, were sent to this address.

A total of 0.00000000 BTC ($0.00) were sent in the block with the average transaction being 0.00000000 BTC ($0.00). Learn more about how blocks work.

Hash	000000000019d6689c085ae165831e934ff763ae46a2a6c172b3f1b60a8ce26f 📋
Confirmations	740,844
Timestamp	2009-01-04 02:15
Height	0
Miner	Unknown
Number of Transactions	1
Difficulty	1.00
Merkle root	4a5e1e4baab89f3a32518a88c31bc87f618f76673e2cc77ab2127b7afdeda33b
Version	0x1
Bits	486,604,799
Weight	1,140 WU

　　網頁呈現的內容是編號 0 的 Bitcoin 區塊資訊，此為建立比特幣烏托邦世界的第一個區塊，故被稱為創世區塊（genesis block）。而區塊中所記載唯一的一筆資訊是建立於 2009 年 1 月 3 日 18 時 15 分 5 秒，由中本聰（Satoshi Nakamoto）無中生有挖到 50 顆 bitcoin 的交易內容。從這個時間點開始，區塊鏈熱潮逐年沸騰，撼動世界的關鍵技術從此濫觴。

　　既然 bitcoin 是一種「貨幣」，當然是可以被切割的，以下列出切分後的單位別：

1	比特幣（Bitcoins，BTC）
10^{-2}	位元分（Bitcent，cBTC）
10^{-3}	毫位元（Milli-Bitcoins，mBTC）
10^{-6}	微比（Micro-Bitcoins，μBTC）
10^{-8}	聰（Satoshi）

　　吾人眾等欲以三言兩語描述區塊鏈觀念可不是件容易的事，但也許我們可以此法來加以說明：「透過特定編碼方式，將多筆交易儲存在稱為區塊的資料結構中，讓每一個區塊記錄上一個區塊的位置，進而串在一起形成鏈狀關係，為確保資料的公正性，每位參與者的電腦皆會儲存著相同的資料副本。」

　　是的！如果單純從技術角度觀看，區塊鏈不過是一種分散式資料庫的概念，且具有異地儲存資料的能力罷了，讀者可參考下圖所描述的訊息：

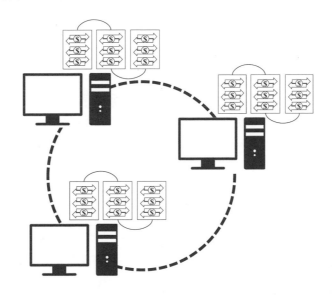

　　每部電腦透過網路相互連接，並且可以共同維護資料，在此電腦即稱為區塊鏈節點。而這些電腦中都會安裝適合不同區塊鏈技術的特定程式，進而形成使用特定協訂的區塊鏈網路，例如 Bitcoin 網路、以太坊（Ethereum）網路等。

　　在 2009 年 1 月 12 日 3 時 30 分 25 秒 Bitcoin 的高度達到第 170 個區塊時，中本聰傳輸 bitcoin 給了 Hal Finney。因此，中本聰雖是第一個靠挖礦獲得 bitcoin 的人（嚴格來說是透過創世區塊之設定而得到的），但 Hal Finney 才是第一個經由交易獲得 bitcoin 的人。

　　而在 2010 年 5 月 22 日，首度有人使用 bitcoin 換購實體商品，起因於美國佛羅里達州的軟體工程師 Laszlo Hanyecz，他花了 1 萬顆 bitcoin 購買兩片價格合計約 25 美元的「Papa John's 披薩」，為了紀念這一天，區塊鏈幣圈的同好們將每年的 5 月 22 日訂為「比特幣披薩日（Bitcoin Pizza Day）」。

若以披薩價格為參考依據，當時 1 顆 bitcoin 價值約為 0.0025 美元。對照 2021 年 11 月 10 日時 bitcoin 曾創下 1 顆約 68,925 美元的歷史高位，其飆漲幅度高達 2,757 萬倍；換句話說，若在 2010 年投資 100 美元購買 bitcoin，經過 11 年的發酵，在 2021 年底將可以獲得高達約 27.5 億美金的報償。

在探討加密貨幣為什麼會有價值之前，我們先來反思法定貨幣（fiat money）有何價值呢？

法定貨幣（簡稱法幣）是政府發行的貨幣，發行者沒有將貨幣兌現為實物的義務，只依靠政府法令使其成為合法通貨的貨幣。法定貨幣的價值來自擁有者相信「貨幣將來能夠維持其購買力」；貨幣（那一張紙）本身並沒有內在價值，只因為中央銀行具有鑄幣權，所以貨幣的價值是立基於人們對政府與中央銀行的信任。

貨幣必須具有流通、信用、儲存價值等特性，才會決定它的價值。那麼完全沒有政府角色的去中心化加密貨幣又為何物呢？加密貨幣其底層的區塊鏈技術，使得無人可以偽造加密貨幣，也無人可以竄改交易的歷史紀錄，因而具備「信用」之特性。另外，區塊鏈也架構在「去中心化」的基礎上彼此相互連接，即使不經過第三方認證單位，貨幣也可以直接流通。因此，在可流通與可被信任之兩大關鍵因素下，人們願意相信加密貨幣是具有「儲存價值」的。

在過去的時代，信任關係的建立往往架構在實體物品之上，例如：本人簽名、紙本合約、會計師簽證、抵押品、擔保品等；反之在數位時代，有越來越多資產並不具有實體，例如：音樂創作權、軟體版權、大數據資料、影像與照片等，當我們面對這些新世代所演化出來的數位資產，可能就必須依靠新興科技（例如區塊鏈等）來進行更妥善的保護，例如 NFT 便是基於此的應用方式，此論將於後篇再詳加介紹。

　　時至今日，由於區塊鏈技術是一種建立信任關係的好方法，因此不僅可以用來發行加密貨幣，還可以用來解決任何對信任有疑慮的場景，像是企業與企業間的資訊交換等；換言之，區塊鏈的資安防護變得更加重要。舉例說明幾個較為知名的區塊鏈資安事件。例如 2016 年台灣知名的比特幣交易所「幣託 BitoEX」就曾經被不法人士入侵後台網站，在取得員工密碼後，登入系統竊取 2,400 顆 bitcoin。2016 年，加密貨幣交易平台「Bitfinex」遭人入侵系統，啟動 2,000 多筆未經授權的交易，非法轉移 11 萬 9,754 枚 bitcoin，成為史上金額最高的加密貨幣盜竊案。所幸，該案已在 2022 年 2 月被警方破獲，追回 9 萬 4,000 多枚 bitcoin，時價約 36 億美元。當年全球知名的 ICO 專案 The DAO （Decentralized Autonomous Organization）也曾經因為程式碼漏洞，造成 360 萬顆以太幣（時價約新台幣 14 億元）被非法盜取。

　　所幸當前所聽聞的區塊鏈資安事件，全都不是區塊鏈技術本身的問題，而是周邊機制管控不當所造成的異常。但也難保未來某一天，加密貨幣可能會因為嚴重的資安事件而失去人們的信任，其價值將會瞬間歸零，只剩一堆沒有用處的軟體與程式碼！

　　技術演進一日千里、不可企及，本書將略為介紹區塊鏈的底層技術，並將焦點放在較貼近商業應用的 DApp 與智能合約，做為介紹區塊鏈的切入點。讀者若能從生態圈的營造、新商業模式的發明，以及合適的業務場景著手運用，方能讓極具潛力的區塊鏈成為影響世界的關鍵技術。

　　萬丈高樓平地起，基礎知識仍應具備，就讓我們話說從頭！

　　2008 年時，化名為「Satoshi Nakamoto」（中文翻譯為「中本聰」或「中本哲史」）的神秘人物發表一篇《比特幣：一種點對點的電子現金系統》（Bitcoin: A Peer-to-Peer Electronic Cash System）白皮書[1]，描述一種被他稱為「比特幣」

---

[1]　Satoshi Nakamoto，Bitcoin 白皮書，http://bitcoin.org/bitcoin.pdf

的電子貨幣及相關演算法。2009 年時，他發表第一個支援 Bitcoin 的錢包軟體，同時興起近 10 多年來的區塊鏈熱潮。

然自 2010 年後，中本聰逐步將相關工作移交給 Bitcoin 社群的其他成員，漸漸淡出茫茫的 Bitcoin 網路世界。他到底是何許人也，真實身分至今仍莫衷一是。即便在 2015 年，被加州大學洛杉磯分校金融學教授 Bhagwan Chowdhry 提名為 2016 年「諾貝爾經濟學獎」的候選人，也無法吸引這位神祕人物現身。網路謠傳下列 4 位可能的人選：

- 望月新一：京都大學教授，專長數學。

- Craig Steven Wrigh：澳洲學者，自稱是中本聰，但卻一直拿不出證據。

- Nick Szabo：前喬治華盛頓大學教授，熱衷於去中心化貨幣。也是最早於 1994 提出智能合約概念的人。

- 多利安·中本：加州的日裔美國人，出生時的名字為「哲史」。

也有一說為中本聰並非一位特定人士，而是一個團體。更有好事者認為 Bitcoin 是由四間公司聯手開發，在這些公司名稱中就隱藏著「Satoshi Nakamoto」，包括：

- 三星（Samsung）

- 東芝（Toshiba）

- 中道（Nakamichi）

- 摩托羅拉（Motorola）

然而，根據彭博新聞（Bloomberg News）的資深分析師 Eric Balchunas 追蹤多年的研究指出；中本聰的真實身分應該就是 Hal Finney。Hal 出生於 1956 年，是第一位經由交易得到 bitcoin 的人。生前曾是一名程式設計師，但可惜已於 2014 年 8 月，因「肌萎縮側索硬化症」（ALS）併發症逝世，中本聰的真實身分恐將永遠石沉大海。

在中本聰的論文裡其實沒有「Blockchain」這個字，他僅談到如何將交易資訊包裹在 Block 中，再如何將這些「Block」給「Chain 起來」。姑且不論究竟為是誤用或好事者為之，Block 與 Chain 兩單字已結合在一塊兒，變成專有名詞 Blockchain。時至今日，當人們提到「區塊鏈」時，所談論的即是加密貨幣底層所使用的分散式資料儲存技術。

區塊鏈運作原理類似電腦資料結構中的連結串列（linked list）。在連結串列中，每筆資料結構皆儲存下一筆資料結構的指標位址（pointer），再透過層層記錄的方式將所有資料結構串接在一起。區塊鏈的概念亦是如此，差別在於其所使用的連結方式通常僅記錄上一個區塊的位置，而非下一個區塊的位置，各位可想想為何不需記錄下一區塊的位置？

區塊鏈中的每個區塊透過特定雜湊函式（hash function）得到代表該區塊唯一的雜湊值（hash value），並可將此雜湊值當成區塊的位址使用，而計算區塊雜湊值的動作即稱為挖礦（mining）。仿照連結串列的原理，每個區塊皆記錄上個區塊的雜湊值，如此一來將能藉由雜湊值串接所有區塊，形成區塊鏈的資料結構。

前述所提的 Bitcoin 創世區塊為單鏈結構區塊鏈的第一個區塊，因此用來記錄前一個區塊雜湊值的前區塊（previous block）欄位，在創世區塊中全被設定為 0，代表前一個區塊不存在。

在 Bitcoin 世界所謂的交易是指傳輸加密貨幣；然而完整的交易內容（例如 A 傳 100 個 bitcoin 給 B）並不會直接儲存於區塊中，所存放的僅為處理過後的交易雜湊值。完整的交易內容乃儲存於區塊鏈節點的資料庫中，交易雜湊值僅為用來協助快速找尋交易內容的資料索引值。

Bitcoin 採用 Merkle tree 演算法實作交易雜湊值之處理，請參見下圖之說明：

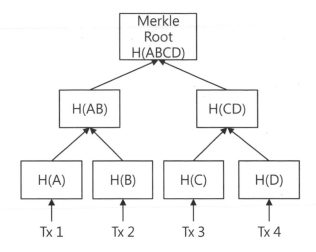

Merkle tree 為二元樹狀結構（binary tree），Bitcoin 利用其特性將交易內容的雜湊值儲存在 Merkle tree 的葉子節點，每層所得到的雜湊值再兩兩進行雜湊運算，最終可得 Merkle tree 的根節點（root node）──Merkle Root，被儲存於區塊的資料即是 Merkle Root。

Bitcoin 使用 Merkle tree 的其一目的為驗證歷史資料是否被竄改。舉例來說，若有人嘗試竄改某一筆交易，那麼修改交易後所計算出的雜湊值絕對會與修改前的不同，因此最終得到的 Merkle Root 也會不同。透過簡單的比對，即能輕易知道區塊內的交易是否被人動過手腳。

而由某 Merkle tree 中快速找一筆交易所需經過的路徑長度即為 Merkle path。舉例來說，若 Merkle tree 內有 512 筆交易（即 2^9 筆），Merkle path 搜尋長度僅為 9，若具有 32,768 筆交易（即 2^{15} 筆）時，Merkle path 長度也僅不過是 15 而已。因此透過 Merkle tree 可快速找到交易的雜湊值，進而能以雜湊值為索引至資料庫中找到該筆交易的真正內容。

綜上所述，Merkle tree 即為可產製整個交易集合的數位指紋，亦可快速校驗某筆區塊內容的正確性，並能判斷區塊是否包含特定交易的演算法。

哪些交易資料會被納入進行雜湊運算呢？其實是由各家區塊鏈技術自行決定，例如輸入值可合併前一個區塊的雜湊值、交易集合的 Merkle root 以及 nonce（稍後解說）等資料一起進行雜湊運算，因將前個區塊的雜湊值納入計算，區塊和區塊間的鏈結程度將變得更加穩固，即使有心人士想要從區塊間插入偽造的區塊，將變得難上加難！

下列示意圖可說明交易、Mertle Tree、區塊雜湊值、區塊鏈等元素間的關聯。

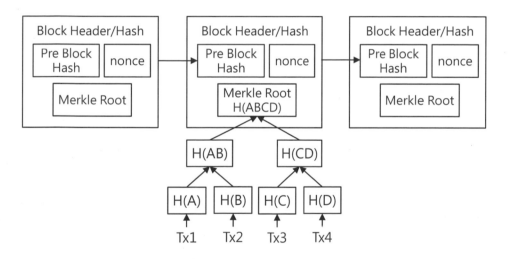

前述提及計算新區塊的雜湊值即所謂挖礦，挖礦是與全世界的區塊鏈節點競爭，誰能夠計算得又快又正確，就依其計算出的雜湊值當做新區塊的「位址」。同時也因挖礦需耗費大量的運算資源，例如 CPU/GPU 所消耗的電力等，因此計算出雜湊值即貢獻於整個區塊鏈，將可獲得區塊鏈網路無中生有的獎勵——bitcoin。

Bitcoin 的雜湊演算法為 SHA 256（更精準的是指執行兩次的 SHA 256），事實上計算雜湊值並不困難，一般家用電腦皆可勝任，但為何說挖礦是很困難的呢？

為維持公平性，貢獻越卓越的節點才應得到獎勵，因此 Bitcoin 加入困難度的概念：計算所得到的值尚須滿足特定條件才算合規的雜湊值，例如前面幾個位元必須具有足夠多個 0 的條件。而當新區塊的雜湊值計算完成後，困難度亦會隨著環境進行動態調整，每 2,016 個區塊會自動調整一次困難度，因此越後期的挖礦工作將變得更加困難。

先前提到 nonce 是密碼學「number one」的意思，代表該數字不可重覆，僅能被使用一次。當計算所得的雜湊值無法滿足困難度條件時，最普遍的做法是將 nonce 往上加 1，或是亂數取得新的 nonce 再重新進行雜湊運算產製不同的雜湊值。因此在多重條件（例如：交易內容、nonce、前個區塊的雜湊值等）變動的情況下，要能比全世界所有區塊鏈節點又快又正確的找到適合條件的雜湊值，其實是非常不容易的事。

在與所有區塊鏈節點競爭中，建立所有人皆認可的雜湊值之共識機制（consensus）稱為工作量證明機制（Proof of Work, PoW）。

在 bitcoin 初期，每當節點成功計算出新區塊的雜湊值時，礦工便可得 50 顆 bitcoin 做為獎勵；然而 bitcoin 會以每 21 萬個 bitcoin 為區間逐次減半獎勵，例如單次獎勵從 50 顆 bitcoin 降到 25 顆，再從 25 顆 bitcoin 降到 12.5 顆，在 2020 年 5 月 13 日，bitcoin 獎勵再次減半（Bitcoin Halving），使得獎勵降為 6.25 顆。根據觀察統計，若維持平均每 10 分鐘挖出一顆 bitcoin 的速度，一天約可挖出 1,800 顆 bitcoin，即在 2140 年 5 月，bitcoin 達到近約 2100 萬顆上限後，Bitcoin 將再無法計算出新的區塊雜湊值，礦工們只能靠收取交易手續費過活。計算雜湊值的運算能力被稱為算力，如下是算力的衡量單位：

1KH/S = 每秒計算 10^3 個雜湊值

1MH/S = 每秒計算 10^6 個雜湊值

$1GH/S = 每秒計算 10^9 個雜湊值$

$1TH/S = 每秒計算 10^{12} 個雜湊值$

$1PH/S = 每秒計算 10^{15} 個雜湊值$

$1EH/S = 每秒計算 10^{18} 個雜湊值$

PoW 的決勝關鍵是運算能力越強大的人越能夠成功挖到礦。因此有人利用顯示卡上面的 GPU 晶片（其運算能力高於傳統 CPU 數十倍）製造專門用來挖礦的礦機。這股挖礦瘋潮曾使得 GPU 供不應求，顯示卡晶片大廠（例如 AMD 與 NVIDIA 等）之股價表現也順勢上揚，具顯著的漲幅。雖然在 2018 年發生加密貨幣市場暴跌、礦工挖礦熱潮退減的狀況，使得顯示卡製造商的營收受到不少的影響，但先前挖礦風潮帶動 GPU 與股票價格之上揚，都在 IT 史上寫下傳奇的一頁。

2018 年前全球瀰漫挖礦瘋潮，曾造成約 70%的算力集中在中國大陸，尤其是在天府之國──四川康定，因當地具有廉價的水力發電、低密度的人口與寒冷的氣候，可同時解決高額的電費、礦機噪音和散熱等問題。因此即便每小時消耗 4 萬度電，每月需支付 100 萬人民幣電費，當時每天平均仍能挖出價值約 60 萬元人民幣的 bitcoin 高額報酬。因此許多礦場業主依舊至當地建造龐大的機群，進行 bitcoin 挖礦工作，甚至出現「棄水、棄電、激活經濟」的順口溜。而在枯水期時，礦場業主甚至會逐水草（電）而居，將龐大的挖礦機群遊牧到內蒙古地區，造就挖取地面下煤礦進行火力發電、供給地面上礦機進行 bitcoin 挖礦的奇景。然而，2021 年 9 月，「中國國家發展和改革委員會」發布通知，鑑於虛擬貨幣挖礦造成能源消耗與大量碳排放，故將虛擬貨幣「挖礦」列為「淘汰類」產業，除了嚴格限制其用電，並將逐步淘汰有關的企業。英國劍橋大學的劍橋新興金融研究中心（Cambridge Centre for Alternative Finance，CCAF）於 2021 年 10 月 13 日研究指出，美國已取代中國成為全球最大 bitcoin 挖礦地區。也正因為 PoW 挖礦共識演算法，而造成算力集中在少數人手上，使得去中心化的特性每每被人質疑。

用戶發送的交易會透過橢圓曲線數位簽章演算法（ECDSA）進行加簽，交易被送到 Bitcoin 節點後，會先放置在待確認池（unverified pool）中，並會對交易進行驗證與 Merkle tree 計算。當 Merkle tree 計算完畢時仍不算完成交易，必須待礦工挖到新區塊的雜湊值，並將交易資訊置於新區塊中，才算告一段落。

節點收到新區塊時會先確認區塊中的交易是否有效，例如是否有同一筆加密貨幣同時傳給兩個不同人的問題——即雙花問題（double spending），若交易通過確認，節點便會接受該區塊，並且將其廣播給鄰近節點。反之，若無法通過確認，則會停止廣播。

然事情不僅如此，區塊鏈網路上有成千上萬個節點，當某節點計算出新的區塊，並藉由彼此相互連接的 P2P 網路廣播給鄰近節點時，世界上另外一頭的節點可能也剛好算出合規的新區塊，並同時進行廣播，可想像在區塊鏈網路上有兩股互搶地盤的勢力，透過擴散的方式鯨吞蠶食著每一個節點，誰也不讓誰！兩股勢力不斷地擴張各自範圍，最終仍會面臨交會處，此時於交會處上的節點，會比較兩股勢力的區塊鏈高度為何，並會選擇高度較高的區塊鏈做為接續的鏈。使用 PoW 的區塊鏈具有多股勢力角逐，呈現出動盪的局面，然長期下來區塊鏈狀態終將進入穩定情況。這就是所謂的「最長鏈規則」（longest chain rule），簡言之，全世界的節點都在算雜湊值，誰的鏈比較長，就依誰的鏈為準。

交易被納入新區塊後，交易確認數（confirmation）會被加一，隨著每次新區塊產生，若無被其它高度較高的區塊替代，其交易的確認數亦逐次加一。一般來說，若交易經過六個區塊確認後，代表該筆交易可被永久寫入區塊鏈中，已不太可能被其它較長的鏈給替代。此外，礦工依挖礦所得的 bitcoin 須經過 100 個區塊確認後才可用來進行交易。

綜上所述，Bitcoin 所使用的各項技術皆已行之有年，包括：雜湊演算法、橢圓曲線數位簽章演算法、Merkle tree、P2P 網路等，整體來看並無使用新的技術與科技，反之是一個聚合出來的交易系統，而中本聰巧妙的將這些技術整合在一起，確實是件劃時代的創舉，實在令人讚嘆！

交易從發送到區塊鏈節點至被妥善記錄之間是具有時間延遲的，在此運作模式中（以 PoW 共識演算法為例）交易是無法即時完成的，因此後來跟進的各區塊鏈平台針對此問題改採其它的共識演算法（例如 PBFT 等）。不同的共識演算法都有各自的優缺點與適用場景，本書不特別介紹，留給有興趣的讀者們自行研究。

2021 年 11 月，加密貨幣圈最大的新聞莫過於 Bitcoin 升級事件。要想了解這個事件，可以先從認識何謂區塊鏈分叉（blockchain forking）開始。「分叉」顧名思義和街道的岔路是一樣的情況，可以想像開著車在路上行駛，前方出現岔路標誌時，道路便會依指示所述形成兩條完全不同的路徑，區塊鏈分叉也是同樣的情況。但 Bitcon 基本上是單鏈結構，代表可以用一條鏈將所有的區塊從頭到尾串接在一起。在這樣的基礎下，怎麼會有分叉——即多條鏈的情況出現呢？

加密貨幣節點只不過是一種軟體程式，也會和其他軟體一樣面臨需求變更，「分叉」便是發生在節點軟體改版。有些礦工認同改版理念，願意配合軟體升級並採用新的協定，有些礦工則是來不及或甚至於不願意跟進。倘若此次的軟體更新版是不向下相容的，持續使用舊軟體的礦工將無法辨識由新軟體所發出的交易，因此便不會加以傳播，也不會將交易納入區塊鏈。此時，就會形成所謂的「硬分叉」。即新舊軟體在釋出新版本之前的區塊鏈內容是完全相同的，而在軟體更版之後便分道揚鑣，走向完全不同的路途。

硬分叉的結果將帶來新種加密貨幣的誕生。依然運行舊軟體的礦工，其區塊鏈持續挖掘原來的加密貨幣，而運行新版軟體的礦工，其區塊鏈則會挖掘看起來很像，但已經不相容的加密貨幣，也因此硬分岔往往會替這種新誕生的加密貨幣賦予新的名稱。這種情況就非常有趣了，如果區塊鏈的參與者同時運行新舊軟體，那麼所持有的加密貨幣不就變成兩倍了嗎？確實如此，拆分後的區塊鏈帳本確實各自記錄著兩種加密貨幣。

但如果越來越少人運行舊軟體，那麼原來的加密貨幣將變得一文不值。反之，所釋出的新版軟體若是很少人參與更版，那麼新誕生的加密貨幣也會乏人問津，而變得沒有價值。(註：「程式碼基底分叉」即修改程式碼之後，從創世區塊開始運行的分叉方式，乃是一套從零開始全新的區塊鏈，不屬於上述範疇。)

相對於前面所談到的硬分叉，若區塊鏈軟體的更版是向下相容的情況，則被稱之為「軟分叉」。什麼是軟分叉？意指對於未配合更版的參與者而言，仍然會把依循新規則建立的區塊視為有效區塊。換言之，軟分叉的結果並不會誕生新的加密貨幣，僅僅為功能提升。

歷史上 Bitcoin 曾進行過多次的硬分叉，例如：發生在 2014 年的 Bitcoin XT，原本預計將交易由每秒最多 7 筆，升級到每秒 24 筆交易。但後來由於跟進者寥寥無幾，最後以失敗收場。Bitcoin Classic（BXC）於 2016 年初分叉後雖然依然存在，但價格已經低於 0.0265 美元，2022 年 6 月 15 日在 CoinMarketCap 的市場排名為 2,545 名。2016 年初，亦有稱為 Bitcoin Unlimited 的專案預計要進行分叉，規劃將區塊大小調升至 16MB，最後亦未得到認可。

比特幣核心開發者 Pieter Wuille 在 2015 年底提出了隔離見證（Segregated Witness，SegWit）的想法。簡而言之，SegWit 旨在減少每筆比特幣交易的規模，從而滿足擴容的目的，允許更多的交易同時進行，以期降低交易費。從技術上來說，它其實是軟分叉，但可以以硬分叉的方式推行。於是乎，在社群最終決議下，基於 SegWit 的硬分叉在 2017 年 8 月 1 日被推動了，Bitcoin Cash（BCH）也因此誕生。到 2022 年 6 月 15 日為止，BCH 依然保持是世界第 25 名的加密貨幣，價格維持 121 美元左右。在 SegWit 之後，包含 SegWit2X 在內，陸陸續續還有多次的分叉，但結果都不是很成功。

時間來到 2021 年 11 月初，Bitcoin 預計在 709632 區塊高度（block height）進行 Taproot 升級，再度吸引世人對於加密貨幣分叉的注目眼光。但為什麼會用區塊高度做為觸發新協定啟用的時機，而不是用真實世界的時間呢？試想，全世界正有著數以萬計的節點正在運行，而這些節點皆分布在不同的時區（time zone）。由於 Bitcoin 不是中心化的機制，那麼究竟應該要以誰的時區為準呢？為此，區塊鏈網路並不參考真實世界的時間，而是以創建特定區塊所需的時間，也就是所謂的區塊時間做為啟動的依據。

　　升級設定在 709632 區塊高度,則可推算在 2021 年 11 月 14 日觸發 Taproot 升級。許多新聞媒體將 Taproot 升級與 Segregated Witness 分叉相做比擬。但事實上,Taproot 升級並沒有產生新的加密貨幣,只是軟分叉。這次 Taproot 升級究竟改變了那些事?比特幣軟體升級乃根據比特幣區塊鏈改進議案(Bitcoin Improvement Proposals, BIPs)而來,本次共同時導入三個需求,編號包括:340、341 和 342。

- BIP 340:導入 Schnorr 多重簽名的方式,相容於目前的橢圓曲線數位簽名(ECDSA)。所帶來的好處是,當以多個私鑰分別簽名時,Schnorr 可以將這些簽名聚合成一個,進而形成以一個私鑰簽名的效果,能夠增加速度與加強對隱私的保護。

- BIP 341:該提案利用 Schnorr 多重簽名的特點,定義了 Pay-to-Taproot (P2TR)發送比特幣的新方式,並且在實作 MAST(Merklized Alternative Script Trees)之後,可以將複雜的比特幣交易壓縮在一個 Hash 之中,因而可以降低交易費,減少使用記憶體的程度,並增加比特幣的擴展性。雖然對匿名與隱私增加保護,但也可能帶來利用比特幣逃稅、洗錢等非法活動的隱憂。

- BIP 342:此提案定義了 Tapscript,這是對比特幣腳本語言的更新,可協助驗證 Schnorr 多重簽名和 P2TR 的支付路徑,在提升 P2TR 相容性和靈活性的同時,也能提供未來智能合約的升級空間。

　　綜上所述,Taproot 升級的核心乃圍繞在 Schnorr 多重簽名,它被譽為是繼 Segwit 之後,Bitcoin 的最大技術更新。但其實三個 BIP 的結合是相輔相乘的,Taproo 升級將擴展 Bitcoin 在智能合約支援的靈活度,並據此提供更多的隱私保護。

　　Bitcoin 雖然長久以來穩坐加密貨幣市場第一名的龍頭地位,相較於第二名的以太幣不論在價格與市場規模都領先一段不小的距離。但是由於 Bitcoin 的原始定位僅僅在於支付系統,可以應用的範圍受到諸多的限制。相較之下,以太坊能提供智能合約,以其為核心,所建構的商業模式與生態圈漸趨火紅,例如:去中

心化金融 (DeFi)、去中心化應用程式（Decentralized Application, DApp）和非同質化代幣 (NFT)等。

Bitcoin 在 Taproot 升級之後，更可以看見智能合約支援加密貨幣的趨勢。雖然在短時間內，還缺乏運行智慧合約的成熟環境，使得 Bitcoin 無法像以太坊般的靈活應用。但在對智能合約的隱私性、安全性提升之後，應可以縮小彼此之間應用的差距，使得利用 Bitcoin 構建 DeFi 變得更具吸引力，進而增加使用者對 Bitcoin 的需求。眾多 Bitcoin 的信徒都認為 Taproot 升級是場及時雨。

1-3　以太坊區塊鏈

Bitcoin 是當今世上區塊鏈技術商轉最成功的案例，但無論再怎麼成功也只能進行 bitcoin 交易，幾乎無其它能應用的場景。為此許多後起之秀皆紛紛投入技術改良與引進新運作模式，欲提高區塊鏈可應用的範圍。本書介紹的以太坊（Ethereum）即為其中的佼佼者。

談到以太坊得先介紹其發明人 Vitalik Buterin（生於 1994/01/31），他是一位俄羅斯裔加拿大籍的工程師，曾於 18 歲獲得「國際資訊奧林匹亞競賽」銅牌，大學輟學後便全心投入區塊鏈技術，擔任以太坊基金會首席科學家。2013 年時，年僅 19 歲的 Vitalik 發表《以太坊白皮書》，闡述建造去中心化平台的目標。Vitalik 認為此新設計平台以區塊鏈技術為底層架構，具備更完善地可程式化機制，並允許人們在平台上開發程式，以致區塊鏈技術可應用的場景變得更多元且自由，不再僅限於加密貨幣或金融產業。以太坊節點程式已交由瑞士的 Ethereum Switzerland GmbH 公司開發，再移轉成為「以太坊基金會（Ethereum Foundation）」的開源專案。

　　以太坊（Ethereum）為區塊鏈平台，其所用的加密貨幣稱為以太幣（Ether），符號為 ETH。Ether 和 bitcoin 一樣都是可分割的，單位別如下所示：

1	以太（Ether）
10^{-3}	芬尼（finney）
10^{-6}	薩博（szabo）
10^{-18}	維（wei）

　　2014 年，以太坊專案於網路上公開募資，投資人可用 bitcoin 進行投資，並向以太坊基金會換購以太幣（Ether）。此策略不但成功募得開發新區塊鏈平台所需的資金，亦使 Vitalik 相繼入選於 2016 年美國《財富雜誌》全球「40 under 40」（記錄著每年甄選 40 位 40 歲以下對全球最有影響力者），與 2018 年《富比士雜誌》「30 under 30」。

　　Ethereum 的開發計畫分為四個階段：邊境（Frontier；2015）、家園（Homestead；2016）、都會（Metropolis；2017~2019）、寧靜（Serenity；2020~）。「寧靜」是以太坊的最終階段，預計將共識演算法從工作量證明（PoW）轉移至權益證明（proof-of-stake, PoS），在 2022 上半年完成以太坊 2.0 的升級。以下列出與 Ethereum 有關的大事年表：

- 2015 年 7 月 30 日，Ethereum 啟動最初版本「邊境」（Frontier）進行第一次分叉。

- 2016 年 3 月，釋出第一個穩定版本「家園」（Homestead），配合此次改版進行第二次分叉。

- 2016 年 6 月，the DAO 專案傳出被盜領的資安事件，金額高達 5000 萬美金。

- 2016 年 7 月，使用者凝聚共識進行向後不相容的第三次分叉，讓區塊鏈狀態回到原點。不願意接受此改變的用戶之區塊鏈則被稱為古典以太坊（Ethereum Classic）。

- 2016 年 11 月，進行第四次分叉，調整設計以降低網路攻擊的可能性，同時也對區塊鏈減重（de-bloat）。

- 2017 年 10 月的「拜占庭」、2019 年 2 月的「君士坦丁堡」和「聖彼德堡」、2019 年 12 月的「伊斯坦堡」這些升級，主要改善智慧型合約編寫、提高安全性、以及核心架構的修改。

- 2022 年 9 月 15 日，以太坊合併完成主網與信標鏈結合，正式告別 PoW 迎向 PoS 權益證明，宣布進入 2.0 時代。亦告別大規模挖礦，改依持有者質押的方式獲取獎勵。

Ethereum 最卓越的貢獻在於提供智能合約（smart contract）機制。智能合約是一種可以在區塊鏈平台上執行的程式，包含邏輯與資料區段，並可根據所設定的條件自動執行。與一般程式不同的是，智能合約承襲區塊鏈不可竄改交易之特性，故可在區塊鏈生態系統扮演公正且被信任的角色，在符合邏輯條件的情況下，按照各方參與者事先談妥的規則自動執行相關動作（例如數位資產轉移），如此即可增加各場景應用的可能性，例如：在區塊鏈上開發真正符合公平、公正、公開的投票系統，或全程透明化的博弈系統等。

搭配智能合約進行整合運作的是一種稱為 DApp （decentralized applications）的應用程式架構，亦常被翻譯為「去中心化的應用程式」。DApp 是所有區塊鏈技術依存的應用程式總稱。在一般架構中，DApp 前端會提供使用者操作介面，後端則會連接 Ethereum 區塊鏈網路，並調用智能合約所提供的處理邏輯。下列簡介四種常見的 DApp 系統架構：

- 主從式架構

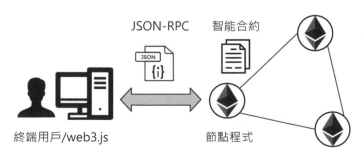

在「主從式架構」中，終端用戶直接透過適當的函式庫（例如適用 javascript 的 web3.js）和區塊鏈節點進行互動，並使用智能合約所提供的邏輯運作，當發送交易時，終端用戶必須要有能力進行簽章動作（即錢包功能），並自負保管私鑰的工作。

- 網頁架構

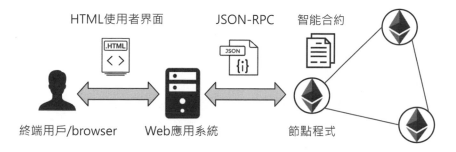

HTML使用者界面　　　JSON-RPC　　智能合約

終端用戶/browser　　Web應用系統　　　節點程式

在「網頁架構」中，終端用戶透過 HTML 頁面（由 web 應用系統提供）間接和區塊鏈節點進行互動，當發送交易時，web 應用系統會代替終端用戶進行簽章動作，即表示終端用戶的私鑰須儲存在 web 應用系統中。web 應用系統再透過適當方式（例如藉由 JSON-RPC）使用區塊鏈中的智能合約邏輯。

目前多數的加密貨幣交易所都採用此系統架構，然而一旦 web 應用系統遭受駭客入侵，導致終端用戶的私鑰被竊取，其所擁有的加密貨幣也將被盜領一空。

- 混合式架構

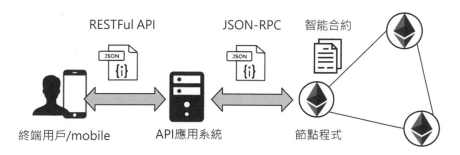

RESTFul API　　　JSON-RPC　　智能合約

終端用戶/mobile　　API應用系統　　　節點程式

在「混合式架構」中，終端用戶之手持式裝置會透過 RESTFul API（由 API 應用系統提供）間接與區塊鏈節點進行互動，當發送交易時，API 應用系統會替終端用戶進行簽章動作，即終端用戶的私鑰同樣也須儲存在 API 應用系統中。此架構優點在於透過前端手機 app 多樣化的操作介面，可提升用戶體驗（user experience, UX）。然而與網頁架構有相似之風險，一旦 API 應用系統遭受駭客入侵時，將導致終端用戶的私鑰被竊取，因此亦須加強資安防護。

- 以太坊之 web3j 架構

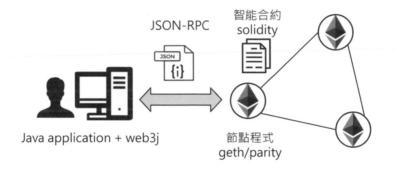

前三種常見的區塊鏈系統架構，皆必須透過底層 JSON-RPC 的呼叫來與區塊鏈節點互動，而拆解 JSON-RPC 的電文內容或是剖析 API 的參數值是件繁瑣且低效率的工作。所幸，web3j 套件的出現解決了這項困擾，它是區塊鏈的一種 Java 方案，藉由物件導向的設計方式全權處理底層的 JSON-RPC 細節，如此一來，程式設計師可以輕鬆地存取智能合約，而更能夠專注在專案邏輯設計上。這項方案也是本書欲詳述的重點之一，我們將在第五章深入介紹它。

除了區塊鏈技術依存的應用程式是否完備之外，區塊鏈技術能否被廣泛使用，主要關鍵因素為生態圈的營造。國內外看好區塊鏈技術遠景的企業與組織，皆透過結盟來建立成員間在技術或商業模式的對話管道，藉此提高所擁護的技術並加快商轉的可能性。目前全球前三大的區塊鏈聯盟分別是：Hyperledger 聯盟、R3 金融區塊鏈聯盟、EEA 企業聯盟。超過 80%的專案都建置於此三大聯盟所支持的區塊鏈技術上。以下是對這三大聯盟的簡單介紹：

- Hyperledger 聯盟

  Hyperledger 是由 Linux 基金會（Linux Foundation）於 2015 年 12 月主導發起的專案，成員含括金融業、科技業與製造業等。Hyperledger 主旨在於推動跨行業應用的區塊鏈專案，強調開放源碼（open source）、開放標準（open standard）與開放治理（open governance）三大開放原則。Hyperledger 專案其實包括多個區塊鏈平台，例如：Burrow、Fabric、Iroha、Swtooth 等。

  常有人將其中的 Fabric 平台與 Hyperledger Fabric 專案劃上等號，但其實兩者不盡相同，Hyperledger Fabric 是個許可實名制的區塊鏈架構（由 IBM 與 Digital Asset 貢獻給 Hyperledger 專案），可結合憑證認證機制（Certificate Authority）辨識與管理區塊鏈上的參與者。Hyperledger Fabric 也支援可程式化機制，允許開發者在區塊鏈上撰寫「chaincode」應用程式。Hyperledger Fabric 架構由多個扮演不同角色的節點彼此協同工作，是個非常倚賴系統架構設計的平台。

- R3 金融區塊鏈聯盟

  R3 金融區塊鏈聯盟成立於 2015 年 9 月，創立者為致力發展 FinTech 的金融科技的 R3 公司。R3 聯盟的主旨在於提供適合金融業的區塊鏈技術，主要產品是受區塊鏈技術啟發所創新改良的分散式帳本技術（distributed ledger technology, DLT）　——　Corda 平台。根據 R3 官網的說明，Corda 是一種特殊的區塊鏈技術，Corda 雖不會定期將需要確認的交易打包成區塊，但還是會以加密的方式鏈接交易。R3 聯盟曾多次召集會員共同進行概念驗證專案，例如透過合作方式嘗試提高貸款市場的透明度，或於貿易融資實驗中驗證交易加速的可能性。

  此聯盟最早由 40 間金融企業投資，而日本的思佰益集團（SBI Holdings）是初期的最大股東，投資額超過 20 億日圓以上。其餘的主要股東包括富國銀行（Wells Fargo）、美銀美林集團、花旗集團、日本的三菱東京日聯集團、野村（Nomura）集團等。

中國信託金控是國內最早加入 R3 聯盟的金融機構；中國的民生銀行、招商銀行、平安集團等大型金融集團當時亦為聯盟成員。雖然部分大型金融機構（例如：摩根大通、桑坦德、高盛、摩根史丹利、美國合眾等銀行）於後期因會員費過高等原因，已紛紛退出 R3 聯盟，加上 R3 公司於 2019 年頻傳破產的負面消息，讓許多人對 Corda 望而卻步；但仍有許多國際大廠（例如：Microsoft、HPE、Accenture 等 200 多間公司）持續支持 R3 聯盟。亦因 Corda 的設計顧慮到大型企業商轉的額外成本（例如實名制），故此聯盟還是一股不容忽視的勢力。

- EEA 企業聯盟

  EEA（Enterprise Ethereum Alliance）成立於 2017 年 2 月下旬，主旨在於集眾成員之力，開發以企業需求為導向且架構在 Ethereum 技術上的區塊鏈解決方案。初期僅 30 名企業成員（包括石油巨擘 BP、摩根大通、微軟、紐約梅隆銀行、埃森哲 Accenture 等），目前會員數發展超過 450 個以上，且會員組成相當多元，已躍升為全球最大的開源區塊鏈組織。

  EEA 初期分為七個工作小組，專營的領域有廣告、銀行、健保、保險、法律、供應鏈及代幣。不同行業之間可相互合作與學習，觀察市場環境的各個面向，且不再只局限於金融產業中，促使各企業會員能夠更加貼近客戶需求。摩根大通 J. P. Morgan 的私有鏈平台 Quorum 就是一項為企業級應用需求而生的典型範例。

有趣的是，可發現許多企業同時加入不同的聯盟，代表每間公司對於區塊鏈的發展不太有把握，認為任何一個平台都有可能成為翹楚，因此在分散風險的考量下，對每一項技術都權衡投資。

除了國外有眾多聯盟之外，無獨有偶，國內亦有不少的聯盟形成，包括：

- 臺灣區塊鏈大聯盟

  國發會偕同國內產官學研各界共同成立，計有中信銀、軟協、銀行公會、神通資訊、仁寶電腦、凌群電腦、勤業眾信（風險部門）、台灣

IBM......近 200 位會員。建立溝通平台，促使業界與政府雙向資訊交流，進行國內外合作，推動場域應用，促進人才培育，創造業者良好的發展環境。

- 台灣區塊鏈大學聯盟

  成立於 2019 年 5 月 31 日，集結台大、成大、政大、清大、交大、台科大等全國 15 間大專院校，彙合台灣區塊鏈學術的研究能量，致力於精進技術；另一方面也將作為學校跟產業之間的橋樑，為區塊鏈企業們提供必要的人才。

- 產險聯盟區塊鏈

  成立於 2022 年 4 月 21 日，集結包括國泰產險、台灣產險、富邦產險等 14 家產險公司，加速資訊共享與保險服務的數位化進展。鎖定汽機車強制險與任意險，多加投保，可以一站式鏈上完成案件審核、給付及追償，大幅降低理賠作業時間。

綜上所述，bitcoin 為目前商轉最成功的區塊鏈案例，因此多數人誤以為區塊鏈僅能用在發行加密貨幣上，實際上 Ethereum 所提出的智能合約亦有越來越多的場景可活用去中心化技術所帶來的好處。各家區塊鏈技術亦紛紛參考 Ethereum 之概念，將可程式化的機制運作於自身的區塊鏈平台，例如：R3 的 Corda、Hyperledger 的 Fabric 等。Ethereum 從公鏈而來，在經過適當的調整後亦可架構成企業間的私有鏈。Ethereum 支援可程式化的智能合約，可將區塊鏈技術之應用帶往另一個桃花源，正是本書欲介紹的主軸，且讓我們在往後的章節一一細探！

根據 Techtarget 網站所歸納整理，下列 9 個區塊鏈技術是相對較有發展潛力，包括 Ethereum、IBM Blockchain、Hyperledger Fabric、Hyperledger Sawtooth、R3 Corda、Tezos、EOSIO、Stellar、ConsenSys Quorum，有興趣的讀者不妨自行研究。

1-4　加密貨幣概況

　　區塊鏈網路流通的貨幣該稱為虛擬貨幣（virtual currency）、加密貨幣（cryptocurrency），還是數位貨幣（digital currency）呢？

　　根據「歐洲銀行業管理局」於 2014 年對虛擬貨幣的定義：「一種數位形式的價值，並非由央行或政府部門發行，也不必要與法定貨幣相關聯，但可作為一種支付途徑，並被自然人和法人所接受，可用電子方式轉帳、儲存和交易。」

　　中國則把虛擬貨幣視為「運行在網絡上的貨幣」（例如騰訊公司的 Q 幣），用戶可使用虛擬貨幣購買網絡上的虛擬服務，另外在各式各樣的線上遊戲中，玩家可打怪或完成特定任務賺取貨幣，用來購買武器、裝備、服飾讓自己在遊戲世界中變得更酷更強大，這些僅能用在虛擬世界而無法購買真實世界之商品和服務的貨幣，也稱為虛擬貨幣。

　　根據虛擬與現實之間的程度，虛擬貨幣可分為下列三種類型：

- 第一類：與實體法幣無關，只能在封閉的虛擬環境（例如線上遊戲）使用。

- 第二類：單向兌換，通常只能在虛擬環境使用，但有時也可購買實體世界的商品和服務。

- 第三類：雙向兌換，有買入價和賣出價，跟真正的法幣相同，去中心化的 bitcoin、Ether 等均屬此類。

　　數位貨幣是指以電子形式存在的替代貨幣（altcoins），不局限在網路虛擬世界中，亦可用來購買真實世界的商品和進行交易服務。數位貨幣不必經由中央銀行發行，可透過 P2P 網路發行、管理和流通貨幣，同時還可根據是否使用加密技術將數位貨幣分為兩大類型。

　　綜上所述，加密貨幣是虛擬貨幣，也是數位貨幣，亦是透過密碼學技術創建、發行、校驗和流通的電子貨幣，同時可確保交易的安全性及控制貨幣交易。

雖然有人認為加密貨幣具有挑戰法幣地位的機會，但大部分國家還是將加密貨幣歸類為商品。美國一般公認會計原則（Generally Accepted Accounting Principles, GAAP）與財務會計準則委員會（Financial Accounting Standards Board, FASB）並沒有提供加密貨幣的處理指南，因而比特幣不被視為現金與約當現金，而是無形資產。2022 年 5 月下旬，達沃斯世界經濟論壇，時任國際貨幣基金組織（IMF）總裁 Kristalina Georgieva 表示：「加密產品與貨幣不能混為一談，任何沒有主權擔保的產品可以是資產，但不能成為貨幣。」話雖如此，2021 年 9 月 7 日，中美洲薩爾瓦多共和國卻成為全球第一個將比特幣作為法定貨幣的國家。

　　加密貨幣該被歸類為貨幣還是商品，已經超過本書探討的範圍。但無論如何，本書乃是將加密貨幣視為在區塊鏈上使用的貨幣，吾人可透過下列圖表理解加密貨幣的科技定位。

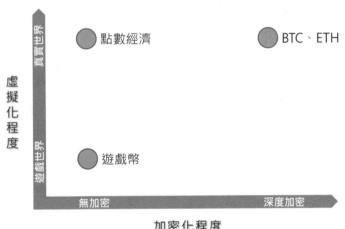

　　CoinMarketCap 是提供有關加密貨幣資本市場資訊的網站，根據該網路的統計，截至 2022 年 1 月止全球加密貨幣的種類約有 16,714 種，總市值約 2 兆 797 億美元，其中排名第一的 bitcoin 占整個市場的 39.8%；第二名的 ETH 占整個市場的 19.2%。整體來看，bitcoin 依然在加密貨幣市場中獨占鰲頭。

　　沙烏地阿拉伯為擁有全球最多移民工人的地區之一，約有 1,000 萬名外籍勞工需將所賺到的薪酬匯給國外的親友，以 2016 年為例，向外匯款的金額甚至高達 370 億美元，可見為龐大的國際匯款市場。如何更有效率且透明的匯款是加速經濟流動的關鍵因素，為此沙國最大的銀行「國家商業銀行（National Commercial Bank）」日前加入 Ripple 企業級的區塊鏈網路「瑞波網（RippleNet）」，希望能提高跨境匯款的品質。

　　Apple 公司共同創辦人 Steve Wozniak 於 2018 年 6 月接受《CNBC》專訪，他認為 bitcoin 以區塊鏈技術為基礎，且具有完全去中心化的特性，價格亦不受任何人的操弄，能單純而自然的發展，同時談到全世界超過 1,000 種的加密貨幣中，僅 bitcoin 仍保有初衷，因此稱之為「純粹的數位黃金（pure digital gold）」，在未來 10 年內 bitcoin 將成為全球單一貨幣。

　　在去中心化的運作模式下，雖無任何一個國家的中央銀行可透過大量發行加密貨幣而讓價格大跌，但加密貨幣的價格真不能被操作嗎？難道沒有其它手法嗎？

　　2018 年 6 月美國德州大學奧斯汀分校財經系教授 John Griffin 和研究生 Amin Shams 發表《Is Bitcoin Really Un-Tethered》，文中指出 Bitfinex 虛擬貨幣交易平台利用其發行的泰勒幣（Tether），對 bitcoin 與其它加密貨幣之價格進行操作。

　　泰勒幣（又稱為 USDT）是一種非去中心化的加密貨幣，堅持與美元維持接近 1：1 的匯率來降低匯率波動的風險，然而在「非」去中心化的本質下，Bitfinex 公司幾乎成為另一個美元的發行組織。於 2017 年 John Griffin 教授發現，bitcoin 飆漲往往發生在大量泰勒幣買進 bitcoin 與其他加密貨幣的 1 個小時後，同時在 Bitfinex 平台也會出現特殊的交易數據模式。John Griffin 教授懷疑這是透過可被操作的加密貨幣，來間接操作另一種加密貨幣的手法。美國商品期貨交易委員會（Commodity Futures Trading Commission, CFTC）還為此進行調查並約談 Bitfinex 公司的當事人。

　　另外，駭客也會對「加密貨幣交易所」進行惡意的 DDOS 攻擊，使得投資人無法透過交易所進行買賣，因而湧現恐慌性賣壓而導致加密貨幣價格下跌，駭客再趁機於價格低點時大量買入，就能夠賺取價差。

　　此外，雖然掌握全世界 51%的算力並不是件簡單的事，竄改區塊鏈資料的情事也不易發生；但根據 2022 年 6 月 bitinfocharts.com 的資料指出，有 85%左右的比特幣是歸戶在 0.31%的位址上，因此這些關鍵少數依然可能為了本身利益，透過倒貨或放送不實消息等方式影響市場價格。

　　無論如何，發行加密貨幣的主要目的並非為炒作幣價、進行不法套利，而是發行人對某件事具有崇高的遠景，或企業營運發展需要資金時，向投資人進行募資的手段，而募資之標的物便是投資人手上持有的加密貨幣，這種新穎的募資方式即為 ICO （initial coin offering）。

　　ICO 為「首次代幣發行」或「首次代幣眾籌」，其精神乃源於證券市場的首次公開募股（initial public offering, IPO），兩者的差異處為 IPO 是向公眾籌集資金，發行之標的物是證券；ICO 則是向公眾募集加密貨幣。

　　有資金需求的貨幣發行者須撰寫一份完整的白皮書，闡述企業發展的遠景與方向，並向投資人清楚說明持有新加密貨幣可得到什麼保障、加密貨幣的優勢與用途，及將來能獲得何種商品或服務等，舉例來說，Ethereum 在募資階段就是向投資人募集 bitcoin，ICO 也因而形成「投資人以持有的加密貨幣換取另一種加密貨幣」的有趣現象。

　　然而若想開發全新的加密貨幣系統，再向投資人募集另一種加密貨幣，是不符合經濟效益的，試想研發一個令人信服的區塊鏈系統要投入多少人力物力呢？又會有多少投資人願意架設節點、支撐新型態的加密貨幣呢？區塊鏈生態具有非常高的網路效應（network effect）特性，隨著使用人數增加將創造更多價值，進而吸引更多使用者參與，以此不斷地正向循環，所以若募資狀況不如預期，新貨幣發行人所投資開發的加密貨幣系統將可能只有被丟棄的一途。

因此有人摒棄「硬體思維」，對群眾募資加密貨幣時不再以自行開發新的區塊鏈平台為導向，取而代之是透過 Ethereum 智能合約的「軟體解決方案」實作。如同前述所言，智能合約僅運作在區塊鏈網路，其程式具有不可竄改的特性，透過程式設計的方式，在可受信任的智能合約中記錄每一位投資者所投資的加密貨幣金額與對應的「股數」，即可實現對群眾募資之目的，而此「股數」即為代幣（token）。

簡單地說，比較常見的 ICO 乃為「投資人以持有的加密貨幣，換購智能合約中的代幣」。2017 年幾個較具代表性的 ICO 專案如下：

- Bancor 專案期望建立可交換代幣的標準，允許任何人發行智慧代幣（smart token），而該標準的智慧代幣（Bancor Network Token, BNT）創下 3 小時內募得 1.5 億美金的記錄。

- Filecoin 專案主張建立去中心化儲存網路於 IPFS （InterPlanetary File System）網路上，並能夠將檔案分散儲存至世界各地，由於運行在 Filecoin 區塊鏈上將可以提高其安全性，此 ICO 共募得 2.57 億美金。

另外 ICOStats 網站統計指出，投資報酬率最高的前五名 ICO 專案分別是 NXT、IOTA、Ethereum、NEO 和 Spectrecoin，排名第一的 NXT 初期發行價到 2018 年初為止投資報酬率約為 12,600 倍；排名第四的 Ether 投資報酬率亦有 2,800 倍。

另外 Bitcoin.com 網站統計指出，在 2017 年共有 902 件 ICO 專案，其中 142 件專案在募資開始前就宣告失敗；113 件專案的狀態久未更新，恐將面臨失敗；276 件專案在募資結束後，完全沒有推出任何產品就消聲匿跡。這些被列為失敗的專案占整體 ICO 比例約 59%，總投入金額共計 2.33 億美元。ICO 失敗的比例其實低於傳統創業投資（venture capital），但因不少 ICO 專案一開始就不打算真正開發產品或服務，只想惡意吸金，因此導致 ICO 投資人紛紛走避，逐漸將 ICO 視為洪水猛獸。

　　即使 ICO 專案是正派經營，但由於發行的代幣數量往往是固定的，因此會發生物以稀為貴的情況，以致大家都將代幣留在手上，等待套利，而不肯真正使用，如此一來又陷入炒幣的惡性循環中，無法達成當初 ICO 的偉大遠景。

　　為了保障 ICO 投資人，各國政府開始對 ICO 進行監管，例如日本通過《關於虛擬貨幣交換業者的內閣府令》，規定從事加密貨幣買賣、交換等業務的公司需登記申請；中國中央銀行發布防範代幣發行融資風險的公告，要求各類 ICO 活動應立即停止；美國證券交易委員會（SEC）在某些條件下會把 ICO 代幣視為證券，故 ICO 將可能屬於 SEC 的監管範圍，SEC 對於是否監管 ICO 乃基於下列三個判斷條件：

- 利潤是否仰賴他人的付出

- 加密貨幣是否具實用性

- 投資人是否只為賺取利益

　　bitcoin 與 ETH 都是開放平台，投資人也可能是程式開發者，因此利潤不光僅仰賴他人；同時 bitcoin 與 ETH 皆具實用性且可購買商品或服務，和股票無法直接使用的情況不同；而 ICO 投資人換購代幣不僅是為了賺取利差，亦是為了換取商品或服務；因此當 bitcoin 與 ETH 可能不會被 SEC 嚴格監管的消息一出，這兩種加密貨幣的價格亦順勢上揚。

　　無論如何，進行 ICO 投資時，投資人皆應謹慎小心才是。SEC 甚至設立 HoweyCoins.com 網站，教育民眾進行 ICO 投資時應要注意的事項。

　　台灣早期對 ICO 監管處於模糊不清的狀態，僅將加密貨幣視為和線上遊戲的虛擬寶物一樣地位。簡單地說，若 ICO 投資人以加密貨幣換購 ICO 新發行的代幣，僅被視為是虛擬寶物間的互換行為，就沒有違法之處，但若投資人需支付法幣（例如：新台幣、美金等）換購 ICO 代幣時，就會因未經許可經營特殊業務而觸法相關法律。近年，金管會的態度已相當明確，若 ICO 涉及有價證券之募集與發行，就應依證券交易法相關規定辦理；並於 2019 年 6 月公布證券型代幣

(Security Token Offering, STO)的研擬重點，另已於 2020 年元月正式將之納入規範。

　　歐洲議會經濟和貨幣事務委員會（ECON）已準備提出一份草擬提案，建議為 ICO 制定新法規，發展「群眾與端對端的融資框架」，並要求募資平台為 ICO 設置上限，且須遵循特定的證券法規。

　　法國時任總統馬克宏一向看好新興技術，多次提議將法國轉型為「新創國度」，在策略一致的前提下，法國亦傾全國之力朝著強化企業成長與轉型的計畫邁進。甚至在 2018 年 9 月中旬，法國經濟與財政部宣布已接受企業成長與轉型法案（PACTE）中適用於 ICO 的某項條例，法國金融市場管理局（AMF）有權向 ICO 籌資公司發出許可證，除了保護出資者的利益，同時也希望能夠吸引全世界的投資人。即便如此積極鼓勵創新的國家，法國市場監管機構（Autorité des Marchés Financiers, AMF）亦在 2021 年 10 月建議投資者應對一家名為 Air Next 的公司推出的 ICO 發行項目保持謹慎的態度，足見 ICO 存有極高之風險。

　　除了 ICO 專案多以失敗或可能發生弊端收場外，趁著全球瘋 ICO 熱潮，網路上各式各樣的真實詐騙行為也順勢而起，例如有人曾以傳銷詐騙方式兜售「五行幣」，五行幣的體積比普通一元的硬幣稍大，號稱純金打造，印著「金、木、水、火、土」字樣。投資人用 5,000 元人民幣換購一枚，就可「開網」取得對應的數位貨幣並開始賺取收益。據說「五行幣」是限量版，共發行 5 億枚，且將全面替代紙幣，一年就可賺得至少 400 萬，而當事人日前已被警方逮捕。其它還有維卡幣（Onecoin），宣稱是一種繼承 Bitcoin 特性的通用加密貨幣，被中國公安指控為龐氏騙局、傳銷詐騙、違法吸金，涉案金額高達數十億人民幣。

　　隨著 Netflix 韓國原創劇「魷魚遊戲(Squid Game)」在全球爆紅，有些加密貨幣的專案發起人看準這波熱潮，隨勢推出同名的「魷魚遊戲代幣（SQUID）」，持有 SQUID 的玩家，可以參與「魷魚遊戲」。根據官網的說法，「魷魚遊戲」預計在 2021 年 11 月開放給 500 名玩家，每位玩家都需要支付以代幣購買的門票才可以加入遊戲，獲勝者可以拿走所有獎金。參加費用並不便宜，據官方的白皮書，最後一關的入場費需要 15,000 枚的 SQUID 遊戲代幣，以

2021 年 11 月 29 日的牌價為例，共需要近 41,550 美元。此外，欲進入遊戲還要購買 NFT，不同的 NFT 提供了玩家不同的能力，可以用來幫助遊戲過關。

這一波 SQUID 遊戲代幣的興衰非常戲劇性，從 2021 年 10 月 28 日低點 0.085 美元，僅以一天的時間爆漲 3,200%，來到 2.77 美元。而在一星期內更狂漲逾 27,900%，之後情況卻急轉直下，突然崩跌 99.99%，從歷史高點 2,856.64 美元跌至幾乎歸零的程度。全球最大的加密貨幣交易所「幣安」更認定 SQUID 是惡意詐騙，在疑似專案發起人捲款潛逃之後，對司法管轄機構提供調查資料。

類似 SQUID 的詐騙加密貨幣專案，其實屢見不鮮。目前一種稱為「千尋犬幣（Chihiro Inu）」也躍上新聞版面。「千尋犬幣」也預計推出 NFT、遊戲等，但對於各項計畫都沒有具體的細節。

目前火紅的各種遊戲代幣，其實就是當年 ICO 的翻版。投資人可以藉由以太幣購買各種代幣以做為日後的其它用途。時空遷徙到現在，各種遊戲代幣也讓人懷疑其背後是否暗藏炒作目的。隨著比特幣除了支付之外，可能伴隨著更多的應用，歷史是否會不斷的再次上演？答案應該是顯而易見的。疑似利用加密貨幣違法吸金的案例層出不窮、不及備載，如同廣告所說：「投資一定有風險，ICO 投資有賺有賠，申購前應詳閱公開說明書。」讀者們不可不小心謹慎！各位對於加密貨幣投資有興趣的讀者，都應該多花一些時間去細讀各項加密貨幣的白皮書、代幣經濟學、或是治理框架，以降低投資伴隨的風險。

對加密貨幣有初步認識後，讓我們整理一下全球金融產業對這一波加密貨幣衝擊的看法與策略，首先觀察金融投資大師們對加密貨幣的想法，再延伸至跨國金融公司、全球性金融組織乃至各個國家。

- 股神 Warren Buffett

 個人資產高達 800 億美元的 Buffett 曾表示：「購買加密貨幣時，並沒有獲得任何實質東西，也沒有產生任何利益，只是希望下個人花更多的錢把它買走。」同時談到 bitcoin 根本不是投資，只是一種遊戲、賭博，甚至是海市蜃樓（a mirage）。2018 年更嚴厲的批判：「bitcoin 可能是已經投放好的老鼠藥。（It's probably rat poison squared.）」

- 投資大師 Howard Marks

  Marks 是橡樹資本（Oaktree Capital）的共同創辦人，在華爾街極具分量，曾準確預測「2000 年網路泡沫」和「2007 年金融海嘯」，他警告：「加密貨幣不是真的！」他認為這只是場毫無理由的熱潮，甚至是「金字塔式騙局」，與 1637 年鬱金香泡沫經濟、1720 年南海泡沫及 1999 年網路泡沫的情況完全相同。購買虛擬貨幣的人是投機，而非投資，其並無考慮所購買的加密貨幣是否具潛在價值與價格是否適當，僅認為他人在未來會用更高的價格購買。

- 期貨教父 Leo Melamed

  2018 年高齡 85 歲的 Leo Melamed 是全球最大衍生品交易所「芝加哥商業交易所（CME）」的名譽主席，他認為 bitcoin 有可能成為一種新的資產類別，如同黃金或股票，並可被主流投資者用來交易，而不僅僅是一種加密貨幣，期貨允許投資者賣空 bitcoin，使雙向投注成為可能，此發展將能吸引主要機構投資者，而不僅有投機者。

- 摩根大通集團（JPMorgan Chase）

  此為 2017 年總資產高達 25,336 億美元的跨國金融集團，光是商業銀行部門就有 5,100 間分行，執行長 Jamie Dimon 曾多次抨擊加密貨幣，他曾說過：「bitcoin 是一種詐欺。」、「任何摩根大通的交易員，若進行 bitcoin 交易會被即時解僱。因為這些員工違反公司守則，他們是愚蠢的。」、「如果你愚笨到去買這種東西，你總有一天會付出代價。」摩根大通堪稱是對加密貨幣最嚴厲批評的公司，這其實是可理解的，若使用加密貨幣的人數增長，勢必會壓縮銀行業的生存空間。曾任摩根大通「大宗商品部門」高階主管與「全球商品部門」負責人的 Blythe Masters，在離開摩根大通後創立 Digital Asset Holdings 公司，專門開發金融服務的區塊鏈解決方案，並擔任其執行長。她在「倫敦金屬交易所」年度晚宴發言：

「加密貨幣的供應鏈是複雜且非常沒有效率的，不僅成本過高，且潛藏的安全漏洞，常發生關鍵資料遺失、有問題的產地履歷。」並認為區塊鏈將在供應鏈領域扮演革命性的角色，可實現糧食、服飾、黃金、鑽石、石油等產業的商品追蹤。

- 美國銀行（Bank of America, BOA）

  僅次於摩根大通的美國第二大商業銀行，為 2014 年富比士排名全球前 2,000 大的上市企業中排名第 13 的公司。美國銀行董事總經理 Francisco Blanch 認為 bitcoin 若不接受監管，將無法順利在全球擴展開來。

- 高盛（Goldman Sachs）

  高盛是一間跨國的銀行控股集團，總部位於美國紐約，曾被《財富》雜誌評選為美國財富 500 強企業中的第 74 名。高盛證券部門表示 bitcoin 雖然不具備貨幣特性，但卻是價值儲存的另一種選擇，並不是一種詐欺。高盛雖未直接交易 bitcoin，但在 2015 年投資行動支付 APP Circle 公司 5,000 萬美元，並收購加密貨幣交易所 Poloniex。高盛從 2017 年開始已為客戶處理 bitcoin 期貨結算業務，也開始交易 bitcoin 期貨。同時高盛集團正考量一項新業務——開發 bitcoin 及加密貨幣交易平台。

- 摩根史坦利（Morgan Stanley）

  與高盛具備高度的競爭關係，因此該公司對加密貨幣的立場是相對積極的，正具體地準備在既有的投資組合中新增加密貨幣基金的項目。

- 巴克萊銀行（Barclays）

  巴克萊銀行是英國最古老的銀行，歷史可追溯到 1690 年，目前是英國的第二大銀行。在加密貨幣涉及合規與監管兩大議題下，巴克萊的立場顯得相對保守，但同時也想站在金融科技改革的前線，因此還是會持續觀察加密貨幣的後續發展。

- 美國運通銀行（American Express）

  此銀行允許客戶購買加密貨幣，但設有每日 200 美元，以及每月 1,000 美元的最高額度。

- 美國三大銀行

  摩根大通（JPMorgan Chase）、花旗銀行和美國銀行在考量波動性與風險後，皆已經宣布所發行的信用卡禁止用來購買加密貨幣。

- 勞埃德銀行集團（Lloyds Banking Group）

  勞埃德銀行集團已成為英國第一家禁止客戶使用信用卡購買加密貨幣的主要信用卡供應商，但客戶仍可使用簽帳金融卡購買加密貨幣。

- 托克維爾資產管理公司（Tocqueville Asset Management）

  該公司全球著名的頂極黃金基金投資經理人 John Hathaway 直稱：「加密幣熱潮是垃圾（garbage）。」並認為加密貨幣未來絕對會泡沫化。

- 安聯歐洲股份公司（Allianz SE）

  來自德國的安聯是全球最大的金融服務集團，也是德國最大的保險公司。首席經濟顧問 Mohamed El-Erian 曾表示：「bitcoin 價格將大跌，其被廣泛使用的情況不會發生。」

- 芝加哥商品交易所（CME）和芝加哥期權交易所（CBOE）

  CME 和 CBOE 已在 2017 年開放 bitcoin 期貨交易，同時也正在評估其他加密貨幣期貨化的可能性。投資者可避免過高的加密貨幣波動風險，以更安全的方式進入市場。

- Mastercard 信用卡

  Mastercard 於 2018 年表示，雖然部分客戶因使用信用卡購買加密貨幣，使得跨境交易量上漲 22%，但仍沒有直接投資加密貨幣的計畫，然而公司內部確實正討論和加密貨幣公司合作發行聯名簽帳卡的想法。

- Visa 信用卡

  Visa 則要求多家加密貨幣簽帳金融卡的供應商暫停服務，並強調只會處理法定貨幣的交易，然而消費者還是可使用其信用卡購買加密貨幣。

- 國際貨幣基金組織（International Monetary Fund, IMF）

  IMF 總裁 Christine Lagarde 曾在英國央行會議表示加密貨幣可能會取代銀行業及金融服務業，她認為世界各國央行和監管機構都應認真對待數位貨幣。雖然目前波動性太大、風險太高、監管過程不夠透明，同時還有資安疑慮等狀況，但這些問題都可隨著時間推移被解決。而 IMF 不排除發行自己的加密貨幣，並會持續探索這項技術的潛力及各種可能性。

- 世界銀行（World Bank）

  世界銀行隸屬於聯合國系統，是為開發中國家提供貸款的國際金融機構。現任行長 Jim Yong Kim 表示：「雖然區塊鏈技術令人感到興奮，但在很多時候打著區塊鏈名號的加密貨幣是龐氏騙局，故面對數位貨幣需謹慎小心。」

- 馬爾他（Malta）

  馬爾他是地中海島國，該國首相歡迎加密貨幣交易平台到該國投資，並想成為區塊鏈法規的世界先驅。

- 巴西

  巴西中央銀行行長 Ilan Goldfajn 對 bitcoin 給予非常嚴厲的批評，他認為 bitcoin 是一種典型的泡沫或金字塔式騙局（pyramid scheme），又稱為「層壓式推銷」手法或「老鼠會」。簡單的說，早期投資者買進大量加密貨幣，再製造各種話題吸引更多人進場，此時加密貨幣價格會順勢水漲船高，早期投資人便能創造源源不絕的收入。

- 韓國

  韓國曾是全球第三大加密貨幣市場，占全球成交量約有 30%。目前韓國政府明定禁止匿名交易，只允許實名的韓國公民進行交易，加密貨幣交易合法化後不僅增加政府稅收，也防止未成年及外籍人士的非法交易。加密貨幣在韓國盛行的主因在於國民對數位商品的接受度高，網路速度也是全球最快，同時從文化上觀察，該國 10%的成年人有賭博的嗜好。

- 日本

  日本是第一個承認 bitcoin 為法定貨幣的國家，不僅取消對 bitcoin 徵收消費稅，並在 2018 年初加快制定對 ICO 的監管措施，期望讓 ICO 合法化。而民間虛擬貨幣產業也成立日本加密貨幣協會（Nihon Kasotsuka Kokangyo Kyokai），建立自治系統穩固資訊安全，並共同準備面臨即將生效的法律規範，該協會初期包括 16 間政府核可的交易所，試圖解決沒有被政府核可的交易，同時共同建立加密貨幣市場的相關準則。

- 台灣

  中央銀行將虛擬加密貨幣定調為「網路投資商品」，並認為 bitcoin 交易應根據金融部門的反洗錢（AML）規則進行管理。財政部更表示：「由於加密貨幣是虛擬商品，因此應在台灣納稅，目前已正在研究如何執行相關稅收規定。」

- 中國

  北京市「互聯網金融風險專項整治工作小組」辦公室在 2017 年要求所有在中國 bitcoin 交易平台必須在 9 月 15 日公布停止營運和制定清退方案，並在同年 9 月 30 日前須完全停止營運。

經由前面的介紹，可發現大多數具國際影響力或指標性的投資大師、跨國金融集團及各國政府對加密貨幣多採悲觀負面的態度，筆者的看法同樣也傾向保守。加密貨幣是一種數位貨幣，但它和「數位形式的貨幣」是截然不同的兩件事。人們不論透過 ATM、行動銀行 app、網路銀行等方式所查詢的帳戶餘額，或各類型帳單上的待繳款項等，雖然僅是顯示在 3C 設備上的數字，但仍都具有法償基礎，亦可以說是「以數位形式存在的法幣」，到目前為止政府徵稅使用法幣，企業支薪也使用法幣，法幣是結算的最終方式。

　　然而加密貨幣則是依靠人們「無中生有」挖礦出來的，挖礦得到的加密貨幣在現實生活還是無法使用，持有者最終仍希望將加密貨幣換回法幣。除非有一天烏托邦世界真的實現了。加密貨幣具有「網路效應」特性，越多人使用而吸引更多人加入，最終每個人都可到區塊鏈的公鏈進行交易。然而綜觀所有條件，這一天目前恐還是遙遙無期。

　　至於 ICO 所換購的代幣呢？其實購買代幣意指購買發行者未來所要提供的服務或產品使用權，因此若該服務或產品本身的後勢看漲，眾人都爭先搶用時，那麼代幣的價格自然會上漲，但當群眾預期代幣價格會後勢上揚，所有人便會停止使用代幣換回服務或產品，也就再次陷入炒幣的漩渦中，因此 ICO 代幣的未來也具有高度的不確定性，需更謹慎看待。

　　ICO 似乎已走到終點，但另一種稱為 STO（security token offering）的證券代幣發行機制卻開始受到人們重視。法律上任何被視為「證券」的資產（例如：股票、債券、票據、期貨選擇權、權證等）都是可被代幣化的，因此任何將資產權利轉換為區塊鏈代幣並發行給公眾的過程，就是 STO 的精神，換言之，STO 是一種受政府高度監管的 ICO。

　　STO 發行成本較 IPO 低，清算速度也優於 IPO，且允許將資產劃分成更小單位，使資產所有權可以更加細分，對於投資風險之分散及在二級市場之流通，都比傳統 IPO 更加富有彈性，因此 STO 可能成為企業將其證券轉為代幣化發行的標準模式。

　　美國證券交易委員會（SEC）主席 Jay Clayton 曾在 2018 年 2 月提及，他認為所看到的每個 ICO 其實都是證券，借鏡 ICO 經驗在推行 STO 時已考慮到政府之監管，因此 STO 代幣可視為是受監管的證券，未來不論在上市、買賣等活動都將受到規範，而投資大眾向符合證券法的公司購買代幣，也能夠確保獲得較好的保障。

　　中國四大商業銀行中的交通銀行透過其自行研發的區塊鏈資產證券化平台發行價值約 13 億美元的住宅抵押貸款證券。此平台可將「資產證券化」的資訊上傳至區塊鏈，在信任機制下讓參與方都能查看最新訊息，提高交易結算之速度與降低操作風險，以及縮短證券發行週期，並期望能實現資產之快速共享與轉移。

　　無論如何，加密貨幣與底層所使用的區塊鏈技術是兩個不同層次的問題。而國際間對於區塊鏈技術的看法會是如何呢？此即為下一節的主題。

1-5　Fintech 與區塊鏈

　　金融創新教父 Brett King 是知名評論家及舉世聞名的商業趨勢大師，其著作曾 4 度登上亞馬遜書店最暢銷排行榜，《Bank 3.0》於 2012 年出版後立即成為眾人爭睹的暢銷書，被視為掀起全球數位銀行風潮的重要推手。

　　《Bank 3.0》強調未來不再以銀行為中心，取而代之是以一般大眾為主的生活型態與需求，滿足客戶的生活體驗，讓客戶被「黏住」才算是成功的數位轉型。《Bank 3.0》有下列幾項重點：

- 數位化是為了便利顧客、提升服務品質的手段，提升顧客體驗滿意度是永不停止的目標。

- 銀行保留櫃台服務必有其特殊考量，例如幫助網路弱勢者、財富管理業務等，如何提升「坪效」是最主要目標。

- 銀行的標準作業程序（SOP）應以服務客戶為中心來規劃流程和規定，而不該以銀行本身的便利為主要考量。

　　Brett King 認為銀行不會再只是一個地方，而更是一種行為，銀行分行亦可能因數位化而消失，這是他在書中闡述的觀點，事實證明也是如此。Brett King 更在《BANK 4.0》提到，銀行過去擔任金融效能提供者角色的重要性正逐漸降低，新科技將金融服務無所不在的嵌入到生活中。請詳見下表從 2009 年金融海嘯以來，金融業在數位衝擊下的狀況。

時間	銀行	衝擊
2015 年	台灣合作金庫	已關閉 11 間分行。
2017 年	匯豐銀行（HSBC）	2015 年，英國地區已關閉 321 間分行，2017 年底將再關閉 62 間。
2017 年	勞合銀行（Lloyds Bank）	將關閉 212 間分行。
2017 年	花旗（韓國）	將關閉 133 間分行中的 30 間。
2017 年	富國銀行（Wells Fargo）	將關閉全美約 6,000 間分行中的 400 間。
2017 年 8 月	渣打銀行（台灣）	累計 3 年已關閉 16 家分行。
2017 年 11 月	法國興業銀行（Societe Generale）	繼 2016 年初宣布裁員 2,550 人後，預計在 2020 年底前關閉 300 家分行、裁減約 900 人。
2017 年 12 月	蘇格蘭皇家銀行（RBS）	RBS 為英國政府所持有，於 2015 年已關閉 191 間分行。2017 年宣布將再關閉 259 間分行。
2018	元大銀行	暫停 9 家分行。併購大眾銀，引發大眾銀員工離職潮，人力吃緊，申請關閉分行。
2019	全球銀行業	裁員人數超過 7.5 萬人 (大部分位於歐洲，含：義大利最大銀行「裕信銀行（UniCredit）」)。
2020	全球銀行業	高盛、意大利聯合聖保羅銀行（Intesa Sanpaolo SpA）、西班牙薩瓦德爾銀行（Banco de Sabadell SA）、德意志銀行等，累積第三季已裁員 6.8 萬人。
2021	美國銀行業者	合計淨關閉 2,927 家分行。
2021	花旗銀行	宣布退出包含台灣在內的 13 國消金業務，主因：母公司策略調整、當地法遵成本提高、數位化發展，當地銀行競爭力提升，失去優勢。
2022	匯豐銀行	因受新冠疫情影響，將加速集團轉向數位服務的業務，預計關閉在英國的 69 家分行。

上述銀行中不乏百年企業，富國銀行 1852 年成立於紐約，更在 2013 年以約 2,360 億美元成為全球市值最高的銀行。而台灣銀行的分行關閉程度沒有像外商銀行嚴重，主因在於「金管會」為求社會穩定與平衡，持續進行關注與監督分行關閉的情事，另外則因部分銀行業認為他們具有「社會責任」，不可因為分行不賺錢就關閉對客戶的服務，尤其是在偏鄉金融這一塊。然而選擇不關閉分行的策略還可以持續多久呢？隨著全球數位化程度日益加深，營運分行的成本只會有增無減，面對公司賺不賺錢及股東龐大的壓力，僅能觀察這股拉扯還能持續多久。

造成金融產業這一波衝擊的主因乃是金融科技（financial technology, FinTech）公司的迅速崛起，FinTech 是近年頗為火紅的話題，然而各界對名詞定義卻莫衷一是。「愛爾蘭國家數位研究中心（NDRC）」將 FinTech 定義為一種「金融服務創新」，透過各種新型態的解決方案，對傳統金融服務業的生態——包括資訊技術採用、營運與獲利模式、產品設計與流程等各面向，造成顛覆性的改變。經濟學人智庫 EIU 在 2021 年的研究指出，近 65％的全球銀行業主管認為，銀行業的「分行模式」將因新技術的導入，包括：雲端運算、人工智慧、API 等，將在五年內「壽終正寢」。

金融科技公司便因這股趨勢形成經濟產業，認為可運用科技方法使金融服務變得更有效率，藉著 FinTech 種種優勢貼近消費者市場，並對既有的市場進行破壞後就可輕易的摧毀傳統金融業，因此較有機會可在狹小的生存空間中擠出一條生路。通常小型公司運用科技創造新型態的解決方案，使得金融服務變得更有效率，形成的新經濟產業，戮力瓦解不夠科技化的大型金融企業和體系。

FinTech 公司不見得都是小型新創公司，國內外大型科技公司也有意進軍金融業務，例如：

- 亞馬遜的語音助理 Alexa 推出的語音 P2P 匯款功能，同時可和支票帳戶產品互通。

- Apple 公司與高盛證券合作發行 Apple Pay 品牌的聯名信用卡。

- Facebook 籌組團隊發展區塊鏈技術，可能發行自己的虛擬貨幣，讓線上的 22 億用戶進行電子支付(即稍後介紹的臉書幣)。

- 大陸 BATJ（百度、阿里巴巴、騰訊、京東）4 大網路企業已跨入金融領域，分別擁有以下金融服務品牌：度小滿、螞蟻金服、騰訊金融、京東金融。

科技巨擘切入金融服務的主要目的在於深化客戶關係，尤其是服務網路原生、對傳統金融陌生的年輕族群；然而經營金融銀行業務的額外成本卻非常高，除須取得相關執照外，對最低資本維持也有種種要求，同時也須接受政府的高度監管，包括越趨嚴格的個人資料保密、洗錢防制（anti-money laundering, AML）以及打擊資助恐怖主義（combating the financing of terrorism, CFT）的法規要求。因此各國政府的保護傘政策對於 FinTech 公司成長具有一定程度抑制。

雖曾有人斷言 FinTech 公司的創業風潮正加速地解構全球銀行產業，但從客觀的角度來看，較可能會是大型科技公司選擇與銀行合作，如此一來不僅可滿足政府的監管要求，亦可為客戶提供更多元的服務。

不過科技業跨足金融業的風潮還是不能小覷，LINE 公司多次在世界大會中表示，未來的方向是重塑（redesign），並將引進區塊鏈技術改造所有業務，重塑的部分包括旗下的遊戲、分享、娛樂、媒體、商務等五大業務，只要終端用戶使用服務並回饋意見，就會給予代幣做為鼓勵，此方法不僅可用來提高客戶滿意度，也能夠讓各項服務持續優化。

LINE 所推出的區塊鏈以及代幣經濟（LINE Token Economy）是由旗下的金融事業 LINE Finance 主導，並已完成加密貨幣交易平台之登記。該交易所命名為「BITBOX」，交易範圍將擴及美、日等國以外的全球市場，預計將提供超過 30 種以上的加密貨幣交易（例如：bitcoin、ether 等）。

LINE 的營運策略並非直接銷售 LINE 代幣，乃是透過對 DApp 之使用來獎勵用戶，期望能藉由生態圈之建立增加 LINE Point 可用平台數量。同時發表的兩款 DApp 分別是「4CAST」與「Wizball」。「4CAST」為預測平台，可對未來的活動或體育賽事進行預測，再依實際結果判斷輸贏，並以 LINE Point 給付獎勵；「Wizball」則為知識共享的 Q&A 平台，對於問題回答者可得到 LINE Point。

　　金管會已陸續核發三張純網路銀行的執照。樂天國際銀行、連線銀行（LINE Bank）分別在 2021 年正式開業，將來銀行也在 2022 年上線，初期推出的服務仍是較為基本的存放業務，是否能對金融業發揮「鯰魚效應」，後續還有待觀察。

　　央行認為，純網路銀行具有六大成功要素：專注於價值所在、客戶體驗最佳化、創新、彈性及快速的組織環境、雙軌的資訊系統模式、創意行銷以及建立營運生態圈。

　　區塊鏈是營運生態圈的一種實作方式，區塊鏈可能會是發展策略之一。以 LINE 為例，其在 2021 年成立子公司 LINE NEXT，負責區塊鏈暨 NFT 業務，同時將推出全球 NFT 平台 DOSI。DOSI 交易平台包含：DOSI Store、DOSI Wallet 和 DOSI Support 三大服務。

　　前一節我們知道金融產業對加密貨幣的看法，那麼全球環境對底層的區塊鏈技術感到興趣嗎？

- 百度公司

  百度是中國最大的網路搜尋引擎公司，於 2017 年 10 月宣布加入 Hyperledger 聯盟，並成為核心董事會成員。該公司對加密貨幣表現高度興趣，同時投資 6,000 萬美元給美國的數位支付公司 Circle Internet Financial。Hyperledger 技術最主要不是用來發行加密貨幣，而是建立去中心化的應用方式。

- 摩根大通（JPMorgan Chase）

  僅管執行長 Jamie Dimon 曾經對 bitcoin 發出最嚴厲的批判，也曾表示不再對 bitcoin 發表任何意見，其雖然不在乎 bitcoin 的交易價格，甚至認為 bitcoin 對犯罪分子來說是偉大的產品，但卻支持加密貨幣的底層技術。

從 Jamie Dimon 的態度可看出，全球金融業巨擘明確知道加密貨幣與區塊鏈技術間的分別，他們對於未來藍圖與布局是清楚的。摩根大通甚至基於 Ethereum 技術，開發 Quorum 區塊鏈平台，並加入 EEA 聯盟。2022 年，JPMorgan 宣布處於創新的最前沿，預計使用名為 Liink 的區塊鏈網路，讓銀行能夠分享複雜的資訊。同時，還規劃利用區塊鏈技術將 Token 化的美元存款用 JPM Coin 轉移。

- 花旗集團

  CEO Michael Corbat 表示 bitcoin 對金融體系確實已造成威脅，這將迫使各國政府發行自己的數位貨幣來應對，但加密貨幣幾乎不可能被有效地監管，背後的匿名技術使之被用於洗錢、貪汙賄賂及恐怖主義融資。儘管如此，花旗集團卻仍看好底層的區塊鏈技術，認為相當有發展潛力。

- 匯豐銀行（HSBC）

  匯豐銀行即將發布過去兩年的實驗成果：驗證區塊鏈技術應用於信用狀的可能性，他們認為客戶的眾多業務已開始數位化，但信用狀是其中一個最困難的領域，同時也規劃在 2019 年初推出一個實體網路。

- 法國互助信貸銀行

  IBM 與法國互助信貸銀行合作利用區塊鏈技術構建身分驗證系統（know your customer, KYC），其可利用區塊鏈技術實現客戶向第三方機構（例如地方公共機構和零售商）提供身分證明。

  法國金融機構在探索區塊鏈領域越來越活躍，法國巴黎銀行和法國信託局也開始投入研發小型企業售後區塊鏈平台。

- 跨銀行間的合作

  摩根大通（J.P. Morgan）、北方信託銀行（Northern Trus）和創立於 1857 年的西班牙桑坦德銀行（Banco Santander）合作，宣布完成一項使用區塊鏈的先導測試，能透過同步進行「影子」投票登記，以收集區塊鏈投票的實驗數據。

- 跨境支付系統

  環球銀行金融電信協會（Society for Worldwide Interbank Financial Telecommunication, SWIFT）是跨越 200 個國家及 11,000 個金融與證券機構的國際合作組織，為全球金融業提供安全與標準化的電文交換系統，並協助完成各項金融交易。SWIFT 在過去幾年一直是跨境支付的領導者，近年更表示對區塊鏈技術有著濃厚的興趣，並主導幾個概念驗證專案，嘗試解決國外同業帳戶（nostro accounts）的即時性調節，期望在減低維運成本的前提下加速跨國匯款的效率。參與測試與驗證的金融機構包括澳盛銀行集團（ANZ）、法國巴黎銀行（BNP），紐約梅隆銀行（NY Mellon）、星展銀行（DBS）、加拿大皇家銀行（RBC Royal Bank）和富國銀行（Wells Fargo）等。

  在 2018 年 3 月 SWIFT 宣布新的全球支付創新（Global Payments Innovation, GPI）電文已完成測試，50%的支付款透過 SWIFT GPI 可在 30 分鐘內完成，有些甚至可在幾秒內就到達最終受益人的帳戶；而 100% 的支付可在 24 小時內到帳，不像過去有些跨境交易可能需花上幾天時間。

  然而在 2019 年 1 月，SWIFT 卻又突然宣布，將與專注於金融區塊鏈聯盟的 R3 進行整合。此舉實在令人霧裡看花，但從另一個角度觀察，以區塊鏈技術實作跨境匯款一事，還是具有繼續發展下去的價值。時間來到 2022 年，SWIFT 宣布聯手區塊鏈金融平臺 SETL，以及多家市場參與者，預計在 2022 年的 Q1 展開資產代幣化試點。

- 國際管理諮詢機構

  埃森哲（Accenture）與基準諮詢公司（McLagan）合作調查報告顯示，當 2025 年區塊鏈技術一旦成熟後，每年可為全球前 10 大的投資銀行節省約 80 億到 120 億美元的交易成本，占基礎建設成本的 30%。

- 香港股票交易所

  預計在 2018 年啟用區塊鏈驅動的股票市場機制，港交所行政總裁李小加於 2017 年 8 月 1 日宣稱將啟動獨立的交易市場，並命名為香港交易所私募市場（HKEX Private Market）。這將是一個不受《證券及期貨條例》監管的場外市場，企業可進行上市前融資等動作，讓投資者能夠方便獲取企業的資訊。港交所希望提供一個集中地進行股權投資交易，而區塊鏈技術就能有效集中這些資訊。

- 新加坡

  新加坡金融管理局（MAS）是行使中央銀行職能與負責監控金融機構的主管部門，他們在 2017 年 11 月發布有關「Ubin 區塊鏈專案計畫」的第二階段報告。該專案在 2017 年 5 月由 MAS、數間新加坡銀行、德勤會計師事務所、R3 公司、新加坡銀行協會（ABS）和埃森哲管理諮詢公司（Accenture）共同進行測試。第一階段著重於以區塊鏈運行「新加坡元」的可能性；第二階段則聚焦在全球央行之間測試「即時支付結算系統（RTGS）」。MAS 表示如果這樣的系統真的開始商轉運作，中心化的金融生態系統將被淘汰。此外新加坡證券交易所（SGX）也和金融管理局（MAS）合作，計畫提升付款交割制度（DvP）的流程，利用區塊鏈改善證券結算效率。2020 年，更宣布已完成第五階段的測試工作，測試結果顯示以區塊鏈為基礎的付款網路具有商業潛力。

- 馬來西亞

  東南亞國協中，除新加坡政府計畫推動區塊鏈等創新政策以改善該地區的融資管道外，馬來西亞也採用區塊鏈技術推動整個地區的銀行服務，該國的 9 家銀行已開始與中央銀行合作開發區塊鏈的貿易融資申請。

- 泰國

  泰國暹羅商業銀行正建構一個基於瑞波的跨境支付區塊鏈匯款平台，泰國央行於 2018 年 8 月 1 日發布的法規聲明：泰國銀行業可透過子公司發行與投資數位貨幣、提供加密貨幣的經紀服務與營運相關事業，但只能與經過「泰國證管會」及「泰國保險監理委員會」核准的其他公司進行交易，亦不得對散戶提供加密貨幣相關的服務。亦在 2021 年，收購加密交易所 Bitkub 51% 股份。

- 南韓

南韓政府推動第一個 IoT 區塊鏈保險服務是由未來創造科學部（Ministry of Science, ICT and Future Planning）的國家資訊局（National Information Society Agency）負責推動，邀集南韓保險公司 Kyobo Life 參與該專案，保險客戶透過區塊鏈和基本的 IoT 認證技術將小額理賠程序自動化。透過區塊鏈記錄病歷情況和保險計畫細節，可即時計算理賠額度，省去人工審核時間，賠償金亦會即時發送給客戶，無需繁複轉帳過程。

- 日本

日本預計逐步淘汰價格昂貴、易受網路攻擊的中心化伺服器，打算將區塊鏈技術引進政府招標系統。《日經亞洲週刊》報導指出：負責監督日本行政制度、管理地方政府的總務省將從 2017 會計年度開始，測試基於區塊鏈的新系統來處理政府標案，希望藉此提高現行招標流程的效率，改進對 IT 供應商的合同審查流程。日本央行 (Bank of Japan) 於 2021 年 4 月起，展開為期一年的數位央行貨幣第一階段測試。在第一階段的測試當中，日本央行和日本民間業者攜手，除了針對系統上的交易履歷製作紀錄報表等，也同時確認數位貨幣的流通、發行等基本功能。於 2022 年 3 月 25 日宣布，將實施第二階段「央行數位貨幣 (CBDC)」 測試，將針對央行數位貨幣的周邊功能，就發行央行數位貨幣的可能性及相關問題進行測試。

- 台灣

國內前幾名的大型金融機構紛紛投入對區塊鏈的研究，例如中國信託成立頗具規模的區塊鏈實驗室、富邦銀行和知名區塊鏈團隊進行多次的概念驗證合作案等。2022 年 6 月 29 日 金融資訊系統年會，中央銀行總裁楊金龍以「數位轉型的央行貨幣」為題，提出對於數位貨幣（CBDC）的看法。推動 CBDC 是巨大且複雜工程，預計將花至少 2 年的時間進行社會溝通、系統穩定以及法規建制後，才會決定 CBDC 的後續規劃，強調台灣目前對於推行 CBDC 較無急迫性。

● 中國

中國官方雖不認同公鏈的加密貨幣，但對於底層區塊鏈技術卻有高度興趣。日前曾表示大陸央行已完成將支票、本票、匯票等票據數位化，並以智能合約為基底的區塊鏈數位票據基礎設施來解決中國市場的支票欺詐問題。未來將逐步擴展至銀行團貸款、證券交易、保險管理、金融審計、資金管理、銀行帳本管理、金融資產等交易。

● 央行數位貨幣（central bank digital currency, CBDC）

國際貨幣基金組織（IMF）指出，全球已有 110 個國家正對發行 CBDC 進行測試。各國政府雖嚴格控管加密貨幣，但是受政府高度監管與發行的數位法幣是可以允許上路的。這樣的作法違背了加密貨幣去中心的初衷，也可能造成烏托邦信仰的崩塌。巴哈馬、東加勒比等國家已研擬發行 CBDC 做為電子支付工具，其目的不外乎是為了促進聯合國倡議的普惠金融（Inclusive Financing）；不過電子支付也有一定的資訊技術門檻，所以 CBDC 是否能在這些國家實驗成功，尚存在高度不確定性。

印太多鈔票會使得物價上漲，造成通貨膨脹。收回鈔票則會導致物價下跌，形成通貨緊縮，各國央行皆藉此進行景氣調節。紙鈔也有下列缺點，包括：

◇　攜帶不便，易破損。

◇　貨幣存放與處理成本。

◇　防偽辨識，避假鈔。

◇　貪腐逃稅、洗錢。

◇　病毒細菌感染。

CBDC 的普及，將有助於改善紙鈔的幾項缺點。各國央行發行 CBDC 的最主要的目的，包括下列幾點：

1. 避免私人機構壟斷：新興的支付方式，並不由央行完全掌控，貨幣政策較難施展。藉由 CBDC 重新掌握貨幣主導權。

2. 顧及普惠金融：某些國家基礎建設不足，幅員廣大卻仍使用現金具局限性。藉 CDBC 擴充觸及範圍，亦容易課徵稅收。

3. 改革幣制：藉 CDBC 實現幣制改革，降低通貨膨脹，重新建立央行貨幣政策的信心。

中國是發行 CBDC 最積極的國家之一。目前數位人民幣（e-CNY，舊稱 DC/EP）已經正式上線，並多點運行，以下是推行的時間順序說明：

◇ 2014 年，成立「中國人民銀行數字貨幣研究所」對數位貨幣發行框架等議題進行研究。

◇ 2017 年，國務院批准，中國人民銀行組織部分大型商業銀行共同開展數字人民幣體系（Digital Currency Electronic Payment, DC/EP）研發。

◇ 2020 年 10 月 23 日，《中華人民共和國中國人民銀行法》加入「人民幣包括實物形式和數位形式」條文，賦予數字人民幣法律地位。

◇ 2021 年 1 月，陸續於深圳、蘇州、上海、北京、成都發放 2,000 萬元數字人民幣消費紅包。

◇ 2021 年 7 月，《中國數字人民幣的研究發展白皮書》按國際慣例更名為 e-CNY。

◇ 2022 年 1 月 4 日，數字人民幣（試點版）APP 正式在各大商店上架。試點場景超過 132 萬個，包括：生活繳費、餐飲服務、交通出行、購物消費、政務服務等領域。累計交易筆數 7,075 萬餘筆、金額約 345 億元。

e-CNY 採用「雙層營運體系」，即中國央行向指定的商業銀行發放數字人民幣，再由商業銀行等機構向社會大眾提供兌換和流通。商業銀行動用存款準備金取得，跟取得現金是一樣的。並不會因為是數位人民幣而改變。E-CNY 並具有以下特色：

⬦ 中國人民銀行發行：央行發行的虛擬貨幣，以國家的信用為其擔保，具有法償性，效力完全等於一般流通現金。

⬦ 可雙離線支付：交易雙方的手機安裝 DC/EP 數位錢包，可在無網路與無銀行帳戶的情況下，透過「碰一碰」機制完成轉帳。

⬦ 可控匿名：平常可匿名使用，但可以追蹤。

此外 e-CNY 是想要替代貨幣供給量的 M0，即流通中的現金，但是從 ATM 將存款（M1）提領成 e-CNY（M0）時，e-CNY 無法再存回銀行，這樣會不會造成流通中的現金越來越多？這是下一步中國央行要思考的問題，倘若可以儲存回銀行，那麼跟業界的電子支付，其實又沒有什麼不同。

針對央行聲稱的可控匿名機制，大眾普遍抱持疑慮：「是否強化對人民監控？」但其實法幣的數位形式已行之有年，包括：商業銀行在央行的存款、百姓在商業銀行的存款、民眾的各種儲值卡。法院可以開立搜索票，調閱追蹤數位形式相關資金流動。此外，中國更已經是電子支付比例最高的國家，除非 e-CNY 可以完全替代紙鈔，否則對於洗錢防制或避免人民監控其實沒有顯著影響。

e-CNY 的發行是中心化的，是由中國人民銀行統一發行，在底層技術方面借鑒了一些區塊鏈技術原理，比如數位人民幣小額匿名轉帳等，方便脫離現有銀行帳戶體系的的綁定。但是總結來說，e-CNY 並沒有採用區塊鏈技術。

1-6　區塊鏈商業模式

即使加密貨幣與區塊鏈技術未出現，人們早就開始使用「電子型式的貨幣」進行交易了，例如某些國家允許民眾使用電信公司的點數做為支付的工具、大部分金融機構提供簽帳卡（debit card）、信用卡（credit card）等服務也行之有年。換言之，傳統銀行早在進行電子化，那在法令、法規、環境成熟度等種種影響條件下，Fintech 公司還有什麼競爭空間？

Fintech 公司的優勢在於靈活與創新的商業模式。舉例來說，目前銀行與銀行間進行帳務清算時，可透過中央銀行或是清算銀行（clearing bank）提供的機制即時進行。然而在進行跨境匯款時，可就不是這麼一回事了，即使已透過國際機構進行清算，但資訊傳遞的過程中還是需要經手數個中間行協同處理，因此一筆匯款交易仍需等上數天時間。

倘若各國銀行之間透過區塊鏈技術進行串接，藉由「交易即清算」的特性形成一個看不見、跨越全球的虛擬清算機構，將一筆原本需花上幾天的匯款支付，轉瞬間在幾秒內完成且同時兼顧安全、效率與速度，如此一來傳統金融機構牢不可破的基礎便會產生動搖。2012 年推出的 Ripple 正是瞄準這個市場，提供新穎的跨境支付系統及中央清算系統。

下圖乃為跨境匯款的運作模式，金融機構持續以傳統貨幣形式提供服務給終端用戶，但銀行和銀行間的交易則透過區塊鏈做為資訊或金流的交換網路，架構在去中心化與可信任的基礎上，跨銀行間的交易將變得更快速與便捷，同時也更加安全。

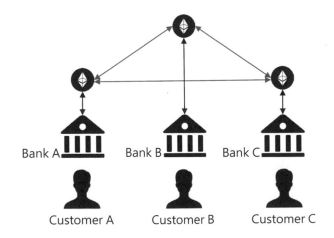

　　普惠金融（Inclusive Financing），又稱包容性金融，是聯合國於 2005 年提出的金融服務概念，意指普羅大眾均有平等機會獲得負責任、可持續的金融服務。其核心是有效、全方位地為社會所有階層和群體提供金融服務，尤其是那些被傳統金融忽視的農村地區、城鄉貧困群體、微小企業。「金融科技」成為推展普惠金融的重要力量。我國金管會積極落實的普惠金融，包括信託 2.0 方案、盤中零股交易制度、建置個人退休準備平台、微型保險、小額終老保險等。

　　全球約 17 億人無法使用金融工具，像是信用卡。約有一半的成年人連銀行帳號也沒有，絕大部分集中在發展中國家，並且以女性弱勢族群居多。2019 年 6 月，臉書公開加密貨幣計畫 Libra，其錢包舊稱 Calibra，後更名為 Novi 錢包，期望打造「無國界的虛擬貨幣」，也就是俗稱的「臉書幣」，讓所有人都能夠沒有負擔的支付，也就是落實普惠金融。「臉書幣」核心主張包括跨境匯款、以支付為目的、採穩定幣方式發行、足額擔保，真實資產 100%儲備。

　　臉書高舉普惠金融的大旗，應是對百姓有益，但為何各國金融主管機關大多抱持反對或質疑？原因在於科技巨頭（BigTechs）熟悉數據分析，具有網路外部性，從事多元商業活動，可輕易壟斷市場。故各國家多以反托拉斯法來對科技巨頭進行調查與裁罰。2020 年 4 月，Libra 改名為 Diem，強調提高可監管性，企圖擺脫負面印象。但可惜 2021 年 12 月，負責人 David Marcus 宣布下台離職。2022 年初，更將專利、網路服務等資產出售，Diem 正式喊停。

　　截至目前為止，全球大部分的區塊鏈專案依然處於概念驗證（POC）階段，這些專案仍無法順利進行商轉，可能的原因在於所設計的場景不具有商業價值或沒有適當的獲利模式。

　　區塊鏈其中一項特色是網路效應，參與者越多、網路的價值就越大。因此，運作在公鏈上的節點越多，區塊鏈越有價值；退而求其次的則是聯盟鏈，為避免過度集中，即便是聯盟鏈的節點數也要夠多才有商業價值，因此如何打造一個生態系統才是最重要的事。2022 年 6 月，全球 bitcoin 約有 1 萬 5,846 個節點正在運作中，而以太坊也大約有 5,896 個節點，要能夠掌握其中 51%發動攻擊，其實存在不小的難度。

BLOCKCHAIN

　　華爾街眾多知名人士認為區塊鏈技術有機會徹底改變世界金融的面貌，歐美大型金融機構為避免不小心被新創小蝦米給撂倒，這些金融巨頭亦進行多項合作保持創新動能。

　　瑞士洛桑管理學院世界競爭力中心主任 Arturo Bris 曾提及：「產品不再是價值創造的核心，商業模式才是。而數位科技則可提供全新的價值創造模式。」新技術的發明是一回事，然而能夠創新商業模式才是更重要的事。

　　Gartner 顧問公司曾每年發表《Gartner Top 10 Strategic Technology Trends》，在 2019 年亦名列區塊鏈技術，並提到可透過獨立於個人的應用程式——智能合約消除業務摩擦，允許彼此不具信任關係的參與方可放心進行交易。儘管當前的應用場景常圍繞著金融應用，但在政府治理、醫療保健、內容發行、供應鏈等方面仍有很多潛在應用的機會，區塊鏈技術可望能改變各行各業的面貌。

　　從 1995 年開始，Gartner 每年會對新科技的成熟演變速度及要達到成熟所需的時間，提出預測與推論，並繪製成「技術成熟度曲線（Hype Cycle ）」，協助企業評估是否採用新科技。區塊鏈技術在 2017 年，其實就已經來到「泡沫化的底谷期(Trough of Disillusionment)」，意指這項科技可能已無法滿足過度的期待，將很快的退流行，媒體對該科技創新也無興趣。甚至，從 2019 年的成熟度曲線區塊鏈是直接被移除。

　　然而，在 2021 年，區塊鏈又以非同質化代幣(NFT) 的方式回歸成熟度曲線，並位居於「過高期望的膨脹期（Peak of Inflated Expectations）」階段，意指大眾對新科技產生不切實際的期待，有些創新應用是成功的，但通常有更多是失敗的。新加坡 99 Bitcoins 網站對比特幣的悲劇結局所進行的「比特幣訃告」統計，累積已超過數百件，其中包括了大型泡沫、災難、龐氏騙局、高危險投資、基本面毫無價值等的看空觀點。但加密貨幣每每猶如九命怪貓一樣，皆能夠起死回生。美國諾貝爾經濟學獎得主克魯曼（Paul Krugman）向來不看好比特幣，但他也承認加密貨幣衍生已經變成是一種信仰，因此，未來將無限期存活下去。

　　使用區塊鏈技術須清楚瞭解商業機會之所在、區塊鏈功能與局限性、信任基制如何架構，以及建立必要的技能，接下來我們分享幾個有趣的創新案例。

　　瑞士新創公司 FoodBlockchain.XYZ 創建「食品供應鏈」的區塊鏈技術，食品製造商為確保生產階段的品質，將食品批次或個別建立 ID 標籤，並將之上傳至區塊鏈中，運用不可否定性防止資料被竄改，透過可信任 ID 標籤可用來追蹤整個供應鏈的產品項目，除能防止假冒品，消費者亦可看到產品的生產履歷（例如食品是否來自污染地區、農夫是否依照正確的方法運送及處理等）。

　　來自中國新創公司的「眾安科技」提供區塊鏈技術，「沃樸物聯」提供物聯網智能設備和防偽技術，嘗試利用區塊鏈的萬物帳本與無法竄改等特性，記錄每隻雞生長狀態，保證從小雞到成雞、從雞場到餐桌的過程數據都被真實記錄，真正實現每隻雞的防偽溯源。資訊透明，讓吃的人更放心！

　　俄羅斯最大航空公司 S7 與該國最大私人銀行 Alfa 合作在區塊鏈上發行機票，減少航空公司與售票代理之間的結帳時間（過去需花費 2 週之久），依靠區塊鏈技術可縮短支付流程，在機票售出後平台自動扣除代理佣金，航空公司隨即得到正確收益。

　　2002 年聯合國通過的「國際鑽石原石認證標準機制（簡稱金百利機制）」可用來確認鑽石的價值標準，其於 2003 年 1 月 1 日開始實施，主要希望透過各國進出口交易的監管認證，根除來自非洲反叛軍或其同黨透過金融手段脅迫衝突所產生的鑽石原石。此項認證可透過雷射技術，將所取得的鑽石特徵值上傳至區塊鏈網路來加以實現，如此一來便能追溯鑽石的真偽及其履歷，包括鑽石加工廠、認證機構、跨國運送方、海關、銀行或保險公司、零售商等。

　　越來越多的資產也可被數位化（例如：軟體版權、地契等）。葛萊美獎的音樂製作人 RAC 將其作品 EGO 透過區塊鏈發行與出售，透過區塊鏈與智能合約技術得以直接付費給音樂家，所有的版稅皆依照合約立即進行分配。去中心化的結果使得藝術家不必支付 30% 的抽成給平台業者（像是 Apple），而能得到更多的報酬。

　　國泰產險與安侯企管（KPMG）合作，運用區塊鏈技術將班機延誤理賠機制自動化，航空公司的班機若延誤時，會將班機延誤資訊上傳至區塊鏈網路，當產險公司從網路上取得延誤資訊後，智能合約根據所設定的條件自動撥款到消費者所指定的銀行帳戶。如此便可減少消費者申請理賠的種種不便性；然此商業模式卻因國內相關法規尚未完備而無法實現。

　　另外一個值得稱讚的商業模式為透過區塊鏈技術建立醫院、壽險公司及銀行間的信任關係，住院病人在出院後往往需提供大量的證明文件，才能申請壽險公司的理賠。倘若隨著病人出院，相關資訊自動上繳至區塊鏈網路，理賠金即可自動撥款到保戶指定的銀行帳號，即能便民又省時。

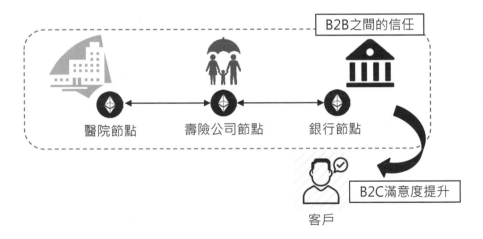

　　上述創新的理賠支付方式受限於台灣的法令與法規，因此國內的金融業者不得不停止加碼投資的腳步。然而全力擁抱區塊鏈技術的新加坡大都會人壽保險公司（MetLife）已開始測試類似的商業模式，讓新加坡有投保的孕婦在被診斷患有妊娠糖尿病時，就可快速且自動的獲得保險理賠。

前面介紹的幾種商業模式，有些可透過資料庫或 API 方式進行資訊交換，也能夠達到同樣的效果。然而透過區塊鏈的方式，除了可免除發生單點錯誤的情況外，在效能上也會有顯著的效果。

然不可否認的，關鍵因素在於上傳至區塊鏈的資料真實性究竟有多少，雖然區塊鏈能夠妥善的保護所存放的資料，但若這些資料在上傳至區塊鏈的過程中就已被竄改或破壞了呢？另外以食品履歷為例，不少新創產業透過可追蹤與不可竄改等特性，建立產銷履歷以及產品溯源等，改善長期存在的欺偽不實情事，但萬一黏貼在商品上面的標籤根本就已是變造的，導致完全和區塊鏈網路所存放的資料不一致呢？連結實體世界與數位環境的介面上，區塊鏈仍十分仰賴受信任的中介者，此即為「區塊鏈的最後一哩路」。若要防止變造，需在初始階段，便將食材的 DNA 正確無誤地寫至區塊鏈上，採購時再將鏈上所取得之資料與預購之食材比對 DNA，驗證溯源的正確性。然而這樣並不符比例原則，故難以確實執行。

筆者認為適用區塊鏈的商業場景，應是上述班機延誤險或醫院自動理賠的案例，簡單地說，企業與企業間須先以 B2B2C 的模式運作建立信任關係，而終端用戶則因這些公司彼此建立信任關係後，才能間接得到益處。

畢竟現階段區塊鏈的交易速度與普及率並不高，要讓所有的終端用戶直接面對與使用區塊鏈其實是件不太可行的事，倘若以 B2C 的思維建構 DApp，成功的機率可能不高。因此如何建立企業間的生態系統才是推廣區塊鏈技術的當務之急。

不少人過度期待區塊鏈，以為它就像大數據等策略性技術，可促成企業轉型，因此誤認區塊鏈是一種破壞式的創新，然而根據《哈佛商業評論》雜誌一篇「企業轉型啟程──你不可不知的區塊鏈創新（The Truth about Blockchain）」文章，傳達哈佛大學企管系的兩位教授 Marco Iansiti 與 Karim R. Lakhani 對區塊鏈的評論，他們認為區塊鏈並不是一種「破壞式創新」的技術，因為它無法透過低成本的解決方案攻掠傳統的商業模式的版圖，迅速奪取既有者的江山。同時也說到區塊鏈是種基礎建設的技術，因此必須等上幾十年的時間，包括在技術、法規治理、組織完備等各種障礙排除之後，才有可能滲透至整個經濟與社會環境。

作為新一代的資訊基礎建設，有人將區塊鏈比喻為當年的 TCP/IP，認為其有機會取代目前的網路應用架構。然而一如 1972 年推出的 TCP/IP 一直等到 1980 年末才逐漸廣被使用，基礎建設的推進需要很長的時間醞釀。

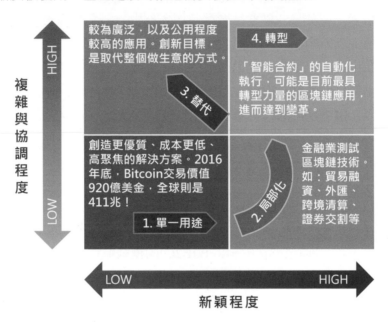

如上圖所示，根據 Marco Iansiti 與 Karim R. Lakhani 兩位教授所設計的框架，可透過「複雜與協調程度」與「新穎程度」兩個維度劃分出四個象限，來觀察基礎技術的採用階段與過程。

- 單一用途：過去幾年區塊鏈技術唯一的用途就是發行加密貨幣（例如 bitcoin）。

- 局部化：做為技術採用的第二個階段，將會有一些組織與企業組成聯盟的方式進行小範圍的實驗。目前應落在這個階段。

- 替代：在第三個階段中，現存的部分業務將會被區塊鏈技術給取代。

- 轉型：最後一個階段則完全是全新的應用，可以改變整個經濟、社會與政治制度的運作方式。

　　麥肯錫管理顧問公司（McKinsey & Company）的合夥人及金融顧問 Brant Carson 曾於 2018 年 6 月中旬在官網上發表對於區塊鏈的最新調查報告《區塊鏈除了炒作：那些戰略性商業價值為何？（Blockchain beyond the hype: What is the strategic business value?）》[2]。當時的報告認為區塊鏈是種不成熟的技術，到目前 2022 年亦是如此，仍處於萌芽階段，無任何確定成功的方式，而需要一個能正常運轉的生態系統，並在系統、資料、投資引導方式和監管等各個面向通通達成一致性，其實是件非常不容易的事。以太坊創始人 Vitalik Buterin 於 2022 年發表文章〈哪些非金融應用中可以使用區塊鏈〉，列舉 8 個可以使用區塊鏈的非金融應用場景，包括用戶帳戶密鑰更改和恢復、修改和撤銷證明、負面聲響、稀缺性證明、公共知識、與其他區塊鏈應用的相互操作性、開源指標、數據儲存，也可做為讀者們業務設計的參考。

　　目前區塊鏈技術雖然還有許多議題等待解決，例如：交易速度、金鑰保存方式、資料儲存空間日益增加等，然而對於任何有企圖心的組織與公司而言，仍應持續投入研究與探討相關議題，面臨未來不可知的變化發生時，才能迅速以最佳的決策因應。

---

[2]　原文網址：https://www.mckinsey.com/business-functions/digital-mckinsey/our-insights/blockchain-beyond-the-hype-what-is-the-strategic-business-value

1-7　習題

1.1.1　在區塊鏈技術中，大量使用雜湊演算法（hash），請簡單介紹雜湊演算法之特性。

1.1.2　在區塊鏈技術中採用類似單向鏈結的資料結構概念，請闡述是否有強化安全、採用雙向鏈結之必要，以及實作上有何困難的地方？

1.1.3　工作量證明機制（PoW）是一個公平的演算法嗎？請依您的觀點說明 PoW 是否能達到去中心化的目的。

1.2.1　區塊鏈的三大聯盟分別是：Hyperledger、R3、EEA，請依您的觀點闡述哪個聯盟較有勝出的機會。

1.2.2　為什麼世界各大企業在區塊鏈合作上多以加入聯盟的方式為之，其可能有哪些優點與缺點？

1.2.3　去中心化的應用程式 DApp 是否又回歸「中心化」的老路？您的觀點如何？

1.3.1　加密貨幣與目前政府所推行的電子支付皆採用數位方式儲存貨幣，兩者的優劣勢為何？

1.3.2　ICO 被視為股票而列入監管範圍，您認為是好事還是壞事？

1.3.3　如果您要成立新創公司，會不會考慮以 ICO 方式取得市場上的資金？

1.4.1　「網路金融化，金融網路化」，當科技與金融產業間的差異越來越小，您覺得台灣有何機會？

1.4.2　有人說，FinTech 在台灣沒有成功的機會，您的觀點如何？

1.4.3　國內許多銀行紛紛成立數位分行，您有參觀過嗎？其與傳統銀行分行有何差別？

1.5.1　請簡述 B2C、B2B、C2B 的商業模式。

1.5.2　請簡述何謂「網路效應」？您知道哪種商業模式架構於「網路效應」之上嗎？

1.5.3　區塊鏈非常安全，但它周遭的世界可不是如此，您同意嗎？

02

架構以太坊私有鏈

　　區塊鏈技術更迭瞬息萬變，觀念看似簡單卻時常讓人難以一窺堂奧。讀者欲紮實學通區塊鏈技術最好的方法就是「做中學」。本章將以手把手的方式，一步一步示範如何透過以太坊客戶端軟體（Ethereum Client）連接以太坊主鏈、測試鏈，及架設屬於自己的私有鏈，再嘗試透過錢包軟體傳輸加密貨幣。

本章架構如下：

- ❖ 以太坊客戶端軟體
- ❖ 連接主鏈與測試鏈
- ❖ 架設私有鏈
- ❖ 以太坊錢包軟體

2-1 以太坊客戶端軟體

以太坊客戶端軟體即俗稱的節點程式，可用來運行一個區塊鏈節點，而多個節點相互串接後便形成區塊鏈網路。在區塊鏈網路中，使用者可進行挖礦、傳輸加密貨幣、執行智能合約、瀏覽歷史記錄等工作，進而發展出完整的區塊鏈生態圈。讀者可以瀏覽下列網址：https://etherscan.io/nodetracker，觀看即時的節點資訊，包括節點數量、分布國家等。

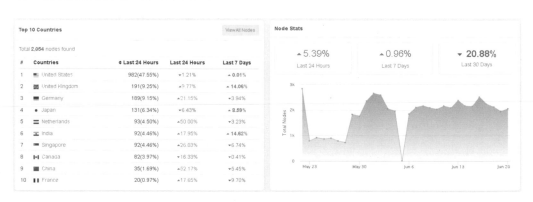

剛進入以太坊領域的讀者可能發現，可選擇使用的以太坊節點程式多如過江之鯽，一時之間還真不知道該如何下手。

節點程式的多樣貌與區塊鏈崇尚「開放」的價值觀有關，以太坊節點程式架構在相同的通訊協定，並以不同程式語言和技術開發出適用各種作業系統與環境的多種版本。在不壓抑創新動能又能兼顧核心主軸的情況下，終於形成現在的局面。

下表呈現的是目前最廣泛使用的以太坊節點程式，這些節點皆遵循以太坊的黃皮書（https://ethereum.github.io/yellowpaper/paper.pdf）標準技術規格建置。而其中以使用 Go 語言所開發的 go-ethereum（簡稱為 geth）為節點程式的領頭羊，也是最多人使用的，它遵循了 GNU LGPL v3 授權規範。本書即將以 geth 為主要介紹對象。順道一提，Hyperledger Besu 是企業級別的以太坊節點軟體，它運行於以太坊主網，亦提供監控功能，採用 Java 編寫，並遵循 Apache 2.0，亦提供商業的 SLA。

客戶端軟體	實作程式語言	適用作業系統	支援網路	同步策略
go-ethereum (Geth)	Go	Linux,Windows, macOS	Mainnet,Görli, Rinkeby,Ropsten	Snap, Full
Nethermind	C#,NET	Linux,Windows, macOS	Mainnet,Görli, Ropsten,Rinkeby, and more	Fast,Beam, Archive
Besu	Java	Linux,Windows, macOS	Mainnet,Rinkeby, Ropsten, Görli	Fast, Full
Erigon	Go	Linux,Windows, macOS	Mainnet,Görli,Rinkeby, Ropsten	Full

上述節點程式通常被稱為「ETH1 CLIENTS」，另外還有一種稱之為「ETH2 CLIENTS」的程式，如：Teku、Nimbus、Lighthouse、Lodestar、Prysm、HARDW 等，它們運作在信標鏈（Beacon Chain）之上，提供 PoS（proof-of-stake）共識機制，乃是為了將來以太坊的升級預做準備，然，不在本書介紹範圍內，故不做贅述。

上表所提到的同步策略，意指節點程式與區塊鏈網路同步狀態的不同方式，茲分別簡述如下：

- 完全同步（Full sync）：下載所有區塊（包括標頭、交易等），並通過從創世區塊鏈的增量，生成區塊鏈的狀態。同步需要數小時，甚至於數天。

- 快速同步（Fast sync）：下載所有區塊（包括標頭、交易等），並經由標頭驗證狀態，一般需幾小時的同步時間。

- 輕量同步（Light sync）：下載所有區塊標頭、區塊數據，並隨機驗證。可在數分鐘內獲取當前的網路狀態。

- 快速同步（Snap sync）：由 Geth 實作此機制，透過 peer 節點提供的快照，檢索所需的資料，可在不犧牲安全性的情況下，大大節省頻寬與硬碟用量。

- 光束同步（Beam sync）：由 Nethermind 實作此機制，類似快速同步的工作原理。

此外，節點程式可以運行在三種不同的模式之下，茲簡述如下：

- 全節點模式（Full node）：儲存完整區塊鏈資料、參與區塊驗證、可推演狀態。

- 輕量模式（Light node）：僅下載區塊標頭與摘要訊息，毋須強大的硬體，亦不參與共識。預期可在手機或嵌入式設備運行，但目前支援程度尚未成熟。

- 存檔模式（Archive node）：儲存於全節點中的所有內容，並建立歷史狀態檔案。

在硬體要求方面，會因為選用的節點程式與共識演算法不同而有所差異。一般來說，最低需要 2 core 的 CPU，若硬碟為 SSD 則需要 4 GB 的 RAM，若是傳統硬碟則需要 8 GB 以上的 RAM，頻寬則需要 8 MBit/s。而官方建議的規格，則需要 4 core 以上的 CPU，16G 以上的 RAM，25 MBit/s 以上的頻寬。至於硬碟最好是 SSD，且若執行於快速同步模式時，則需要 400GB 以上的硬碟空間，完全同步模式則需要 6TB 以上的空間。

開始作業前，請先到下列網址取得節點程式：https://ethereum.github.io/go-ethereum/downloads/。

Download Geth – Camaron (v1.10.19) – Release Notes

You can download the latest 64-bit stable release of Geth for our primary platforms below. Packages for all supported platforms, as well as develop builds, can be found further down the page. If you're looking to install Geth and/or associated tools via your favorite package manager, please check our installation guide.

| Geth 1.10.19 for Linux | Geth 1.10.19 for macOS | Geth 1.10.19 for Windows | Geth 1.10.19 sources |

讀者可視作業系統與環境下載適當的安裝包。本書聚焦在 Windows 環境下範例程式之撰寫與測試，付梓時所選用的 geth 版本為 1.10.19。

geth 安裝方法很簡單，只要雙擊執行檔便可以進入安裝程序，雖說是「安裝」，但其實僅是將安裝包解壓縮到指定的目錄罷了。為避免日後困擾，在安裝過程中請記得選取安裝開發工具（development tools）。

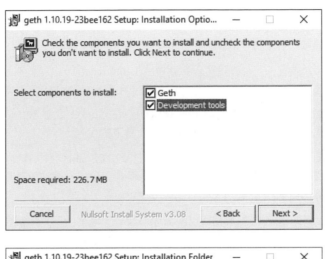

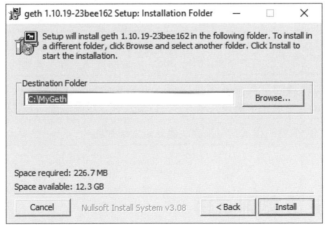

順便一提的是，若是在 Windows 作業系統安裝時，可能會遇到「Windows 已保護您的電腦（Windows protected your PC）」的錯誤訊息，而不允許安裝。此為新版 Windows 的安全功能，用來防禦惡意程式（註：區塊鏈節點程式可能是因為

挖礦行為，而被列為高風險軟體），可以試著從「Windows Security/App & browser control/Check app and files」將之關閉，並重新安裝。

順利解壓縮到指定目錄（例如 C:\MyGeth）後，可得到下列幾個重要的執行檔，稍後本章之介紹將會圍繞在 geth 這項主要應用程式。

軟體程式	說明
geth	geth 就是以太坊的節點程式，其為一個命令列的應用程式。使用者可以透過 geth 連接以太坊主鏈、測試鏈，或是架設自己的私有鏈。 在預設情況下，geth 支援全節點模式（full node），也就是下載與同步完整的歷史區塊鏈資料。也可以運行在輕量模式（light node），只取得即時資料更新。 除此之外，使用者還可以透過 HTTP、WebSocket 或是 IPC 等方式，使用節點程式所提供的 RPC 服務，串接鏈上與鏈下的世界。
abigen	abigen 是一個程式碼產生器。它可以把 sol 或是 abi 文件，轉換成特定程式語言，並且在符合安全規範的情況下，提高程式撰寫的方便性與互動性。目前支援三種程式語言，包括 golang、objc、java。
bootnode	bootnode 是一個輕量化的以太坊節點程式，然而，它只保留和網路節點探詢有關的通訊協訂，因此可以用來協助建立 peer to peer 網路作業模式。
clef	規劃代替 Geth 的節點帳號管理，可用於對交易進行簽名。
evm	開發版本的 EVM（Ethereum Virtual Machine），允許在可調整環境的情況下，執行智能合約的中介碼（bytecode），協助提高工程師偵錯的效率。
rlpdump	協助開發的工具程式。可以將二進制表示的 RLP 資料（Recursive Length Prefix），包括網路與共識內容，以更友善、更具階層的方式顯示。
puppeth	一個命令列的程式，用來協助建立以太坊網路。

2-2　連接主鏈與測試鏈

讀者們如何啟動一個節點並連接到以太坊主鏈呢？很簡單，僅需在 DOS 模式輸入下列指令即可：

```
geth console
```

此時可見節點程式在執行後不斷出現許多訊息。

```
Administrator: C:\Windows\System32\cmd.exe - geth console          —   □   ×
accounts=0
INFO [06-27|08:22:23.124] Resuming state snapshot generation       root=d7f897..0f
0544 accounts=0 slots=0 storage=0.00B dangling=0 elapsed=11.495ms
INFO [06-27|08:22:23.163] Gasprice oracle is ignoring threshold set threshold=2
WARN [06-27|08:22:23.238] Error reading unclean shutdown markers    error="leveldb:
 not found"
INFO [06-27|08:22:23.311] Starting peer-to-peer node               instance=Geth/v
1.10.19-stable-23bee162/windows-amd64/go1.18.1
INFO [06-27|08:22:23.301] Generated state snapshot                 accounts=8893 s
lots=0 storage=409.64KiB dangling=0 elapsed=189.048ms
INFO [06-27|08:22:23.376] New local node record                    seq=1,656,318,1
43,355 id=80992e74a93ec402 ip=127.0.0.1 udp=30303 tcp=30303
INFO [06-27|08:22:23.476] Started P2P networking                   self=enode://db
2b1b1603787cd07caee78e30b7cd35c66fc343790d83cbc2edd45d83c37395158a013f70463c3bfa3d
12e7851c827391b7c401528e1fa6d1cef5183df364f7@127.0.0.1:30303
INFO [06-27|08:22:23.509] IPC endpoint opened                      url=\\.\pipe\ge
th.ipc
WARN [06-27|08:22:23.892] Served eth_coinbase                      reqid=3 duratio
n=0s err="etherbase must be explicitly specified"
Welcome to the Geth JavaScript console!

instance: Geth/v1.10.19-stable-23bee162/windows-amd64/go1.18.1
at block: 0 (Thu Jan 01 1970 00:00:00 GMT+0000 (GMT))
 datadir: C:\Users\Administrator\AppData\Local\Ethereum
 modules: admin:1.0 debug:1.0 eth:1.0 ethash:1.0 miner:1.0 net:1.0 personal:1.0 rp
c:1.0 txpool:1.0 web3:1.0

To exit, press ctrl-d or type exit
> INFO [06-27|08:22:26.392] New local node record                    seq=1,656,318
,143,356 id=80992e74a93ec402 ip=44.203.60.223 udp=30303 tcp=30303
```

其表示節點程式正進入快速同步（fast-sync）模式，連接至以太坊主鏈（main ethereum network）下載最新的區塊鏈資料與狀態。所取得的區塊鏈資料將被儲存在預設的目錄之中，即如下路徑：

```
C:\Users\<登入者帳號>\AppData\Local\Ethereum\geth\chaindata
```

在執行節點程式時帶入 console 參數，將會進入以 JavaScript 為語法的互動式控制台（JavaScript interactive console），使用者可透過 geth 控制台使用各式各樣的 web3 函式與特有的 API（參見附錄 B 之說明）。若想停止節點時，只要在文字模式的 geth 控制台輸入「exit」指令即可停止節點運作。

請注意：節點程式所同步下載的區塊鏈資料會迅速地占據好幾百萬位元組的儲存空間，若不再需要進行測試時，請記得刪除該目錄，否則將浪費不少儲存空間。

若欲在正式的以太坊主鏈上測試區塊鏈之各項功能（例如執行智慧合約、傳輸加密貨幣等）是不符合經濟效益的，因為在主鏈上所執行的動作往往須消耗不少的燃料費，即經常耳聞的 gas。燃料 gas 須花費加密貨幣，而加密貨幣又與真實世界的法幣連動，因此若直接在以太坊公鏈進行各種實驗或程式開發是不切實際的。

然而程式在開發階段總是需要進行測試，否則很難驗證邏輯撰寫的正確性。因此以太坊另有提供測試用的區塊鏈網路（Ethereum Testnet），讓程式開發人員可在其上進行各式各樣的測試與驗證，最早提供的測試網路稱為「Ropsten」。如下是目前支援的各種以太坊網路及其適用的共識演算法：

以太坊網路代碼	說明
--mainnet	以太坊主網路。
--ropsten	使用 PoS 共識演算法的測試網路。
--rinkeby	使用 PoA（proof-of-authority）共識演算法的測試網路。
--goerli	使用 PoA 共識演算法的測試網路。
--sepolia	使用 PoW 共識演算法的測試網路。
--kiln	使用 PoW 共識演算法的測試網路。2022 年 3 月正式上線，由提供工作證明機制（PoW）轉變成權益證明網路（PoS）的測試。

請在 DOS 視窗中輸入下列指令，節點程式在啟動後便會連接至區塊鏈的測試網路。

```
geth --sepolia  console
```

雖然已連接至測試鏈，然進行各項實驗仍需支付燃料費，那麼該如何取得所需的 gas 呢？第一種方式為利用您的電腦運算資源進行挖礦工作，賺取 ETH 加密貨幣；第二種方式為請其他已擁有測試鏈以太幣的朋友移轉加密貨幣給您；最後一種方式為至提供水龍頭服務（faucet service）的網站輸入您在測試鏈上的位址，即可得到免費的測試幣，但提供這種服務的網站已經越來越少了。

PoW 是速度較慢的「工作量證明」共識演算法，因此在進行實驗時可能會有不順暢的情況出現，為此，geth 支援節點程式可連接至另外一條「Rinkeby」的測試鏈，由社群發揮力量所建的 Rinkeby，採用了速度較快的 PoA（proof-of-authority）「權威證明」共識演算法。

其實除了上述 Ropsten、Rinkeb 之外，在以太坊的世界中仍存在其它的測試鏈可供測試，例如 Kovan，然而因 geth 並不支援連接 Kovan 網路，故不在此多做介紹。

2-3　架設私有鏈

使用 geth 架設私有鏈有下列三大步驟：

1 建立簽名者帳號

2 設定創世區塊（genesis block）啟用引導節點

3 啟用點對點網路

架設私有鏈的第一步驟是建立簽名者帳號，以及設計與提供創世區塊。什麼是創世區塊呢？簡單地說，創世區塊就是在單鏈架構中，整條區塊鏈的第一個區塊。若把區塊鏈想像成資料結構的連結串列（linked list），創世區塊就是編號 0，唯一沒有父節點的第一個區塊。

如何判斷網路上的兩條區塊鏈是否為同一條鏈呢？此時需憑藉網路 ID（network ID）與創世區塊來辨識。區塊鏈網路建置者可創造一條有著和以太坊主鏈一樣的創世區塊，但網路 ID 不一樣的區塊鏈；亦可創造一條 ID 和主鏈一樣，但創世區塊不一樣的鏈，這些區塊鏈都被視為是不同的區塊鏈網路。

換言之，假設在網路上存有兩條網路 ID 與創世區塊都一樣的鏈，將被視為相同的區塊鏈，同時便會開始進行同步的工作。高度較低的鏈（即區塊數較少的鏈）其所有資料將被較長的鏈給全部覆寫，最後達到資料穩定的狀態。

以太坊主鏈的創世區塊資訊已被寫死（hard coded）在節點程式，因此在預設情況下執行 geth 指令後便會開始和主鏈進行資料同步。

　　geth 支援自訂創世區塊的彈性，如此即能在自己的網路環境中架設專屬的私有鏈。geth 支援兩種不同的共識引擎，分別稱為 Ethash 與 Clique。其中，Ethash 採用 PoW 共識演算法，也就是傳統挖礦的方式，亦會存在礦工帳號（Etherbase）。Ethash 除了會消耗大量的運算資源之外，也因為「挖礦難度」會自動調整，大約以每隔 12 秒的時間創建新的區塊，故不太適用於私有鏈的應用場景。Clique 則是採用 PoA 共識演算法，新區塊僅由經過授權的簽名者（signers）產製，毋須藉由消耗大量運算資訊的方式獲取加密貨幣。Clique 規格於 EIP-225 制定，初始的授權簽名者需設定在創世區塊之中，且允許在區塊鏈運行時更改簽名者。也因為區塊的產製和挖礦難度無關，故相對適合用於私有鏈之企業場景。

　　自訂創世區塊時，必須將簽名者的位址設定到創世區塊的 extradata 欄位之中。因此，需先建立簽名者的位址。請執行下列 DOS 指令：

```
geth account new --datadir "C:\MyGeth\node01"
```

　　執行結果得到 0x6893D63cBb6B7eA6265D8427AD85a2453e5506a2 字串即為準備要扮演簽名者的位址。帳號建立同時亦會在指定路徑建立 keystore 子目錄，用來存放金鑰檔。

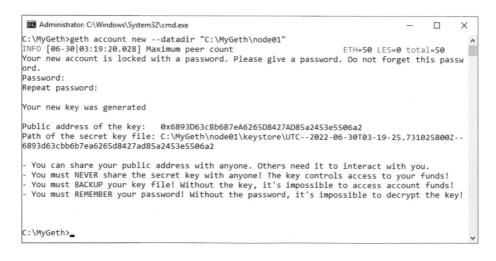

接下來，便可以自訂適用 Clique 的創世區塊的相關資訊，並將之儲存在 JSON 格式的文字檔案，本章範例儲存在 c:\MyGeth\genesis.json，請參考下例：

```
{
  "config": {
    "chainId": 168,
    "homesteadBlock": 0,
    "eip150Block": 0,
    "eip155Block": 0,
    "eip158Block": 0,
    "byzantiumBlock": 0,
    "constantinopleBlock": 0,
    "petersburgBlock": 0,
    "clique": {
      "period": 5,
      "epoch": 30000
    }
  },
  "difficulty": "1",
  "gasLimit": "8000000",
  "extradata":
"0x000000000000000000000000000000000000000000000000000000000000006893D63cBb6
B7eA6265D8427AD85a2453e5506a2000000000000000000000000000000000000000000000000
0000000000000000000000000000000000000000000000000000000000000000000000000000
000",
  "alloc": {
    "0x6893D63cBb6B7eA6265D8427AD85a2453e5506a2": { "balance":
"9999000000000000000000" }
  }
}
```

1 個以太（Ether）等同 10^{18} 維（wei），在上述創世區塊中，alloc 欄位設定簽名者之預設餘額乃是以 wei 表示的 9,999 顆加密貨幣。

欄位名稱	欄位說明

config: chainID	此參數乃為了讓以太坊上的交易能和以太坊經典網絡（Ethereum classic network）上的交易有所區別而設置。交易的簽名方式會取決於此一參數，建置私有鏈或聯盟鏈時應該採用唯一的識別值。下列為幾個主要的以太坊所建議的數值：
	
	`1：Ethereum mainnet`
	`2：Morden (disused), Expanse mainnet`
	`3：Ropsten`
	`4：Rinkeby`
	`30：Rootstock mainnet`
	`31：Rootstock testnet`
	`42：Kovan`
	`61：Ethereum Classic mainnet`
	`62：Ethereum Classic testnet`
	`1337：Geth private chains (default)`

config: HomesteadBlock	設為 0 時，代表採用 Homestead 版本的以太坊。
config: EIP150Block	EIP 在 2463000 區塊高度生效，主要為了避免阻斷攻擊（denial-of-service, DOS），而提高 gas 價格。
config: EIP155Block	設定用來避免 replay 攻擊的區塊起始編號，此時設定為 0 即可。
config: EIP158Block	設定節點程式對於空帳號（empty accounts）的處置方式，此時設定為 0 即可。

alloc	帳號位址與加密貨幣餘額之主鍵與資料對，用來預先配置 ether 加密貨幣給所指定的帳號位址，如下為以太坊主鏈最初的創世區塊的設定，這些位址的擁有者也是參與當初預售階段的人，預設可以獲得的 ether。
	
	`"alloc": {`
	`    "3282791d6fd713f1e94f4bfd565eaa78b3a0599d": {`
	`        "balance": "1337000000000000000000000"`
	`    },`
	`    "17961d633bcf20a7b029a7d94b7df4da2ec5427f": {`
	`        "balance": "229427000000000000000000"`
	`    },`
	`    "493a67fe23decc63b10dda75f3287695a81bd5ab": {`
	`        "balance": "880000000000000000000"`
	`    },`
	`    "01fb8ec12425a04f813e46c54c05748ca6b29aa9": {`
	`        "balance": "259800000000000000000"`
	`    }`

欄位名稱	欄位說明
extraData	用來記錄額外資訊。
gasLimit	鏈中的每一個區塊所能消耗的燃料費最大限制值,此參數和每一個區塊能包含的交易資訊總和有關,在建置私有鏈時通常設定為最大值。
difficulty	用來控制區塊產製頻率的設定值,亦為用來決定挖礦的困難度。在架構私有鏈值時,會讓此一數值盡可能的小一點,以降低區塊生成的等待時間。
byzantiumBlock	2017 年的拜占庭分叉,包含 EIP 100:調整難度算法,以及 EIP 140、EIP 196 等。
constantinopleBlock	2019 年的君士坦丁堡分叉,優化 gas 成本之調整。
petersburgBlock	2019 年之彼得斯堡分叉。

在上述表格中提到只要調整創世區塊的 difficulty 參數,即可影響區塊生成的效率,然因以太坊的區塊鏈是「活的」,節點間彼此會動態調整挖礦的困難度,因此僅影響在區塊鏈網路剛建立時的效率,隨著區塊鏈網路運行的時間越久,挖礦的困難度還是有可能會向上提升。不過由於本節範例採用 PoA 共識演算法,故不會自動調整挖礦的困難度。

在接下來的實驗裡,我們在同一部電腦主機開啟三個 DOS 視窗,並分別執行以太坊節點程式,表示扮演不同的區塊鏈節點,以下簡稱為節點 1、節點 2 與節點 3。稍後便要將這三個節點相互連接形成私有網路。

首先,請在第一個 DOS 視窗執行下列指令,以初始化節點 1。

```
geth --datadir "C:\MyGeth\node01" init "c:\MyGeth\genesis.json"
```

從字面上可理解,datadir 參數是用以指定儲存區塊鏈資料的目錄,init 參數則通知節點程式依指定之創世區塊進行初始化的動作,若成功執行應出現如下之訊息,例如「successfully wrote genesis state」字樣。

```
Administrator: C:\Windows\System32\cmd.exe                          —    □    ×
INFO [06-29|05:28:51.683] Maximum peer count              ETH=50 LES=0 total=50
WARN [06-29|05:28:51.762] Sanitizing cache to Go's GC limits  provided=1024 updated=341
INFO [06-29|05:28:51.775] Set global gas cap              cap=50,000,000
INFO [06-29|05:28:51.780] Allocated cache and file handles  database=C:\MyGeth\node01\ge
th\chaindata cache=16.00MiB handles=16
INFO [06-29|05:28:52.128] Opened ancient database          database=C:\MyGeth\node01\ge
th\chaindata\ancient readonly=false
INFO [06-29|05:28:52.140] Writing custom genesis block
INFO [06-29|05:28:52.160] Persisted trie from memory database  nodes=1 size=142.00B time=1.
223ms gcnodes=0 gcsize=0.00B gctime=0s livenodes=1 livesize=0.00B
INFO [06-29|05:28:52.172] Successfully wrote genesis state  database=chaindata
                         hash=495ff2..db9336
INFO [06-29|05:28:52.209] Allocated cache and file handles  database=C:\MyGeth\node01\ge
th\lightchaindata    cache=16.00MiB handles=16
INFO [06-29|05:28:52.264] Opened ancient database          database=C:\MyGeth\node01\ge
th\lightchaindata\ancient readonly=false
INFO [06-29|05:28:52.271] Writing custom genesis block
INFO [06-29|05:28:52.275] Persisted trie from memory database  nodes=1 size=142.00B time=0s
       gcnodes=0 gcsize=0.00B gctime=0s livenodes=1 livesize=0.00B
INFO [06-29|05:28:52.285] Successfully wrote genesis state  database=lightchaindata
                         hash=495ff2..db9336

C:\MyGeth>_
```

　　節點程式在初始化過程中，會在資料儲存目錄建立 geth 與 keystore 兩個子目錄；前者用以儲存區塊鏈上的資料，後者則儲存金鑰檔。透過創世區塊初始化節點之後，可以開始設定點對點連線了。在點對點網路中，每一個節點都可以做為服務的入口點，但官方建議在私有鏈中，僅提供單一個節點供其它節點連線，這樣的節點被稱之為「引導節點（bootstrap node）」。

　　請在節點 1 的 DOS 視窗輸入下列指令，準備啟動節點 1，它扮演著引導節點的角色。

```
geth --identity "Node1" --networkid 168 --http --http.api "web3,personal"
--http.port "8080" --datadir "c:\MyGeth\node01" --port "30303" --nat
extip:127.0.0.1
```

```
■ C:\MyGeth\geth.exe                                                   —    □    ×
INFO [06-30|03:26:51.055] Loaded most recent local fast block    number=0 hash=2f162e..09a514 td=1 age=53y3mo3d
WARN [06-30|03:26:51.060] Failed to load snapshot, regenerating  err="missing or corrupted snapshot"
INFO [06-30|03:26:51.064] Rebuilding state snapshot
INFO [06-30|03:26:51.076] Resuming state snapshot generation     root=e299de..1c0d62 accounts=0 slots=0 storage=0.00B
dangling=0 elapsed=9.586ms
INFO [06-30|03:26:51.084] Generated state snapshot               accounts=1 slots=0 storage=48.00B dangling=0 elapsed=
17.113ms
INFO [06-30|03:26:51.088] Regenerated local transaction journal  transactions=0 accounts=0
INFO [06-30|03:26:51.096] Gasprice oracle is ignoring threshold set threshold=2
WARN [06-30|03:26:51.103] Error reading unclean shutdown markers err="leveldb: not found"
INFO [06-30|03:26:51.108] Starting peer-to-peer node             instance=Geth/Node1/v1.10.19-stable-23bee162/windows-
amd64/go1.18.1
INFO [06-30|03:26:51.102] Stored checkpoint snapshot to disk     number=0 hash=2f162e..09a514
INFO [06-30|03:26:51.159] Mapped network port                    proto=tcp extport=30303 intport=30303 interface=ExtIP
(127.0.0.1)
INFO [06-30|03:26:51.160] New local node record                  seq=1,656,559,611,151 id=7bd186e4417bce0e ip=127.0.0.
1 udp=30303 tcp=30303
INFO [06-30|03:26:51.185] IPC endpoint opened                    url=\\.\pipe\geth.ipc
INFO [06-30|03:26:51.189] HTTP server started                    endpoint=127.0.0.1:8080 auth=false prefix= cors= vhos
ts=localhost
Unlocking account 0x5E4bC99460C80286157ec5a07aADD1E8A2A60308 | Attempt 1/3
Password: INFO [06-30|03:26:51.160] Mapped network port                    proto=udp extport=30303 intport=30303 inter
face=ExtIP(127.0.0.1)
INFO [06-30|03:26:51.193] Started P2P networking                 self=enode://6a6d7afd9210981f9a58ceb1bd9f2ba6b849ffa1
7d4ffcae98dfeefe61aca8afe644221ea523531fad0f4aceec7e53f163c2f01f538563f244ab1d7c93bef23b@127.0.0.1:30303
WARN [06-30|03:26:52.147] Snapshot extension registration failed peer=98998f1a err="peer connected on snap without com
patible eth support"
WARN [06-30|03:26:53.089] Snapshot extension registration failed peer=a05e766c err="peer connected on snap without com
patible eth support"
■
```

參數選項	選項說明
identity	用以設定節點的識別子，也是節點的別名。
networkid	網路 ID，用以區別網路上的其它區塊鏈。
http	啟動 HTTP-RPC 伺服器，讓外部程式可以透過 JSON API 和節點互動。
http.api	可用逗點隔開，設定所要開放的 JSON API 的種類，包括 admin、debug、web3、eth、txpool、personal、clique、miner、net。
http.port	HTTP-RPC 服務的網路埠號。
datadir	指向區塊鏈資料的儲存目錄。
port	指定節點運作的埠號。
nat	扮演引導節點者，藉此參數設定其 IP。
unlock	以逗號分隔欲解鎖的帳號。
mine	啟動挖礦的工作。
allow-insecure-unlock	新版的 geth，基於資訊安全考量預設禁止透過 HTTP 解鎖帳號，將可能得到如下的警告：「GoError: Error: account unlock with HTTP access is forbidden」。可加入下列參數予以解除。

接著再另開 DOS 視窗，並執行下列指令，以取得引導節點的連線資訊。

```
geth attach ipc:\\.\pipe\geth.ipc --exec admin.nodeInfo.enr
```

執行結果中，以 base64 字串呈現的 enr 資訊，即為引導節點的連線資訊，稍後將做為點對點網路中，其它節點的連線參考。

　　由於要模擬三個節點同時執行在一部主機，請再開啟兩個 DOS 視窗，並分別執行下列兩個指令，以對節點 2 與節點 3 進行初始化。

初始化節點 2

```
geth --datadir "C:\MyGeth\node02" init "c:\MyGeth\genesis.json"
```

初始化節點 3

```
geth --datadir "C:\MyGeth\node03" init "c:\MyGeth\genesis.json"
```

執行節點 2

```
geth --identity "Node2" --networkid 168 --ipcdisable --datadir "c:\MyGeth\node02"
--port "30304" --bootnodes "enr:-KO4QLiP6-W7RrMZwj0o7y8yLeQeIzXq1SbmvTSq01sTg
YN9NeZEnU2wN1_p9bey2Z4faAnHXlwxL8G17j5-10BPOtKGAYGypa0Qg2V0aMfGhGco5DWAgmlkgnY
0gmlwhH8AAAGJc2VjcDI1NmsxoQNqbXr9khCYH5pYzrG9nyumuEn_oX1P_K6Y3-7-Yayor4RzbmFww
IN0Y3CCd1-DdWRwgnZf"
```

執行節點 3

```
geth --identity "Node3" --networkid 168 --ipcdisable --datadir "c:\MyGeth\node03"
--port "30305" --bootnodes "enr:-KO4QLiP6-W7RrMZwj0o7y8yLeQeIzXq1SbmvTSq01sTg
```

YN9NeZEnU2wN1_p9bey2Z4faAnHXlwxL8G17j5-10BPOtKGAYGypa0Qg2V0aMfGhGco5DWAgmlkgnY
0gmlwhH8AAAGJc2VjcDI1NmsxoQNqbXr9khCYH5pYzrG9nyumuEn_oX1P_K6Y3-7-Yayor4RzbmFww
IN0Y3CCdl-DdWRwgnZf"

在同時啟動三個節點後，將發現每個 DOS 視窗中的資料皆持續地更新，表示扮演簽名者的節點持續地進行新區塊位址之計算，節點間彼此亦不斷地進行共識，使資料得以同步到整個私有鏈。下列即為節點更新狀況的畫面：

```
Administrator: C:\Windows\System32\cmd.exe - geth  --identity "Node1" --networkid 168 --http --http.api "web3...  —  □  ×
=0
INFO [06-29|07:48:35.684] Looking for peers                      peercount=2 tried=114 static
=0
INFO [06-29|07:48:45.693] Looking for peers                      peercount=2 tried=133 static
=0
WARN [06-29|07:48:53.151] Snapshot extension registration failed  peer=3af25a30 err="peer conn
ected on snap without compatible eth support"
WARN [06-29|07:48:53.483] Snapshot extension registration failed  peer=35f2159c err="peer conn
ected on snap without compatible eth support"
INFO [06-29|07:48:56.046] Looking for peers                      peercount=2 tried=159 static
=0
WARN [06-29|07:48:59.130] Snapshot extension registration failed  peer=35ba3061 err="peer conn
ected on snap without compatible eth support"
INFO [06-29|07:49:06.236] Looking for peers                      peercount=2 tried=115 static
=0
INFO [06-29|07:49:16.369] Looking for peers                      peercount=3 tried=157 static
=0
WARN [06-29|07:49:20.617] Snapshot extension registration failed  peer=09531917 err="peer conn
ected on snap without compatible eth support"
WARN [06-29|07:49:21.383] Snapshot extension registration failed  peer=98998f1a err="peer conn
ected on snap without compatible eth support"
INFO [06-29|07:49:26.372] Looking for peers                      peercount=3 tried=145 static
=0
```

如果是透過 Internet 進行點對點連接，請需確保引導節點和所有其它節點都分配公共 IP，且 TCP 和 UDP 都可以通過防火牆。如果僅在企業內網運作，官方建議應設置對子網路的點對點連線。可以透過--netrestrict 參數，並搭配 CIDR（Classless Inter-Domain Routing）表示法使用。CIDR 是一個按照位元、基於字首，讓使用者分配 IP 位址、路由 IP 封包、對 IP 位址進行歸類的方法，例如 10.10.1.32/27，那麼企業內的 10.10.1.44 即可以存取該點對點網路，但 10.10.1.90 就不允許了。如此一來，便可能符合企業內的資安規範。

已開始進行挖礦的工作就代表開始獲得加密貨幣。那麼要如何確認及查詢已獲得的以太幣呢？或該如何進行加密貨幣的資產轉移呢？很簡單，只要透過錢包軟體即可。

2-4　以太坊錢包軟體

geth 控制台提供各式各樣的指令，例如 personal.newAccount 可用來建立新帳號；若欲暫停節點程式的挖礦工作可透過 miner.stop 指令；欲使節點程式恢復挖礦則可輸入 miner.start 指令；eth.getBalance（帳號）指令可查詢帳號餘額；web3.fromWei（數值）可將輸入的加密貨幣從 wei 單位轉換為 eth 單位。

我們準備透過 IPC 的方式進入節點程式的控制台（console mode），請另開 DOS 視窗執行下列指令以進入控制台。

```
geth attach ipc:\\.\pipe\geth.ipc
```

執行下列指令確認礦工的加密貨幣餘額。

```
eth.getBalance('0x6893D63cBb6B7eA6265D8427AD85a2453e5506a2');
```

geth 控制台也提供資產（加密貨幣）轉移的功能，為測試此功能，先在控制台執行下列指令建立一組新的模擬接收帳號，密碼設定 16888。

```
personal.newAccount("16888");
```

執行結果可以得到 0x50fa3ff58f8796b72e615191e82effec0104ef49 新帳號。但前提是轉出帳號必須要經過解鎖，即必須先輸入密碼進行身分確認。下列即為 geth 控制台解鎖帳號的指令。

```
personal.unlockAccount('0x6893D63cBb6B7eA6265D8427AD85a2453e5506a2', '16888');
```

解鎖完後可進行資產移轉的工作。下方呈現的是透過 sendTransaction 指令從位址「0x689…」移轉 1 個 ETH 給「0x50f…」。順利執行後控制台將顯示這次資金移轉的交易雜湊值（例如「0x8ea…」）。

```
eth.sendTransaction({from:'0x6893D63cBb6B7eA6265D8427AD85a2453e5506a2',
to:'0x50fa3ff58f8796b72e615191e82effec0104ef49', value:web3.toWei(1,'ether')}});
```

吾人可透過 getTransaction 指令來依交易雜湊值查詢明細內容。

```
eth.getTransaction("0x8ea9d9c53314b94cd73cef5354011f9bac5d2a37852f8bf8cefb2b0f
8960234d");
```

如下即為資金移轉的交易明細，從交易明細的 from、to 與 value 欄位可看出，此次交易準備從位址「0x689…」移轉 1 個 ETH 給「0x50f…」，而區塊編號 blockNumber 為 null 則是表示這筆交易尚未被加入到區塊鏈之中，因此尚無區塊編號。

```
{
  blockHash:
"0x3f7c10477112b7cb69677c5c3f19b49bd3208651cf96b9e28122247261dcbf75",
  blockNumber: null,
  from: "0x6893d63cbb6b7ea6265d8427ad85a2453e5506a2",
  gas: 21000,
  gasPrice: 1000000000,
  hash: "0x8ea9d9c53314b94cd73cef5354011f9bac5d2a37852f8bf8cefb2b0f8960234d",
  input: "0x",
  nonce: 0,
  r: "0x2f8cebf9efda40483dbf897d4392332ff65302a313e0fe748d531ffd7f3dfcb4",
  s: "0x267e381173bb83248e80d56465ddbbcbcfff6a0826226af848114c389bd18984",
  to: "0x50fa3ff58f8796b72e615191e82effec0104ef49",
  transactionIndex: 0,
  type: "0x0",
  v: "0x173",
  value: 1000000000000000000
}
```

在 geth 控制台輸入 txpool.status 指令，可發現有一筆交易正處於等待（pending）狀態，而這筆交易就是剛剛所提出的資金移轉交易。

```
{
pending: 1,
  queued: 0
}
```

等候挖礦工作執行並順利計算出新的區塊位址後，請再試著用 getTransaction 指令查詢交易明細，此時可發現 blockNumber 已不再是 null，而是數字 67，這代表交易已被儲存至區塊鏈編號 67 的區塊。

```
{
  blockHash:
"0x3f7c10477112b7cb69677c5c3f19b49bd3208651cf96b9e28122247261dcbf75",
  blockNumber: 67,
  from: "0x6893d63cbb6b7ea6265d8427ad85a2453e5506a2",
  gas: 21000,
  gasPrice: 1000000000,
  hash: "0x8ea9d9c53314b94cd73cef5354011f9bac5d2a37852f8bf8cefb2b0f8960234d",
  input: "0x",
  nonce: 0,
  r: "0x2f8cebf9efda40483dbf897d4392332ff65302a313e0fe748d531ffd7f3dfcb4",
  s: "0x267e381173bb83248e80d56465ddbbcbcfff6a0826226af848114c389bd18984",
  to: "0x50fa3ff58f8796b72e615191e82effec0104ef49",
  transactionIndex: 0,
  type: "0x0",
  v: "0x173",
  value: 1000000000000000000
}
```

接下來可再試著用 getBlock（區塊編號）指令查詢該筆區塊的內容。

```
> eth.getBlock(67);
{
  difficulty: 2,
  extraData:
"0xda83010a13846765746888676f312e31382e318777696e646f777300000000000af54c103ee
7918ce1ba3aa013b7b5e3dedf8b8601709fc35965a70867d6dc331c7d54be907b55f89d23534d2
230c30f43cc10a0479b2900fced9d5a1900d3a101",
  gasLimit: 8540569,
  gasUsed: 21000,
  hash: "0x3f7c10477112b7cb69677c5c3f19b49bd3208651cf96b9e28122247261dcbf75",
  logsBloom:
"0x000000000000000000000000000000000000000000000000000000000000000000000000000
00000000000000000000000000000000000000000000000000000000000000000000000000000000
00000000000000000000000000000000000000000000000000000000000000000000000000000000
00000000000000000000000000000000000000000000000000000000000000000000000000000000
00000000000000000000000000000000000000000000000000000000000000000000000000000000
```

```
0000000000000000000000000000000000000000000000000000000000000000000000000
00000000000000000000000000000000000000000000000",
  miner: "0x0000000000000000000000000000000000000000",
  mixHash:
"0x0000000000000000000000000000000000000000000000000000000000000000",
  nonce: "0x0000000000000000",
  number: 67,
  parentHash:
"0xf6a7283aff23a591b7d8458338aac5ce2853c67b86b9ffe698ff3537666a864e",
  receiptsRoot:
"0x056b23fbba480696b65fe5a59b8f2148a1299103c4f57df839233af2cf4ca2d2",
  sha3Uncles:
"0x1dcc4de8dec75d7aab85b567b6ccd41ad312451b948a7413f0a142fd40d49347",
  size: 720,
  stateRoot:
"0xe9de33cb06d960db1881b51cb1ac1ef9fa57cb5842156dcae5b15e7528cece22",
  timestamp: 1656560325,
  totalDifficulty: 135,
  transactions:
["0x8ea9d9c53314b94cd73cef5354011f9bac5d2a37852f8bf8cefb2b0f8960234d"],
  transactionsRoot:
"0x67c0dec8d86733a8362f0905a65e555c978496e00cb97f7aa7704ec7c686ad14",
  uncles: []
}
```

　　以系統架構設計角度來看，雖可將 geth 當成「後端」軟體，進行挖礦、建立帳號等工作，但對一般使用者來說，是把 geth 控制台當成「前端」軟體，操作介面並不友善。

　　為提供使用者方便友善且具圖形化操作界面，UI/UX 設計得宜的「前端」軟體是不可或缺的。本書前作所介紹的官方以太錢包 - Mist，這幾年下來已經不再進行維護，長期停留在 Beta 版本，且存在資訊安全疑慮。因此，本書將介紹目前廣被使用、俗稱「小狐狸錢包」的 MetaMask 並進行操作展示。

　　MetaMask 提供以瀏覽器擴充程式或是行動 APP 兩種方式存取以太坊錢包，亦可和節點程式進行互動，包括：加密貨幣轉帳、存取智能合約等。MetaMask 於 2016 年 9 月公開，現由 ConsenSys 開發營運。安裝方式很簡單，請開啟 Chrome 瀏覽器搜尋 MetaMask，進行擴充程式安裝。下圖是安裝後的畫面。

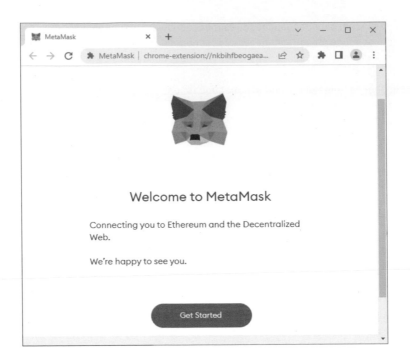

　　透過 Settings 功能，可以設定和前一節架設的私有鏈進行連接，「Network Name」可以自由輸入以做為識別即可，「Chain ID」則請填入前一節的網路 ID。「Currency Symbol」則可輸入加密貨幣的代碼，要注意的是，在私有鏈所獲得的加密貨幣屬於測試性質，也僅在該私有鏈有作用，在真實世界或其它區塊鏈網路是不具任何「價值」的。因此，我們可以隨意填入貨幣代碼，例如 AETH（Allan 發行的以太幣）。最重要的是「New RPC URL」參數，它指向欲連接的私有鏈的節點所在，本章範例私有鏈在啟動時，透過--http.port 參數指定 RPC 在 8080 埠運作，故請如示範之填寫即可。

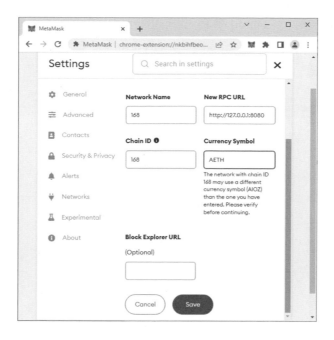

由於前一節已經在私有鏈建立兩組帳號，故可藉由 MetaMask 的匯入功能將帳號匯入。

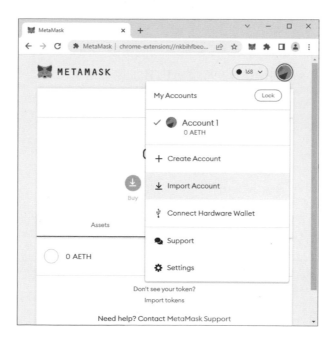

　　私有鏈在啟動時，--datadir 參數所指向的目錄內含 keystore 子目錄，是用來存放金鑰檔的地方。請將匯入種類選擇「JSON File」，並選取欲匯入的金鑰檔，同時輸入金鑰的密碼。

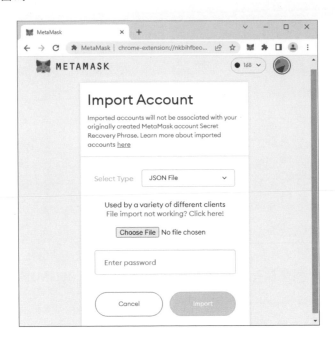

　　成功匯入之後，畫面可看到節點的第一個帳號，也是在 PoA 共識擔任簽名者（Signer）的帳號，目前擁有 9,998 個 AETH 加密貨幣。

切換成第二個帳號時，則可以看到已經收到前一節示範移轉一顆加密貨幣的結果。

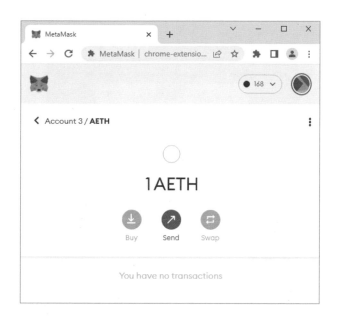

MetaMask 也可以協助建立帳號，請在「Account Name」欄位輸入可供識別的名稱。

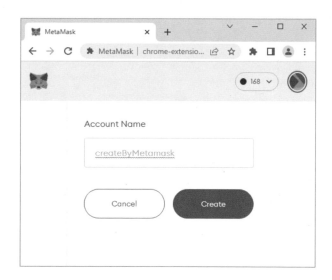

　　點選 QRcode 功能時，則可以顯示新建帳號的位址，請複製之，以便稍後測試移轉加密貨幣所需。

　　請先切換成簽名者帳號，如下別名為「Account2」之帳號。

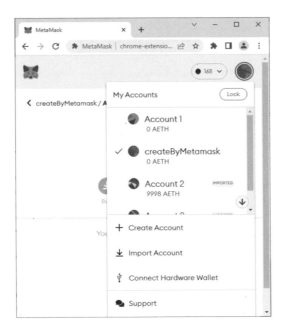

　　填入剛剛新建帳號的位址，以及欲移轉的加密貨幣數量，即可看到在發送交易前，錢包程式會要求使用者輸入願意支付的燃料費金額。簡單地說，節點程式會設定最低願意接受的燃料費，若使用者願意支付的金額小於節點程式設定時，節點程式將拒絕這筆交易。此時使用者只有兩種選擇：一是支付較高的燃料費；二是另外找願意收取較低燃料費的節點，甚至自己架設節點進行交易發送。在進行加密貨幣資金移轉時，除了會從轉出帳號的餘額扣除轉出金額外，還會扣除所願意支付的燃料費用。

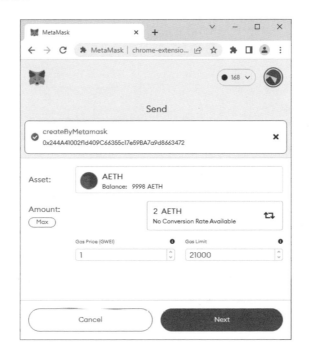

　　資料輸入完成之後，MetaMask 會顯示確認頁，其中顯示預估的 gas 費用（手續費）。確認無誤後，請點選「Confirm」鈕。

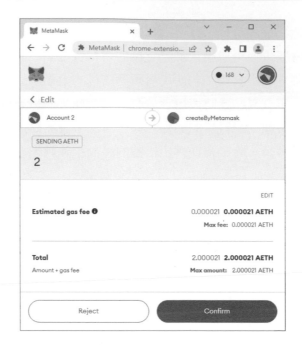

順利執行之後，可以發現加密貨幣轉出者的餘額，剩下 9,996 顆 AETH，另在畫面下方顯示，方才交易的內容為轉出 2 顆加密貨幣。

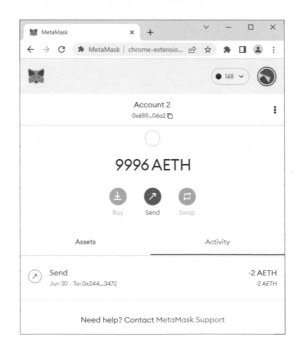

切換成新建之帳號，亦可以看到餘額存有 2 顆加密貨幣。

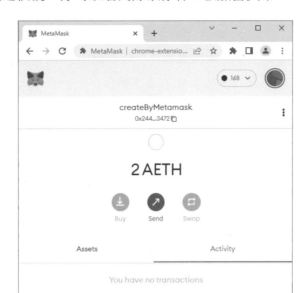

　　透過本章說明，讀者應已了解以太坊客戶端軟體，同時學會如何利用節點程式連接以太坊主鏈與測試鏈，並可以點對點的連線方式架設自己的私有鏈，最後也知道如何使用錢包軟體。在下一章，我們將試著撰寫智能合約（即執行在以太坊區塊鏈上的程式）。

　　PoW 並不太適用於私有鏈或聯盟鏈的場景，因為在這些應用場景中加密貨幣往往不會是業務主軸，更何況是 gas。Hyperledger Fabric 與 R3 Corda 就是不使用加密貨幣的區塊鏈技術，因此這些解決方案更適用於企業環境。無獨有偶，摩根大通（J.P. Morgan）也已想到這個層面的問題，該公司基於 Ethereum 所開發出來的 Quorum，就是一種不使用 gas 的以太坊，該專案已於 2020 年被區塊鏈公司 ConsenSys 收購。以太坊的 EEA 聯盟也開始認真思考企業真正的需求，相信在不久的將來一定會出現適合私有鏈與聯盟鏈使用的以太坊才是。

習題

2.1　請參考本章之介紹，架設僅具有一個節點的 geth 區塊鏈環境。請問在此環境下，還可進行產製區塊的工作嗎？

2.2　挖礦困難度應用於企業時是否存在一些疑慮？PoW 演算法適合實際的商業應用嗎？為什麼？

CHAPTER

03

初探智能合約

　　智能合約（Smart Contract）是以太坊區塊鏈最具特色的機制，其具有引領塑造新時代的潛力。若要用一句話來介紹智能合約，最簡單的可說是：「一種執行在區塊鏈虛擬機器（VM）上的電腦程式。」

　　透過智能合約可去中心化，使我們離烏托邦世界的距離更近。舉例來說，有兩個人想打賭天氣狀況，在過去中心化世界，為求公正性，兩人會選擇一位第三方人士擔任中心化的仲裁者，分別將賭金交給公正的第三方，一旦確定賭局結果，再由第三方將獲勝獎金交給勝利的一方。

　　這聽起來頗為合理，畢竟這種交易方式已運作數千年之久。然而公正的第三方會不會想要抽成呢？而在最極端的情況下，公正的第三方若變得不再公正，反而有可能捲款潛逃，那又該如何是好呢？

　　請暫時忽略執行智能合約需花費 gas 燃料費的事實。假設同樣的打賭遊戲搬到智能合約場景中，智能合約將依程式邏輯所設定的規則運作，當某個狀態滿足設定的條件，例如天氣結果為晴天時自動將賭金移轉給勝利的一方。這樣實在是太好了，從此以後世界運作將不再需要中心化的仲裁者，只要擁抱智能合約即可！

本章架構如下：

- ❖ 淺談智能合約
- ❖ Hello World 智能合約
- ❖ JSON-RPC 遠端存取智能合約

3-1　淺談智能合約

以撰寫 Java 程式為例，程式設計師會依高內聚、低耦合（high cohesion, low coupling）的觀念設計類別（class），當運作需要時便會根據類別所勾勒出來的藍圖將類別實例化，形成可執行的物件實體。智能合約的概念與物件導向程式設計如出一轍，可把它當成是類別設計。

以太坊的智能合約撰寫完後同樣須經過編譯，在順利編譯後即可得到 binary code 及 JSON 格式的 ABI（application binary interface）。ABI 的資訊是用以描述智能合約所提供的介面（interface）應如何解讀，即是告知合約使用者該如何取用合約所提供之函數的說明書。

執行 Java 程式時可直接在記憶體中建立物件實體，然而智能合約必須經過部署（deploy，又稱上鏈），在部署過程中會先利用 ABI 創建智能合約的空殼，再將所取得的 binary code 當做充填資料。吾人可將之想像成是產生一個物件實體，接著透過以太坊的特性，將實例化的智能合約廣播到整個區塊鏈網路，隨著礦工挖礦之進行，智能合約便會被寫到區塊鏈中，當部署完成後便會得到該智能合約在區塊鏈中的位址，使用者即可透過此位址及對映的 ABI 來呼叫與使用智能合約所提供的函數，進而改變合約狀態，亦似物件中變數的概念。

區塊鏈是一種分散式系統，若對某節點調用特定的智能合約並改變其狀態，其結果也將被廣播至整個區塊鏈網路。如同分散式帳本，智能合約的狀態改變具有不可否認的特性，因此在某種程度上與真實世界中的合同一樣，具有相當程度的信任基礎。也正因為如此，Ethereum 智能合約具有引領新時代的能力。

撰寫 Ethereum 智能合約有多種程式語言可供選擇，例如：Serpent、LLL、Viper 等，其中以 Solidity 程式語言最廣被使用，本書即採用此語言來作介紹。Solidity 的主要開發者為 Gavin Wood、Christian Reitwiessner、Alex Beregszaszi、Liana Husikyan、Yoichi Hirai 與其他幾位早期的貢獻者。Solidity 是一種合約導向式（contract-oriented），多方參考 JavaScript、C++、Python、PowerShell 等高階程式語言。如同一些高階語言，Solidity 也是一種靜態型別（statically typing）的程式語言，意指在編譯時期即必須宣告變數的型態，同時也支援繼承、函數庫化以及自訂複雜資料型別的能力。

下圖為本書各章節技術範例所採行的系統架構圖。

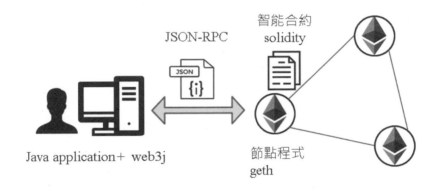

在此系統架構中，建構底層區塊鏈網路的節點程式可以選用第二章介紹的 geth，並以 solidity 程式語言實作 Ethereum 智能合約（第三、四章），至於 DApp 的前端，則是由 Java 應用程式搭配 web3j 套件來實現（第五、六章）。

本章接下來，將以兩小節簡要介紹 solidity，提供讀者對智能合約小試身手的機會。

3-2　Hello World 智能合約

　　不能免俗地，我們所實作的第一個以太坊智能合約先從「Hello World」開始。首先請用您習慣的文字編輯軟體編寫下列智能合約，並將程式內容儲存為 .sol 結尾的純文字檔。請讀者注意的是，與本書前版採用 0.4.22 版的 Solidity 編譯器比較，目前採用 0.8.X 的新版編譯器時，程式語法做了不少的調整。例如：原本所使用的 constant 保留字，為用來保證執行函數時不會更動區塊鏈的任何狀態，意即不會改變任何合約的變數內容，已經修改為使用 view 關鍵字。另外，變數的儲存地點也必須強制指定，包括函數的參數以及回傳值。

檔名：HelloWorld.sol

```solidity
// SPDX-License-Identifier: MIT
pragma solidity ^0.8.15;

contract HelloWorld {

    address owner;
    string greetStr = "hello world";

    constructor(){
        owner = msg.sender;
    }

    function greet() public view returns (string memory) {
        if (msg.sender == owner) {
            return strConcat(greetStr, " ", "boss");
        } else {
            return strConcat(greetStr, " ", "guest");
        }
    }

    function strConcat(string memory _a, string memory _b, string memory _c)
private pure returns (string memory){
    bytes memory _ba = bytes(_a);
    bytes memory _bb = bytes(_b);
    bytes memory _bc = bytes(_c);

    string memory abcde = new string(_ba.length + _bb.length + _bc.length);
```

```
    bytes memory babcde = bytes(abcde);

    uint k = 0;
    uint i = 0
    for (i = 0; i < _ba.length; i++) babcde[k++] = _ba[i];
    for (i = 0; i < _bb.length; i++) babcde[k++] = _bb[i];
    for (i = 0; i < _bc.length; i++) babcde[k++] = _bc[i];
    return string(babcde);
    }
}
```

本程式之第一行// SPDX-License-Identifier: MIT，即為宣告合約版權的聲明，秉持透明的原則，智能合約上鏈之後，大家都可以看到智能合約的內容，不論是原始碼或是 Bytecode。宣告版權，就是讓大家知道可以如何使用你的智能合約。版權宣告的適用範圍，可以參考此一列表：https://spdx.org/licenses/。本章範例宣告 MIT 授權條款（The MIT License）是廣被使用的授權法，亦是相對寬鬆的軟體授權條款。

pragma solidity 0.8.15 宣告了此智能合約所適用的編譯器版本。contract HelloWorld 宣告了後面一對大括號所包裹的內容是一份智能合約程式，讀者可將之觀想成其它程式語言（如 Java）之類別宣告。

address owner 宣告一個型態為「位址型別」，且名稱為 owner 的變數。在以太坊智能合約中，address 型別可用來記錄帳號在區塊鏈中的位址，或另外一份智能合約的位址。string greetStr 則宣告一個型別為字串且名稱為 greetStr 的變數，並設定它的初始內容為「hello world」。

constructor() 望文生義可知是建構者函數，乃是智能合約在上鏈時最先執行的函數。讀者們可想像智能合約上鏈的過程，就好比是傳統物件導向程式語言在記憶體中建立物件實體，因此可將一些初始化的工作放在智能合約的建構者函數中。如範例所示，乃是將執行智能合約上鏈動作的用戶帳號（即 msg.sender）記錄在 owner 變數中。順便一提，使用舊版編譯器時，建構者函數需要宣告成 public，但新版編譯器已無此要求。這是因為建構者函數只會在最初部署合約時被執行一次，也就是說在此之後就不再是「可見的」了，宣告 public 似乎會是多此一舉，故新版的程式語法便予以簡化。倘若依然將建構者函數宣告為 public 時，於編譯期間便會得到「Visibility for constructor is ignored.」的警告訊息。

function greet() public view returns (string memory) 乃是宣告一個名稱為 greet 的函數，因函數宣告成 public，任何帳號或智能合約皆可呼叫與使用此函數；view 則是用來保證執行此函數時，不會更動區塊鏈的任何狀態，意即不會改變任何合約的變數內容，因此呼叫此類型函數的交易毋須經過節點間的共識；最後的 returns (string memory) 則表示函數執行後將會回傳字串型別的結果。

greet 函數使用 if 敘述語法，比對「呼叫 greet 函數的用戶帳號」和「智能合約上鏈的帳號」是否為同一個，若比對結果相同將回傳「hello world boss」字串，反之則回傳「hello world guest」字串。

在此順便一提，以太坊智能合約因先天上的限制，對於字串處理相較其它程式語言較為繁瑣，以本節示範的智能合約 function strConcat 函數為例，若想進行字串合併時，須先將字串轉換成位元組型別，再透過對位元組中每個位元進行複製的方式來達到字串合併的目的，strConcat 函數內容應十分容易理解，因此不再細說。

撰寫合約後與傳統程式無異，接著須對它進行編譯。讀者雖然可在自己電腦安裝適當的編譯軟體，然更簡單的方式是直接透過 solidity 語言的線上編譯器進行編譯，請拜訪下列網址：http://remix.ethereum.org/。

Remix 是一個線上的以太坊智能合約整合開發環境（IDE），提供許多有用的工具，協助程式開發智能合約，包含：文字編輯器、程式編譯器、區塊鏈模擬環境、部署上鏈等功能。

進入網址後，在工作區（workspace）點選上方的「Create New File」，即可新增一個空白的程式編寫區，請將剛剛寫好的智能合約上傳或複製貼上到該編輯區中，如下所示：

```
                                          1   pragma solidity 0.8.15;
FILE EXPLORERS                            2
                                          3   contract HelloWorld {
Workspaces                                4
default_workspace                         5     address owner;
                                          6     string greetStr = "hello world";
  contracts                               7
  scripts                                 8     constructor() public {
  tests                                   9     owner = msg.sender;
  .deps                                  10     }
  remix-tests                            11
    remix_tests.sol                      12     function greet() public view returns (string)
    remix_accounts.sol                   13     {
  README.txt                             14       if (msg.sender == owner) {
  HelloWorld.sol                         15         return strConcat(greetStr, " ", "boss");
                                         16       } else {
                                         17         return strConcat(greetStr, " ", "guest");
                                         18       }
                                         19     }
                                         20
                                         21     function strConcat(string _a, string _b, string _c) private pure returns (string){
                                         22       bytes memory _ba = bytes(_a);
                                         23       bytes memory _bb = bytes(_b);
                                         24       bytes memory _bc = bytes(_c);

         listen on all transactions       Search with transaction hash or address
```

　　在程式名稱的上方點選右鍵 Compile，即可進行編譯。若無顯示任何錯誤訊息則代表編譯工作已順利完成。

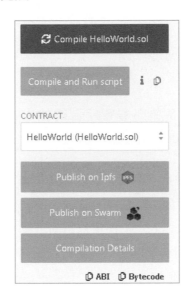

　　編譯功能下方的 ABI 選項可以取得智能合約的 ABI，它是一段描述如何存取智能合約的介面說明，讀者同樣可點旁邊的複製鈕取得 ABI 文字內容，再將其儲存到.abi 結尾的檔案中，例如 HelloWorld.abi。本章尚不會討論 ABI 檔，可以先予以保留即可。下方即為 HelloWorld 合約的 ABI 內容。

```
[
    {
        "inputs": [],
        "stateMutability": "nonpayable",
        "type": "constructor"
    },
    {
        "inputs": [],
        "name": "greet",
        "outputs": [
            {
                "internalType": "string",
                "name": "",
                "type": "string"
            }
        ],
        "stateMutability": "view",
        "type": "function"
    }
]
```

　　萬事俱備後便可準備將智能合約上鏈，請確認前一節架設的私有鏈已正常啟動與運作。

　　Remix IDE 工具提供多種部署智能合約的方式，最主要有以下三種：Javascript VM、Web3 Provider、Injected Web3。

　　Javascript VM 是一個執行在瀏覽器的區塊鏈模擬器，開發人員毋須架設額外的節點軟體，即可進行智能合約的開發與測試。由於僅執行於瀏覽器，所以當網頁重載（reload）時，Javascript VM 便會被重新啟動，並恢復到預設狀態。雖然如此，Javascript VM 還是因為可以提供最接近區塊鏈主鏈的模擬環境，可以協助程式設計師加速程式開發與測試。

　　Web3 Provider 的部署方式，則可以透過 HTTP RPC 與節點程式互動。欲使用此種方式，在啟動節點程式時，必須設定 http.corsdomain 參數以設定同源策略（Same-origin policy）。簡單的說，當代遵循資訊安全的新型瀏覽器，預設皆不允許跨域請求（Cross-Origin Resource Sharing, CORS），即從某一個網域的網頁下載的 javascript 預設不允許透過如 AJAX、Fetch 請求等方式存取另外一個網域的資源，除非提供資源的目標網站透過 CORS 設定允許存取之。

若節點程式未設定 http.corsdomain 參數，Remix 在與節點進行互動時，便會得到「Not possible to connect to the Web3 provider. Make sure the provider is running, a connection is open (via IPC or RPC) or that the provider plugin is properly configured.」的錯誤訊息。

第三種 Injected Web3 方式，Remix 會透過前一章所介紹的——預先在瀏覽器安裝 Metamask，與節點程式進行互動。本書接下來，皆會採用此種方式。

當然，有興趣的讀者還是可以參考本書前作所介紹的內容，透過 geth 控制台進行智能合約部署。這種方式乃是透過稱為 web3.js 的函式庫，經由 geth 控制台以 javascript 語法直接和節點程式進行互動。這種方式同樣允許使用者透過命令列方式部署、呼叫與使用智能合約。Remix 也可以自動生成適用 web3.js 的語法，其部署智能合約的指令被放在 WEB3DEPLOY 功能選項之中。然而，根據筆者實測結果，Remix 自動生成的指令和 geth 所支援的 web3.js 版本，存在不完全相容的情況。故欲採用這種方式的讀者請自行斟酌，並自行除錯。

請在 Remix 的「ENVIRONMENT」下拉選單選取 Injected Web3 選項。

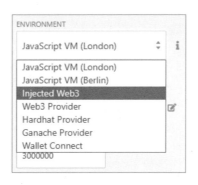

此時 Metamask 便會自動彈出，並詢問欲綁定的帳號為何。如下，請選擇 PoA 共識的簽名者帳號，或是 PoW 共識的礦工帳號。

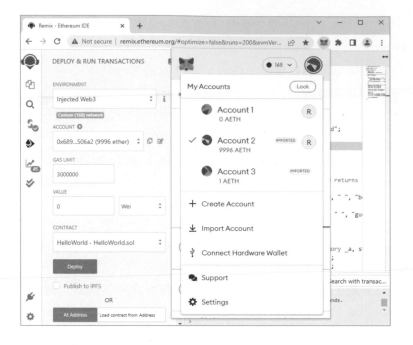

接著請點選「Deploy」鍵，準備將智能合約部署到區塊鏈。此時，Metamask 會彈出對話框，顯示已經預估的燃料費，確認是否要執行該交易。

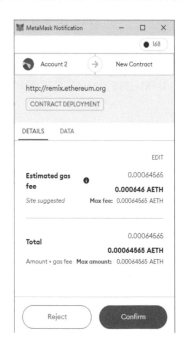

確認交易並順利完成合約部署之後，在 Remix 下方便會顯示智能合約在區塊鏈的位址，如：0x6918238Fe4E89Cd192AAc3C23840080A68Cd2b5D。可看到智能合約提供唯一的 greet 函數，由於 greet 函數宣告為 view 且同時毋須填入任何參數，因此在 greet 函數下方便會直接顯示函數執行結果，也就是「hello world boss」字串。

請點選瀏覽器右上角的 Metamask 嘗試切換到另外一個帳號。

此時 greet 函數的回傳值，便會如程式邏輯所設定的條件，在帳號非發起人的情況下，顯示「hello world guest」字串。到目前為止，我們已經完成第一個智能合約撰寫與部署的工作了。

3-3　JSON-RPC 遠端存取智能合約

前一節示範了如何透過 Metamask 部署與使用智能合約，然而在大多數情況下，現代化的應用軟體系統皆會提供自己的操作介面給終端用戶，如同前一節介紹的 Metamask 錢包軟體即為一種讓終端用戶可透過圖形介面使用智能合約的方式。因此學會鏈外應用軟體系統連接、存取智能合約是十分重要的，此為本節所要介紹的重點。

首先請撰寫如下的一個新智能合約，並在該合約中提供一個命名為doMultiply 的函數，其將傳入的數值進行乘法運算並回傳運算後的乘積，由於doMultiply 函數並不會更動區塊鏈的狀態，因此可宣告成 pure。

```solidity
// SPDX-License-Identifier: MIT
pragma solidity ^0.8.15;

contract Multiply {

  function doMultiply(uint in01, uint in02) public pure returns (uint) {
   return in01 * in02;
```

```
    }
}
```

　　同樣地請透過線上工具編譯智能合約。同時請將所取得的 ABI 儲存為 Multiply.abi。

```
[
    {
        "inputs": [
            {
                "internalType": "uint256",
                "name": "in01",
                "type": "uint256"
            },
            {
                "internalType": "uint256",
                "name": "in02",
                "type": "uint256"
            }
        ],
        "name": "doMultiply",
        "outputs": [
            {
                "internalType": "uint256",
                "name": "",
                "type": "uint256"
            }
        ],
        "stateMutability": "pure",
        "type": "function"
    }
]
```

　　請參考前一節所介紹的步驟，將編譯後的智能合約上鏈。如下所示，合約順利上鏈後，得到的位址為 0x20156F57F750cA68F905C2050267B65C83cD27b3；亦可以看到該合約提供唯一的 doMultiply 函數。對映該函數，Remix 亦自動生成填入兩個變數的欄位。請嘗試在合約的 doMultiply 函數，輸入測試資料 8 * 8，並觀察是否可以得到正確的乘積，即 64。

果然可以得到符合預期的執行結果。

在驗證可正確執行該智能合約後,即可準備開始與鏈外的應用程式進行整合。該如何進行呢?您還記得前一節啟動節點的指令嗎?

```
geth --identity "Node1" --networkid 168 --http --http.api "web3,personal" --
http.port "8080" --datadir "c:\MyGeth\node01" --port "30303" --nat
extip:127.0.0.1
```

啟動指令有幾個關鍵的參數,其中 http 參數為啟用節點程式的 HTTP-RPC API 功能;http.api 參數設定所要開放的 API 種類;最後 http.port 參數則用來設定 RPC API 所使用的埠號。

請參考下圖典型的區塊鏈整合系統架構圖,位於中央的電腦主機會動態產製以 HTML 實作的使用者操作界面,同時電腦主機再藉由區塊鏈節點所提供的 JSON-RPC,一種具有無狀態(stateless)、輕量(light-weight)的遠端程序呼叫

（remote procedure call, RPC）通訊協訂使用節點的功能，並與區塊鏈進行相互運作，例如：部署與調用智能合約、建立帳號、傳輸加密貨幣等。

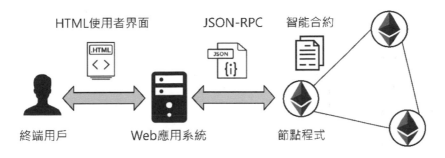

以太坊的 RPC API 部分遵循 JSON-RPC 2.0，同時亦具有專屬之規範，例如：

- 數字型態採用 16 進制編碼表示。為支援某些無法表示極大化數字，或避免有限制條件的程式語言於數字呈現上的誤差，因此採用 16 進制表示法，並將數字轉換的工作留給應用系統所使用的程式語言自行處理。

- 在共識尚在進行的過程中存取區塊鏈資訊時，無法非常明確地給定區塊編號，因此在以太坊 RPC API 規範中會以字串列舉的方式，以預設區塊編號（default block number）來方便程式開發人員調用智能合約，例如：「earliest」代表最早的區塊、「latest」代表最新挖到的區塊、「pending」代表待處理的狀態或交易。影響的 RPC API 包括 eth_getBalance、eth_getCode、eth_getTransactionCount、eth_getStorageAt、eth_call。

雖然，本書所示範的 RPC 埠號為 8080，但其實不同程式語言開發的以太坊節點程式預設埠號有其慣例可循，例如：

程式語言	埠號
Go	8545
C++	8545
Py	4000
Parity	8545

對 RPC 有基本了解後，即可嘗試透過 JSON RPC 來與節點程式進行互動。使用者能透過任何可發送 HTTP 請求的工具（例如：命令列模式的 curl、圖形使用界面的 Postman、自行撰寫程式等）來進行，本節將透過 Postman 進行示範。請試著以 HTTP POST 發送下列 JSON 內容給私有鏈的節點程式。

RPC 位址與埠號：

```
http://127.0.0.1:8080
```

JSON 內容：

```
{
 "jsonrpc":"2.0",
 "method":"eth_coinbase",
  "params":[],
  "id":64
}
```

得到如下執行錯誤的結果，節點程式似乎並不認得 eth_coinbase 這個 API。

```
{
    "jsonrpc": "2.0",
    "id": 64,
    "error": {
        "code": -32601,
        "message": "The method eth_coinbase does not exist/is not available"
    }
}
```

原來問題出在啟動節點的指令中並沒有宣告啟用「eth」開頭的 API。請在原本節點啟動指令的 http.api 參數將完整的功能全部開啟：admin,debug,web3,eth,txpool,personal,clique,miner,net。

```
geth --identity "Node1" --networkid 168 --http --http.api "
admin,debug,web3,eth,txpool,personal,clique,miner,net" --http.port "8080" --
datadir "c:\MyGeth\node01" --port "30303" --nat extip:127.0.0.1
```

　　以太坊 RPC API 的名稱開頭和所提供的功能有關，亦可當做分類的依據，例如：net 開頭的 API 和網路連線有關；eth 開頭的 API 和區塊鏈交易有關等。啟動節點指令中的 rpcapi 參數，便是用來指定哪些名稱開頭的 API 可開放讓人使用。

　　在介紹 API 之前，先來補充一個有趣的觀念，即叔塊（uncle block），意指未成功的區塊。在比特幣的 PoW 共識演算法中，礦工會收到區塊獎勵以及執行交易的手續費。而以太坊的礦工除了會收到區塊獎勵還有執行交易和智慧合約的手續費（燃料數量乘以燃料價格）之外，還會得到叔塊的獎勵（新的以太幣）。

　　試想，當全世界的礦工都在拼命挖礦時，可能會有好幾個區塊幾乎在同一時間產生，但殘酷的是只會有一個區塊被寫入主鏈。在比特幣系統中，這些輸了的區塊，將是被完全丟棄的「孤塊」，礦工亦不會得到任何獎勵，後續的區塊也不會參照這些區塊。然而在以太坊中，則是將丟棄的區塊稱為「叔塊」，後面所產生的區塊還是有機會可以參照叔塊。如果後面產生的區塊參照叔塊的資訊，那麼挖掘叔塊的礦工可獲得稱為「叔塊獎勵」的以太幣。參照叔塊來挖掘後續區塊的礦工，也可以獲得少許的「叔塊參照獎勵」。

　　叔塊內的資料不會被採用，主鏈會再重新挖掘變成叔塊的交易。使用者不需另外支付燃料費，因為叔塊內的交易視同未處理的交易。下表是當前節點版本提供的所有 RPC API：

RPC 名稱	傳入參數	用途說明
web3_clientVersion	無。	回傳字串型別，說明節點程式的版本。
web3_sha3	欲進行雜湊編碼的資料。	回傳資料型別（Data），將輸入值以 Keccak-256 雜湊編碼的結果。
net_version	無。	回傳字串型別，說明當前區塊鏈的網路 ID。
net_listening	無。	回傳布林值，說明節點程式是否正處於傾聽網路連線的狀態。

RPC 名稱	傳入參數	用途說明
net_peerCount	無。	回傳數值型別，說明當前連接節點的夥伴節點數。
eth_protocolVersion	無。	回傳字串型別，說明當前通訊協訂的版本。
eth_syncing	無。	回傳物件或布林型別，分別代表一個包裹同步狀態資料的物件，若不在同步階段時回傳 false。 回傳的物件中，包括下列三個重要資訊： • startingBlock：數值型態。開始同步匯入的區塊。 • currentBlock：數值型態。當前的區塊編號，等同於 eth_blockNumber。 • highestBlock：數值型態。預估最高的區塊高度。
eth_coinbase	無。	回傳資料型別，說明節點的礦工帳號，長度為 20 個 byte。
eth_mining	無。	回傳布林值，說明節點是否正在進行挖礦的工作。
eth_hashrate	無。	回傳數值型別，指出節點進行挖礦時，每秒所計算出的雜湊數量。
eth_gasPrice	無。	回傳數值型別，以 wei 單位表示當前 gas 的價格。
eth_accounts	無。	回傳以陣列呈現的資料，說明當前連線節點中所擁有的帳號位址，每筆位址長度為 20 個 byte。
eth_blockNumber	無。	回傳數值型別，回傳在節點中最新的區塊編號。

RPC 名稱	傳入參數	用途說明

eth_getBalance	需輸入兩個參數：
	• 20 個 byte 的帳號位址。
	• 數值代表特定的區塊編號或字串標籤，例如：「latest」、「earliest」、「pending」代表的區塊編號。
	例如：
	`params: [`
	`'0x4cd063815f7f7a26504ae42a3693b4`
	`bbdf0b9b1a',`
	`'latest' ]`
		回傳數值型別，說明指定帳號在特定的區塊編號時，以太幣的餘額為何。回傳之數值以 wei 單位表示。

eth_getStorageAt	需輸入三個參數： • 20 個 byte 指定儲存處位址（storage address）。 • 數值表示儲存處的位置（position）。 • 數值代表特定的區塊編號或以字串標籤，例如：「latest」、「earliest」、「pending」代表的區塊編號。	回傳數值型別，說明指定儲存處位置的數字。
eth_getTransaction Count	需輸入兩個參數： • 20 個 byte 指定位址。 • 數值代表特定的區塊編號或以字串標籤，例如：「latest」、「earliest」、「pending」代表的區塊編號。	回傳數值型別，說明從指定位址送出的交易數量。
eth_getBlockTransa ctionCountByHash	區塊的雜湊值。	回傳數值型別，根據指定區塊的雜湊值進行比對，查詢在特定區塊中的交易數。
eth_getBlockTransa ctionCountByNumb er	數值代表特定的區塊編號或以字串標籤，例如：「latest」、「earliest」、「pending」代表的區塊編號。	回傳數值型別，根據指定的區塊編號，查詢在特定區塊中的交易數。
eth_getUncleCount ByBlockHash	區塊的雜湊值。	回傳數值型別，根據指定區塊的雜湊值進行比對，查詢在特定區塊中的叔塊數（number of uncles）。

RPC 名稱	傳入參數	用途說明
eth_getUncleCount ByBlockNumber	數值代表特定的區塊編號或以字串標籤，例如：「latest」、「earliest」、「pending」代表的區塊編號。	回傳數值型別，根據指定區塊編號，查詢在特定區塊中的叔塊數（number of uncles）。
eth_getCode	需輸入兩個參數： • 20 個 byte 指定位址。 • 數值代表特定的區塊編號或以字串標籤，例如：「latest」、「earliest」、「pending」代表的區塊編號。	回傳在指定位址與區塊編號下的資料代碼（code）。
eth_sign	需輸入兩個參數： • 20 個 byte 長度，用來進行加簽的帳號位址（需要解鎖）。 • 欲進行加簽（sign）的訊息。	以太坊特殊的演算法：sign(keccak256("\x19Ethereum Signed Message:\n" + 訊息長度 + 訊息內容))，對傳入的訊息進行加簽計算。 將加簽計算結果附加在傳輸訊息之中，可用來驗證資料的正確性。避免惡意程式偽冒交易。
eth_sendTransaction	交易資訊的物件，欄位屬性包括： • from：長度為 20 個 byte 的交易發送者帳號位址。 • to：長度為 20 個 byte 的交易接收者帳號位址。若交易是用來建立新合約，則使屬性免填。 • gas：選擇性且預設為 90000 的數值資料，設定用來執行交易所願意支付的 gas 數量。 • gasPrice：數值型態的屬性，說明每一單位 gas 的價格。 • value：選擇性的數值型態屬性，指定交易所要傳輸的數值。 • data：編譯過的合約程式碼，或調用合約時加簽過的函數及編碼過的參數。 • nonce：不重覆的數值。	建立一個新的訊息用來執行交易，若資料內容含程式碼時也可用來建立智能合約。 交易的雜湊值，若交易尚未備妥時則回傳 0。 可以搭配下列 eth_get TransactionReceipt 使用，若交易是用來建立合約，則可取得合約位址。

RPC 名稱	傳入參數	用途說明
eth_getTransaction Receipt	32 個 byte 長度的交易雜湊值。	藉由交易的雜湊值，查詢交易明細。交易在未完成前無法查得明細。 回傳的交易明細內容，包括： • transactionHash：長度為 32 個 byte 的交易雜湊值。 • transactionIndex：數值型別，指出交易在區塊中的位置。 • blockHash：長度為 32 個 byte 的交易所在之區塊的雜湊值。 • blockNumber：數值型別，交易所在的區塊編號。 • cumulativeGasUsed：數值型別，執行交易所在之區塊的總花費 gas 數量。 • gasUsed：數值型別，執行交易所花費 gas 數量。 • contractAddress：若交易是用來建立合約，則此物件屬性是一個長度為 20 個 byte 的合約位址，否則為 null。 • logs：陣列型別，執行交易所產生的 log 資訊。 • logsBloom：快速檢索 log 之用。 • root：採用拜占庭（Byzantium）共識演算法時，所回傳的長度為 32 個 byte 的交易後 stateroot 資料。 • status：數值型別，若為 1 代表成功，若為 0 代表失敗。
eth_sendRawTransaction	加簽過的交易資料。	建立一個新的訊息用來執行交易，若資料內容含程式碼時也可用來建立智能合約。

RPC 名稱	傳入參數	用途說明
eth_call	共有兩個參數。參數 1 是包裹交易資訊的物件，欄位屬性包括： • from：長度為 20 個 byte 的交易發送者帳號位址。此為選擇性參數。 • to：長度為 20 個 byte 的交易接收者帳號位址。若交易是用來建立新合約則使屬性免填。 • gas：選擇性且預設為 90000 的數值資料，設定用來執行交易所願意支付的 gas 數量。eth_call 並不會燃燒 gas，在某些工作時會有需要，故此為選擇性參數。 • gasPrice：數值型態的屬性，說明每一單位 gas 的價格。此為選擇性參數。 • value：選擇性的數值型態屬性，指定交易所要傳輸的數值。此為選擇性參數。 • data：編譯過的合約程式碼，或調用合約時加簽過的函數及編碼過的參數。此為選擇性參數。 • nonce：不重覆的數值。 參數 2 是一個數值，代表特定的區塊編號或以字串標籤，例如：「latest」、「earliest」、「pending」代表的區塊編號。	執行智能合約中，不會改變區塊鏈狀態的函數。執行結果為回數的回傳值。
eth_estimateGas	請參考 eth_call。	回傳執行交易所需要花費的 gas 預估值，該預估值可能遠大於實際上所需的 gas 數量。 若沒有設定 gas 上限時，節點程式會以處理中區塊的 gas 數量當成預估值。因此，在這種情況下，預估值反而可能會小於實際所需的 gas 數量。

RPC 名稱	傳入參數	用途說明
eth_getBlockByHash	共有兩個參數： • 長度為 32 個 byte 的區塊雜湊值。 • 布林值。若為 true 時回傳完整交易資料物件。若為 false 時僅為交易的雜湊值。	根據區塊雜湊值，查詢區塊相關資訊，若資料不存在則回傳 null。 • number：數值型別。若區塊已存入區塊鏈中則回傳區塊編號，若區塊尚在待處理狀態時則回傳 null。 • hash：長度為 32 個 byte 的資料。若區塊已存入區塊鏈之中則回傳區塊的雜湊值，若區塊尚待處理狀態時則回傳 null。 • parentHash：長度為 32 個 byte 的資料，記錄前一個區塊的雜湊值。 • nonce：長度為 8 個 byte 的資料，記錄 POW 共識時的 nonce 值。若區塊尚待處理狀態時則回傳 null。 • sha3Uncles：長度為 32 個 byte 的資料，區塊中叔塊資料的 SHA3 值。 • logsBloom：長度為 256 個 byte 的資料，過濾區塊 log 之用。 • transactionsRoot：長度為 32 個 byte 的資料，區塊的交易前綴樹（transaction trie）的根。 • stateRoot：長度為 32 個 byte 的資料，區塊的最終狀態前綴樹（final state trie）的根。 • receiptsRoot：長度為 32 個 byte 的資料，區塊的明細前綴樹（receipts trie）的根。 • miner：長度為 20 個 byte 的資料，記錄挖到本區塊而得到獎勵的帳號位址。 • difficulty：數值型別的資料，記錄挖礦此區塊的困難度。

RPC 名稱	傳入參數	用途說明
		• totalDifficulty：數值型別的資料，到此區塊為止的困難度總和。 • extraData：區塊的額外資料。 • size：數值型別的資料，以 byte 為單位記錄區塊的大小。 • gasLimit：數值型別的資料，記錄本區塊允許的最大 gas 數。 • gasUsed：數值型別的資料，區塊中所有交易所使用的 gas 之總合。 • timestamp：數值型別的資料，記錄區塊挖掘當下之 unix 時間戳記。 • transactions：以陣列呈現所有交易資料物件。若輸入參數設為 false 時，則是所有交易雜湊值之陣列。 • uncles：以陣列呈現之叔塊雜湊值。
eth_getBlockByNumber	共有兩個參數： • 區塊編號或是以字串標籤，例如：「latest」、「earliest」、「pending」代表的區塊編號。 • 布林值。若為 true 時回傳完整交易資料物件。若為 false 時僅為交易的雜湊值。	參考 eth_getBlockByHash 之回傳值。
eth_getTransactionByHash	長度為 32 個 byte 的交易雜湊值。	根據交易的雜湊值查詢交易資訊。若查無交易時則回傳 null。 • hash：長度為 32 個 byte，交易的雜湊值。 • nonce：數值型別的資料，交易發送者發送交易時所建立。

RPC 名稱	傳入參數	用途說明
		• blockHash：長度為 32 個 byte，交易所在之區塊的雜湊值。若區塊尚未建立則回傳 null。 • blockNumber：數值型態，記錄交易所在之區塊的編號。 • transactionIndex：數值型態，記錄交易所在之區塊的索引值。 • from：長度為 20 個 byte 的交易發送者帳號位址。 • to：長度為 20 個 byte 的交易接收者帳號位址。若交易是用來建立新合約則為 null。 • value：數值型別，交易所傳輸的數值，以 wei 單位表示。 • gas：交易發送者所支付的 gas 數量。 • gasPrice：數值型態的屬性，交易發送者所支付的 gas 價格，以 wei 單位表示。 • input：伴隨交易所傳送之資料。
eth_getTransactionByBlockHashAndIndex	共有兩個參數： • 長度為 32 個 byte 的區塊雜湊值。 • 交易的索引值。	根據交易所在的區塊雜湊值及交易索引值查詢交易資訊。若查無交易時則回傳 null。 參考 eth_getTransactionByHash 的回傳內容。
eth_getTransactionByBlockNumberAndIndex	共有兩個參數： • 區塊編號或以字串標籤，例如：「latest」、「earliest」、「pending」代表的區塊編號。 • 交易的索引值。	根據交易所在區塊的編號及交易索引值查詢交易資訊。若查無交易時則回傳 null。 參考 eth_getTransactionByHash 的回傳內容。

RPC 名稱	傳入參數	用途說明
eth_getUncleByBlockHashAndIndex	共有兩個參數： • 長度為 32 個 byte 的區塊雜湊值。 • 叔塊的索引值。	根據區塊的雜湊值及叔塊索引值查詢叔塊資料。 請參考 eth_getBlockByHash 回傳值。
eth_getUncleByBlockNumberAndIndex	共有兩個參數： • 區塊編號或以字串標籤，例如：「latest」、「earliest」、「pending」代表的區塊編號。 • 叔塊的索引值。	根據區塊的編號及叔塊索引值，查詢叔塊資料。 請參考 eth_getBlockByHash 回傳值。
eth_getCompilers	無。	以列表呈現節點可使用之編譯器。
eth_compileSolidity	以 Solidity 語法撰寫之智能合約原始碼。	回傳編譯後的原始碼。
eth_compileLLL	以 LLL（Low-level Lisp-like）語法撰寫之智能合約原始碼。	回傳編譯後的原始碼。
eth_compileSerpent	以 Serpent 語法撰寫之智能合約原始碼。	回傳編譯後的原始碼。
eth_newFilter	輸入參數為過濾條件： • fromBlock：開始進行過濾的區塊編號或以字串標籤，例如：「latest」、「earliest」、「pending」代表的區塊編號。預設為「latest」，代表從最近的區塊進行條件過濾。 • toBlock：結束進行過濾的區塊編號或以字串標籤，例如：「latest」、「earliest」、「pending」代表的區塊編號。預設為「latest」，代表從最近的區塊進行條件過濾。 • address：長度為 20 個 byte 之欲進行過濾通知的合約位址，或是以陣列呈現的一組合約位址。	根據條件建立過濾器，狀態改變發送通知之用。若要確認狀態是否改變則可呼叫 eth_getFilterChanges。 回傳過濾器的 ID。

RPC 名稱	傳入參數	用途說明
	• topics：以陣列呈現的資料集，每筆資料長度為 32 個 byte。資料為過濾的比較內容，同時具有順序性。	
eth_newBlockFilter	無。	在節點中建立過濾器，當新區塊抵達時發出相關的通知。若要確認狀態是否改變則可呼叫 eth_getFilterChanges。 回傳過濾器的 ID。
eth_newPendingTransactionFilter	無。	在節點中建立過濾器，當有待處理的區塊抵達時發出相關的通知。若要確認狀態是否改變則可呼叫 eth_getFilterChanges。 回傳過濾器的 ID。
eth_uninstallFilter	數值型別的過濾器 ID。	根據 ID 解除指定過濾器的作用。當不再需要過濾器，必須要妥善使用此函數解除過濾器。 除此之外，在一段期間內，若沒有呼叫 eth_getFilterChanges 時，也會造成過濾器 timeout。
eth_getFilterChanges	過濾器的 ID。	輪詢過濾器的 API，回傳距上次查詢後到現在之間及所發生的相關事件。 回傳多筆 Log 物件的陣列，若和上次查詢間無任何變化則回傳空陣列。 若過濾器是透過 eth_newBlockFilter 建立則回傳區塊雜湊值。若過濾器是透過 eth_newPendingTransactionFilter 建立則回傳交易湊值。若過濾器是透過 eth_newFilter 建立則 Log 以物件呈現，並具有下列參數： • removed：若為 true 則代表區塊鏈已被重組，log 已被移除。若為 false 則為一個有效的 log。

RPC 名稱	傳入參數	用途說明
		• logIndex：數值型別，記錄 Log 在區塊中的索引值。 • transactionIndex：數值型別，記錄建立 Log 的交易索引值。 • transactionHash：長度為 32 個 byte 的雜湊值，記錄建立 Log 的交易雜湊值。 • blockHash：長度為 32 個 byte 的雜湊值，記錄 Log 所在區塊的雜湊值。 • blockNumber：數值型別，記錄 Log 所在區塊的編號。 • address：長度為 20 個 byte，記錄 Log 源自的位址。 • data：包含一到多個長度為 32 個 byte 之 Log 的非建立索引參數。 • topics：資料陣列。
eth_getFilterLogs	過濾器 ID。	回傳所有符合過濾器 ID 的 Log，以陣列呈現。回傳內容請參考 eth_getFilterChanges。
eth_getLogs	請參考 eth_newFilter 的傳入參數。	回傳符合過濾器物件的所有 Log。請參考 eth_getFilterChanges 的回傳值。
eth_getWork	無。	回傳值以陣列方式呈現下列屬性： • 長度為 32 個 byte，記錄當前區塊標頭的 pow-hash。 • 長度為 32 個 byte，用在 DAG 的 seed 雜湊值。 • 長度為 32 個 byte，邊界條件。
eth_submitWork	• 長度為 8 個 byte 的 nonce。 • 長度為 32 個 byte，記錄標頭 pow-hash。	提交一個 POW（proof-of-work）的運算解決方案。 回傳布林值，若為 true 代表提交的運算解決方案為合法，反之為不合法。

RPC 名稱	傳入參數	用途說明
	• 長度為 32 個 byte，記錄 mix digest。	
eth_submitHashrate	用來提送挖礦的 hashrate ID。 Hashrate ID 是一個長度為 32 個 byte 的十六進制數字字串，亂數 ID 用以識別節點。	布林值，true 代表提交成功，false 代表提交失敗。
db_putString (deprecated)	將字串存到本端節點的資料庫。此 API 未來恐移除，不再建議使用。輸入參數包括： • 字串型別，資料庫名稱。 • 字串型別，資料主鍵。 • 字串型別，資料值。	回傳布林值，true 代表儲存成功，false 代表儲存失敗。
db_getString (deprecated)	從本端節點的資料庫取回資料。此 API 未來恐移除，不再建議使用。輸入參數包括： • 字串型別，資料庫名稱。 • 字串型別，資料主鍵。	回傳先前儲存的字串資料。
db_putHex (deprecated)	將二進制資料存到本端節點的資料庫。此 API 未來恐移除，不再建議使用。輸入參數包括： • 字串型別，資料庫名稱。 • 字串型別，資料主鍵。 • 欲儲存的資料。	回傳布林值，true 代表儲存成功，false 代表儲存失敗。
db_getHex (deprecated)	從本端節點的資料庫取回二進制的資料。此 API 未來恐移除，不再建議使用。輸入參數包括： • 字串型別，資料庫名稱。 • 字串型別，資料主鍵。	回傳先前儲存的資料。

RPC 名稱	傳入參數	用途說明
shh_version (deprecated)	無。	回傳當前 whisper 通訊協訂版本。
shh_post (deprecated)	傳送一筆符合 whisper 協訂的訊息。傳入參數為包裹 whisper 資訊的物件，包括： <ul><li>from：長度為 60 個 byte，選擇性的欄位，訊息傳遞者的識別資訊。</li><li>to：長度為 60 個 byte，選擇性的欄位，訊息接收者的識別資訊。使用 whisper 協定會對訊息加密，故只有訊息接收者才能解密。</li><li>topics：以陣列呈現的資料。訊息傳遞者辨識訊息的主題（topic）。</li><li>payload：訊息內容。</li><li>priority：數值型別，記錄優先等級。</li><li>ttl：數值型別，以秒為單位，記錄訊息的殘餘生命時間。</li></ul>	回傳布林值，true 代表傳送成功，false 代表傳送失敗。
shh_newIdentity (deprecated)	在節點中，建立一筆新的 whisper 識別子（identity）。無傳入參數。	回傳值為長度 60 個 byte 的新識別子。
shh_hasIdentity (deprecated)	根據識別子（即帳號位址）確認節點是否握有其私鑰（private key）。 傳入值為欲確認的帳號位址。	回傳布林值，true 代表節點握有私鑰，false 則代表否。

RPC 名稱	傳入參數	用途說明
shh_newFilter (deprecated)	• to：長度為 60 個 byte，選擇性的欄位，訊息接收者的識別資訊。使用 whisper 協定會對訊息加密，故只有訊息接收者才能解密。 • topics：以陣列呈現的資料。訊息傳遞者辨識訊息的主題（topic）。	建立一個通知用的過濾器，當節點收到一筆 whisper 訊息時，若符合過濾條件則會發送通知。
shh_uninstallFilter (deprecated)	過濾器 ID	根據給予的 ID 解除過濾器。每當監控需求不存在時，就應呼叫此 API 進行解除的工作。在一段時間沒有呼叫 shh_getFilterChanges 取得過濾資訊時，過濾器會自動引發過期（time out）。
shh_getFilterChanges (deprecated)	過濾器 ID	輪循 whisper 過濾器之用，回傳從上次呼叫此 API 之後所有新增的訊息。 配合呼叫 shh_getMessages 會清空暫存區資料，避免重覆讀取。 回傳的所有訊息會以陣列方式呈現： • 長度為 32 個 byte，記錄訊息的雜湊值。 • 長度為 60 個 byte，記錄訊息發送者。 • 長度為 60 個 byte，記錄訊息接收者。 • expiry：數值型別，以秒為單位說明訊息的剩餘到期時間。 • ttl：數值型別，以秒為單位說明訊息在系統中的浮動（float）時間。 • sent：數值型別，記錄訊息發送時的 unix 時間戳記。 • topics：以陣列呈現的資料，記錄訊息內含的主題。 • payload：訊息本文。

RPC 名稱	傳入參數	用途說明
shh_getMessages (deprecated)	過濾器 ID	回傳所有訊息。參考 shh_getFilter Changes 的回傳內容。

如欲取得最新、最完整之 RPC 說明，請參考 ethereum 官方文件：https://ethereum.org/en/developers/docs/apis/json-rpc/，接著請回到原本的測試情境，再試著以 HTTP POST 發送下列 RPC 電文到私有鏈的節點程式。

RPC 位址與埠號：

```
http://127.0.0.1:8080
```

JSON 內容：

```
{
 "jsonrpc":"2.0",
 "method":"eth_coinbase",
 "params":[],
 "id":64
}
```

這一次終於可順利執行，結果如下所示：

```
{
    "jsonrpc": "2.0",
    "id": 64,
    "result": "0x6893d63cbb6b7ea6265d8427ad85a2453e5506a2"
}
```

根據查表得知，eth_coinbase 函數能用來查詢節點的礦工帳號，驗證之後可發現回傳值果然與目前節點的礦工帳號相同。

讓我們繼續本節的範例程式，回顧一下 Multiply 智能合約，該合約程式提供一個名為 doMultiply 的函數，並提供對輸入值進行乘法運算的功能。在合約的函數中宣告該函數為 pure，代表使用該合約函數時並不會更改區塊鏈的狀態，為此可使用 RPC API 中的 eth_call 來調用合約函數。如下為發送的 RPC 內容：

```
{
 "jsonrpc": "2.0",
 "id": 1,
 "method": "eth_call",
 "params": [
 {
 "to": "0x20156F57F750cA68F905C2050267B65C83cD27b3",
 "data":
"0x648146a2000000000000000000000000000000000000000000000000000000000000000008000
0000000000000000000000000000000000000000000000000000000000008"
 },
 "latest"
 ]
}
```

其中 to 指向智能合約的位址，data 指向所要使用的合約函數。RPC 會以 16 進制對所要呼叫的合約函數加以描述，上述之「0x648146a2」乃是以長度為 4 個 byte 的 Keccak hash 對函數名稱來編碼。開發者可直接在 geth 控制台輸入下列指令來得到編碼結果：

```
> web3.sha3("doMultiply(uint256,uint256)").substring(0,10)
"0x648146a2"
```

「00000000000000000000000000000000000000000000000000000000000000008」為傳入至合約函數的第一個參數，uint256 則代表長度為 256 個 bit 的無號整數，因此可用 64 的字元（character）表示長度為 32 個 byte 的資料，因為想計算 8 * 8 的結果，故傳入兩組內容相同的參數。同樣透過任何能發送 HTTP 請求的軟體將 RPC 內容傳給節點程式，便可得到如下執行結果：

```
{
    "jsonrpc": "2.0",
    "id": 1,
    "result": "0x0000000000000000000000000000000000000000000000000000000000000
00040"
}
```

若將「0x0000000000000000000000000000000000000000000000000000000000000040」轉換成 10 進制（即 16 * 4 = 64），該智能合約函數果然正確執行運算結果。確認與驗證合約可正確執行後，接下來的事情就簡單多了，任何支援 HTTP 請求的程式語言皆可透過 RPC 來和節點程式與整個區塊鏈進行互動。如下即為利用 Java 語言所撰寫的範例程式：

```java
import java.io.IOException;
import org.apache.http.HttpEntity;
import org.apache.http.client.methods.CloseableHttpResponse;
import org.apache.http.client.methods.HttpPost;
import org.apache.http.entity.StringEntity;
import org.apache.http.impl.client.CloseableHttpClient;
import org.apache.http.impl.client.HttpClients;
import org.apache.http.util.EntityUtils;

public class MultiplyContract {

    public static void main(String[] args) {
        // 建立 HTTP 客户端
        CloseableHttpClient httpClient = HttpClients.createDefault();

        // 使用 POST
        HttpPost httpPost = new HttpPost("http://127.0.0.1:8080");

        // 執行與取得結果
        CloseableHttpResponse response = null;
        try {
            // RPC 內容
            String method = "eth_call";

            String to = "0x20156F57F750cA68F905C2050267B65C83cD27b3";
            String data = "0x648146a200000000000000000000000000000000000000000000000000000000000000080000000000000000000000000000000000000000000000000000000000000008";
            String json = "{\"jsonrpc\": \"2.0\",\"id\": 1," + " \"method\": \"" + method + "\",\"params\": [{\"to\": \"" + to + "\"," + "\"data\": \"" + data + "\"" + "},\"latest\"]}";

            StringEntity entity = new StringEntity(json);
            httpPost.setEntity(entity);
            httpPost.setHeader("Accept", "application/json");
```

```
        httpPost.setHeader("Content-type", "application/json");

        response = httpClient.execute(httpPost);
    } catch (IOException e) {
        e.printStackTrace();
    }

    // 獲取結果
    HttpEntity entity = response.getEntity();
    try {
        System.out.println(EntityUtils.toString(entity));
        EntityUtils.consume(entity);
    } catch (IOException e) {
        e.printStackTrace();
    }
    }
}
```

　　至此我們已學習撰寫區塊鏈過程中的第一個智能合約，同時還將它順利地部署到私有鏈上，並透過 JSON RPC 呼叫與使用區塊鏈上的智能合約，讓我們距離改變這個世界更進一步了！

3-4 習題

3.1.1 請仿照本節範例，實作可顯示「Hello Blockchain」的智能合約，並部署到私有鏈上。

3.1.2 請嘗試移除「啟動節點的指令」中的 --unlock 0 參數，觀察所建立的私有鏈是否還可以正常運作？如果不行，有出現什麼錯誤訊息？

3.1.3 請問隨著區塊鏈節點數的增加，成功挖礦的速度是否會隨之降低？

3.2.1 「啟動節點的指令」中的 http.api 參數，可分為 db, eth, net, web3, personal 等，何以原創者要做這些細分類？原因何在？

3.2.2 JSON RPC 中的 eth_sendTransaction 與 eth_call 有何分別？

3.2.3 請思考並說明為什麼採用 eth_call 時，需指定區塊編號或區塊字串標籤，但使用 eth_sendTransaction 時則不需指定？

3.2.4 在 Ethereum 區塊鏈中進行交易皆必須支付 gas，您覺得有其必須性嗎？若企業欲採用 Ethereum 技術，有沒有什麼滯礙難行的地方？

04

深訪智能合約

　　經由前一章初探智能合約後，我們已學會如何透過 JSON RPC 存取以太坊區塊鏈，同時小試身手以圖形介面的錢包軟體呼叫 HelloWorld 與乘法運算的智能合約。

　　本章將進一步深訪智能合約，首先介紹以太坊區塊鏈運作核心的帳戶地址觀念，接著介紹完整的 Solidity 程式語言語法與特性，以及撰寫提供複雜功能的智能合約，同時也將探討曾掀起全球浪潮的 ICO 募資模式，最後再遵循 ERC 20 智能合約協議標準，實作能夠發行代幣（token）的代幣合約。

本章架構如下：

- ❖　以太坊帳戶位址
- ❖　Solidity 智能合約結構
- ❖　Solidity 智能合約語言
- ❖　ICO 首次代幣募資
- ❖　ERC 20 智能合約協議標準

4-1　以太坊帳戶位址

　　在前一章，我們對「位址」的觀念已做了入門的介紹，由於「位址」在 Ethereum 扮演運作核心之地位，因此在深入探討智能合約之前，且讓我們再深入認識 Ethereum 的「位址」。

　　當人們談論 Ethereum 的「位址」時，可能是指外部帳戶（externally owned account, EOA）或合約帳戶（contract account）。EOA 是一組公開字串，對應於終端用戶的私鑰，可做為在區塊鏈收送交易的代表，我們可將它想像成終端用戶在區塊鏈世界的「銀行帳號」，可擁有以太幣餘額（ether balance），並像真實世界的「銀行帳號」進行轉出與轉入 ether 的交易，亦可用來觸發與執行智能合約。

　　Ethereum 在產製 EOA 的過程中，採用「橢圓曲線數位簽章演算法（elliptic curve digital signature algorithm, ECDSA)」生成公私鑰對。ECDSA 是種結合 ECC 與 DSA 的演算法，由 Don Johnson、Alfred Menezes 與 Scott Vanstone 於 1992 年提出。

　　而 ECDSA 所參照的 ECC 則是一種公開金鑰的密碼技術，於 1985 年由 Neal Koblitz 與 Victor Miller 提出。ECC 是基於數學中的橢圓曲線所發展出來的，它是各種國際標準（例如：ISO 11770-3、ANSI X9.62 等）演算法的基礎。ECC 不僅能用在密碼學的加解密、數位簽章、金鑰交換等方面，同時也可用在大數字分解（factorization）與質數判斷（primality testing）。藉由橢圓曲線的離散特性使得所產製的金鑰長度相較其它演算法（如 RSA）更短，但安全程度卻更為強化。因此 ECC 常被用於記憶體有限的環境中，例如：智慧卡、手動電話、無線裝置等。

　　ECDSA 參考的另一種演算法是「數位簽章演算法（digital signature algorithm, DSA）」，它是由 David W. Kravitz 於 1991 年提交，屬於美國聯邦資訊處理標準的演算法。DSA 堪稱是當今世上最重要的數位資料防偽技術，已被廣泛應用於各個領域，例如：電子公文、電子合約、電子支票、軟體防偽技術等。綜觀 Ethereum 所使用的加解密演算法，不論是 ECDSA、ECC 或 DSA 皆非原創，僅是將其進行適當的整合。

　　由於 Ethereum 在 EOA 的產製過程中使用 ECDSA，因此很多人都誤以為 ECDSA 所生成的公鑰等同於 EOA，但其實並不然。Ethereum 在使用 ECDSA 的 secp 256 k1 曲線生成公私鑰對後（註：公鑰使用 uncompressed 模式），會移除公鑰的第一個 byte，再對剩下的部分進行 SHA3 (keccak-256) 雜湊函數。最後將所得到長度為 64 個字元的 Hex 字串取最後面的 40 個字元，才是 Ethereum 最終的 EOA。簡單地說，將 Ethereum 公私鑰對中的公鑰經過適當的拆分與雜湊運算，才能得到 EOA，也就是 Ethereum 的「位址」。

　　相對於 EOA，另外一個 Ethereum 的「位址」稱為 contract account。EOA 代表終端用戶在區塊鏈的身分，而 contract account 代表智能合約在 Ethereum 中的位址；換言之，透過 contract account 可取用智能合約所提供的處理邏輯。EOA 是藉由終端用戶的公私鑰進行特殊運算而來，那麼 contract account 呢？其實 contract account 是參照合約建立者的位址與 nonce 計算所得。對於 Ethereum 虛擬機（Ethereum virtual machine, EVM）來說，不論是 EOA 或 contract account，其實都被視為是「位址」，因此 contract account 可和 EOA 一樣擁有以太幣餘額，代表智能合約本身也可以擁有 ether，許多 ICO 智能合約皆是利用這項特性實作而成的。

　　智能合約是一組運作在 EVM 上面的程式碼，因此可藉由 EOA 發送的交易執行智能合約所提供的功能，也可呼叫執行另外一個智能合約。但也因智能合約在 EVM 沙盒環境上運作，因此智能合約不可以存取外部網路（如 HTTP 等）、節點端的檔案系統（filc systcm）或行程（proccss），僅能運作在獨立且封閉的區塊鏈環境。

　　順便一提，Ethereum 的智能合約是圖靈完備（Turing completeness），意即是具有儲存（Storage）、運算（Arithmetic）、條件判斷以及重複（Repetition）指令的程式語言，現今除了 HTML 與 XML 語言不滿足此性質之外，大部分的程式語言皆具圖靈完備性。因此，Ethereum 的智能合約可執行更為複雜的運算。此外，智能合約具有將變數永久儲存（persistent storage）在區塊鏈中的特性，因此程式中的變數可視為永久性狀態（permanent state）。

4-2　Solidity 智能合約結構

智能合約既然也是個程式語言，我們就先來看看如下的 Solidity 智能合約結構圖。基本上，一份合約由三區段所組成：編譯器版本宣告、引用其它合約以及合約內容區段。

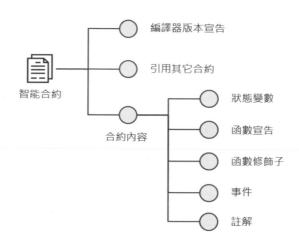

首先，編譯器版本宣告區段必須指定合適的編譯器，該份智能合約才可被正確地編譯。其次，在引用其它合約區段中，可以宣告引用若干他人已撰寫好的智能合約，以節省重寫的時間。最後的合約內容區段就是程式設計師揮灑的舞台，包含了狀態變數、函數宣告、函數修飾子、事件以及註解。

狀態變數類似於傳統物件導向程式語言的物件變數，意指整份智能合約皆可以存取的變數，其可包含實值型別與參照型別，前者是吾人熟悉的整數、實數、字串等；後者則是程式設計師自行設計所需的型別，例如結構型別、映射型別等。

函數宣告就是程式設計師實作智能合約處理邏輯的地方，如同任何一種程式語言，Solidity 也有些內建的函數，我們將在 4-3-4 節加以介紹。同樣地，函數內也可宣告區域變數，其型別與狀態變數一樣。而函數修飾子的功能則是在執行函數邏輯之前，預先設置判斷條件以改變函數的行為，例如在某條件成立下方可執行函數等，此部分也將在 4-3-3 節介紹。

事件是一種在 Ethereum 中記錄（logging）存取智能合約過程的機制，我們可將合約的執行結果透過 Event 方式永久寫入區塊鏈。本章 4-3-5 節將有完整的介紹。最後，為了提高程式碼的維護性與閱讀註解性，Solidity 智能合約亦提供了註解指令。

4-3 Solidity 智能合約語言

我們可以透過多種程式語言撰寫 Ethereum 智能合約，例如：Serpent、LLL、Viper 等，目前則以 Solidity 最廣被使用。Solidity 的主要開發者為 Gavin Wood、Christian Reitwiessner、Alex Beregszaszi、Liana Husikyan、Yoichi Hirai 與其他幾位早期的貢獻者。Solidity 受到 JavaScript、C++、Python、PowerShell 等程式語言相當多的啟發，是一種合約導向式（contract-oriented）的高階程式語言。此外，Solidity 也是一種靜態型別（statically typing）的程式語言，意指在編譯時期就必須宣告變數的型態。它同時也支援繼承、函數庫化，並允許使用者自訂複雜的資料型別。

讓我們先來看一個簡單的智能合約程式 StoreMyState.sol。

```
// SPDX-License-Identifier: MIT
pragma solidity ^0.8.15;

contract A {
  uint myState;
  function set(uint val) public {
    myState= val;
  }
  function get() public view returns (uint v) {
   return myState;
  }
}
contract B {
}
contract C is A, B {
}
```

為了確保智能合約程式碼的可用性，避免涉及版權方面的法律問題，並建立對智能合約的信任，Solidity 編譯器鼓勵使用 SPDX 授權識別子，對程式碼之授權做適當的宣告。有興趣的讀者可以自行參考 SPDX 官網：https://spdx.dev/ids/#how。

pragma 關鍵字宣告此智能合約適用的編譯器版本，須使用指定版本的編譯器進行編譯，程式行為才能符合預期，否則可能發生意料之外的錯誤。如範例所示，代表不能使用 0.8.15 版本之前的編譯器編譯，也不能在 0.9.0 版本之後的編譯器上運作（因為使用^符號）。藉由這種方式可以確保智能合約是使用預期的方式編譯與運行。

Ethereum 智能合約通常被儲存在.sol 結尾的文字檔之中。一個 sol 檔允許同時存放多份智能合約的程式碼。如上所示，在 StoreMyState.sol 中，共儲存 contract A、contract B、contract C 三份智能合約，而這些合約被宣告在成對的大括號之間，其中可以包括合約的函數、合約的狀態變數等。此外，Solidity 允許多重繼承，在上述範例中，C 合約乃宣告繼承自 A 合約與 B 合約。

如同其它程式語言，合約程式可以包含多個函數或變數，函數用來提供處理邏輯，而變數則儲存資料。Solidity 也將合約變數稱為狀態（state），而函數內的變數稱為區域變數。不論是合約名稱、函數名稱或是變數名稱皆必須是 ASCII 字元。

本例中的 myState 變數宣告成 uint 型別，代表適合用來儲存沒有正負符號，長度為 256 bits 的整數資料。終端用戶或是其它智能合約，可以透過 set 函數設定 myState 狀態的資料內容，也可以透過 get 函數取得 myState 狀態的內容值。到目前為止，所示範的合約程式並沒有對 myState 變數進行任何的防護措施，一旦合約 A 部署到區塊鏈網路後，任何知道智能合約位址的人，皆可以透過 set 與 get 函數設定與查詢 myState 的內容值。

若將區塊鏈視為一種分散式資料庫，那麼不論是傳輸 ether、修改智能合約變數（或稱狀態）的行為，都稱為是在執行交易（transaction）。如同傳統資料庫系統一樣，交易可能成功，也可能失敗，失敗的主因可能是為了避免雙重花費問題

（double spend，雙花），在所有礦工共識決的情況下，不承認交易之執行。也因此，區塊鏈交易在發送之後，一般會經過 6 次區塊確認，才代表交易被永久寫到區塊鏈上。而與傳統資料庫系統不同的是，每次交易時，會由交易發起人進行簽章的工作，因此，交易的執行具有不可否認性。

Solidity 撰寫智能合約的方式類似撰寫一般物件導向程式。一份智能合約可以包含下列幾種元素：函數（functions）、函數修飾子（function modifiers）、事件（events）、結構型別（structure types）、列舉型別（enum types）與狀態變數（state variables）。以下是對各種元素的語法介紹。Solidity 預設的 sha256、ripemd160 或 ecrecover 等函數，在執行過程中，有可能會遭遇 Out-Of-Gas 的錯誤情況，這是因為私有鏈實作一種稱之為預先編譯合約的機制。簡單地說，合約要在收到第一個訊息交易之後，才會真正存在於區塊鏈上。目前暫時的解決方式，是在第一次使用合約之前，先傳送 1 wei 單位的加密貨幣，以完成智能合約的初始化工作。

由於 Solidity 是一種類似 JavaScript 與 C 的程式語言，因此，除了不支援 switch 與 goto 之外，大部分的邏輯控制語法，如：if、else、while、do、for、break、continue、return 等皆與傳統程式語言相同。因此，本書就不多介紹控制指令了。

4-3-1　變數型別

身為靜態型別程式語言的 Solidity，每個狀態變數（state variable）及區域變數（local variable）在編譯週期時皆必須宣告型別，型別之間可透過運算子（operator）與表達式（expression）進行互動，狀態變數將被永久儲存在智能合約的儲存區（contract storage）。以下介紹 Solidity 的兩大型別：實值與參考型別。可以參考官網最新說明：https://docs.soliditylang.org/en/v0.8.15/types.html。

實值型別（value type）

實值型別的變數可用來給予資料值、做為函數的參數或表達式運算等。當做為函數的參數傳遞時，資料內容會被複製一份，即為傳統程式語言 call by value 之概念。

實質型別包含下列幾種型別：布林型別（boolean）、整數型別（integer）、定點實數型別（fixed point numbers）、位址型別（address）、合約型別（contract type）、固定長度 byte 陣列（fixed-size byte arrays）、變動長度 byte 陣列（dynamically-sized byte array）、位址字面常數（address literals）、有理數和整數字面常數（rational and integer literals）、字串字面常數（string literals）、Unicode 字串（Unicode literals）、十六進制字面常數（hexadecimal literals）、列舉型別（enum type）。Solidity 亦允許使用者自定實值型別，本章並不做討論，留給有興趣的讀者自行研究。

- **布林型別**

  Bool 型別的資料內容可以是 true 或 false，其型別等同整數型別的 uint8，但被限制只能是 0 或 1 的值。本型別適用的運算子有以下幾種：

運算子	說明
!	邏輯負向。
&&	邏輯連接運算，即 and 運算，兩者必須為 true，結果才會為 true，否則皆為 false。
||	邏輯分離運算，即 or 運算，兩者其中之一為 true，結果即為 true。
==	判斷運算元是否相等。
!=	判斷運算元是否不相等。

  備註：|| 與 && 運算子如同其它高階程式語言一樣，支援捷徑規則（short-circuiting rule）。舉例來說，若有一個表達式為 f(x) || g(y)，當 f(x) 為 true 時，由於表達式的結果將永遠為 true，因此便沒有再判斷 g(y) 的必要，但這種作法可能會有其它副作用（side-effect）。

  與 JavaScript 或 C 語言不同的是，Solidity 並不會自動將非布林型別的變數轉換成布林型別，因此在 if 敘述使用數值（例如 if (1) { ... }）在 Solidity 中是不合法的。

- **整數型別**

Solidity 的整數型別分為有號數與無號數兩種，並且根據能夠表達的數字大小訂定不同資料長度。uint<M>表示無號整數，其中 M 為位元長度，範圍必須落在 0 < M <= 256，同時 M % 8 之餘數運算必須為 0。因此 uint<M>可為 uint8、uint32、uint64、uint128、uint256。

int<M>則是以 2 補數表示的有號整數，長度範圍亦須落在 0 < M <= 256，同時 M % 8 之餘數運算亦必須為 0。如果宣告時不指定整數型別的長度，uint 與 int 等同於 uint256 與 int256。

運算子	說明
<=、<、==、!=、>=、>	比較運算子，比對結果以 bool 型別呈現。
&、|、^（bit 層級的 XOR 運算）、~（bit 層級的反向運算）	位元運算子。
+、-、unary -、unary +、*、/、%（餘數）、**（乘方）、<<（左移）、>>（右移）	算數運算子。 整數進行除法運算時，運算結果會被無條件捨去（truncates），但如果運算元皆為稍後所要介紹的字面常數型別時，則不會被無條件捨去。另外和傳統程式語言一樣，若進行除零運算時，會發生執行週期的錯誤。 移位運算時，運算子右側的運算元不可是負值，否則會發生執行週期的例外事件。 對有號整數的負數進行右移運算時，等同於除法運算。同時會將結果無條件捨去，也就是進行四捨五入。

若變數能被設定為某值，則稱為是一個 Lvalue 變數，可透過速記方式進行運算。如下所示，乃是對變數 a 之各種速記情境說明。

速記式運算式	說明
a += e	等同 a = a + e。 -=, *=, /=, %=, |=, &=與^=皆具有相同的意義。

速記式運算式	說明
a++	運算結果等同 a += 1 或是 a = a + 1。 將 a 的資料值當成該運算式之值,才進行加 1 的動作。
a--	運算結果等同 a -= 1 或是 a = a - 1。 將 a 的資料值當成該運算式之值,才進行減 1 的動作。
++a	運算結果等同 a += 1 或是 a = a + 1。 先進行加 1 的動作,再將結果當成該式之值。
--a	運算結果等同 a -= 1 或是 a = a - 1。 先進行減 1 的動作,再將結果當成該式之值。

Solidity 另外提供 delete 指令,可用來將實值型別還原,例如 delete a 指令,則會令 a=0。此外在合理的情況下,編譯器亦會協助對運算元進行隱式轉換(implicit conversion),即在不會遺失資料的情況下,針對不同型別的變數自動進行轉換工作。簡單地說,準備將長度較小的型別設定給長度較大的型別時,例如:當 uint8 型別的變數設定給 uint16、int128 與 int256 型別的變數,便會啟動隱式轉換。

```
function testConvert() public pure {
 uint8 len8 = 10;
 uint128 len128 = len8;
}
```

但是若在考慮正負號的情況下,有號的 int8 型別則無法設定給 uint256 型別,畢竟 uint256 型別無法處理負數的情況。簡言之,無號整數可給予有號整數,反之則不會成立。任何能轉換成 uint160 的型別皆可透過隱式轉換成稍後要介紹的 address 位址型別。如下列的設定指令,由於無號型別無法呈現有號型別,因此在編譯時會顯示「TypeError: Type int8 is not implicitly convertible to expected type uint128.」之錯誤訊息。

```
function testConvert() public pure {
 int8 len8 = 10;
 uint128 len128 = len8;   //編譯時,會顯示錯誤訊息
}
```

相對於隱式轉換的顯式轉換（explicit conversion）則是程式設計師在清楚的情況下，強制進行型別之轉換。此種做法有可能會失去數值的精準度，或是發生非預期的執行結果。例如：

```
function testConvert() public pure {
 int8 len8 = -10;
 uint128 len128 = uint128(len8);
}
```

Solidity 提供許多預設、全域可以使用的函數，用來進行數學與加密運算，如下表所示：

數學與加密相關屬性	回傳型別	說明
addmod(uint x, uint y, uint k)	uint	計算 (x + y) % k，k 必不等於 0，此加法運算支援任意精準度，且不會在 2**256 時溢位。
mulmod(uint x, uint y, uint k)	uint	計算 (x * y) % k，k 必不等於 0，此乘法運算支援任意精準度，且不會在 2**256 時溢位。
keccak256(...)	bytes32	計算 Ethereum-SHA3 (Keccak256) 雜湊演算法之雜湊值。
sha256(...)	bytes32	計算 SHA256 之雜湊值。
sha3(...)	bytes32	同 keccak256(...)，為之別名。
ripemd160(...)	bytes20	計算 RIPEMD-160 之雜湊值。
ecrecover(bytes32 hash, uint8 v, bytes32 r, bytes32 s)	address	藉由橢圓形曲線加簽方式，還原和公鑰有關的位址資訊。

目前 keccak256(...) 在同時輸入多個參數時，會顯示「Warning: This function only accepts a single "bytes" argument.」之警告，其原因為 padding 方式不同而產生不符合期望的 hash 值，因此在使用 keccak256(...) 時，目前建議的作法是搭配 encodePacked 函數使用（例如 keccak256(abi.encodePacked(…))）才能產生符合預期的結果。

- **定點實數型別**

在本書付梓之際，Solidity 雖然允許程式設計師宣告實數型別，但卻不能給值也不能拿來使用，僅是為了未來的擴充性而存在。

fixed<M>x<N>表示有號的定點實數，ufixed<M>x<N>表示無號的定點實數。M 表示實類變數所要使用的位元數，範圍介於 8 和 256 之間，但必須被 8 整除；N 表示小數點的位數，可以是 0 和 80 之間。若宣告時不指定型別長度，fixed 與 ufixed 等同於 fixed128x128、ufixed128x128。

運算子	說明
<=、<、==、!=、>=、>	比較運算子，比對結果以 bool 型別呈現。
+、-、unary -、unary +、*、/、%（餘數運算）	算數運算子。

- **位址型別**

address 變數以 20 bytes 表示 Ethereum 的位址，且從編譯器 0.5.0 版之後，細分為 address payable 與 address 這兩種宣告類型。兩者基本上是相同的，差別在於 address payable 多提供 transfer 與 send 兩個成員函數。予以區別的理由在於，address payable 用來表達是一個可以接收 ether 的地址，而 address 型別則不是一個可以接受 ether 的智能合約。

address payable 更可透過隱式轉換（implicitly convert）成 address。但 address 型別則必須強制轉換（explicitly converted）成 address payable，如 payable(<address>)。要注意的是，合約型別必須是允許接收 ether 或是具有宣告 payable fallback 函數才允許。

uint160、數字字面常數、bytes20 與合約型別，皆允許透過強制轉換成 addrss 型別。如果將較大長度的型別（如 bytes32）轉換成 address 時，便會發生資料截斷的情況。為了避免風險存在，編譯器在 0.4.24 之後的版本，皆要求宣告強制轉換。例如：address(uint160(bytes20(b)))或 address(uint160(uint256(b)))，其中 b 為超過長度限制的變數型別。可透過下列運算子進行操作：

運算子	說明
<= 、 < 、 == 、 != 、 >= 、 >	比較運算子，比對結果以 bool 型別呈現。

Address 型別亦提供成員函數與各種服務。

address 型別成員	功能說明
<address>.balance	以 wei 為單位，查詢指定位址的 ether 餘額，例如可透過 address(this).balance 取得當前合約餘額。 Sloidity 從 0.5.0 版後合約將不再繼承自 address 型別，但還是可以透過轉換取得位址相關之資訊。

<address payable>.transfer (uint256 amount)	傳輸 wei 單位的 ether 到指定位址。例如：
	
	`address x =0x12345;`
	`x.transfer(10);`
	
	如果 x 是 EOA，ether 便會傳輸給終端用戶；如果 x 是合約位址，則會將 ether 傳輸給目的合約；如果因為 gas 燃盡或其他原因失敗，則轉移交易會還原且會發出例外事件。

<address payable>.send(uint256 amount) returns (bool)	傳輸 wei 單位的 ether 到指定位址，但由於這是一個比 transfer 更底層的指令，因此若執行失敗時（例如呼叫堆疊超過 1024 或燃盡 gas），雖然會回傳 false，但合約不會因為發生異常而停止。故比較建議的作法是使用 transfer 函數較佳。

<address>.call(...) returns (bool)	在沒有取得 ABI 但又期望能和智能合約的函數互動時，可以透過 call 的方式，這種方式適用任何類型的任何數值的參數。
	
	傳至 call 函數的每一個參數都會被轉換成 32 bytes 長度的型式併接在一起進行傳輸，例如呼叫某合約的 setAge 函數：
	
	`address myContract = 0x16888;`
	`myContract.call("setAge", 28);`

address 型別成員	功能說明

	如果 call 函數的第一個參數剛好是 4bytes 的編碼內容時，則會認定為已根據 ABI 協議定義，便會依據函數簽名而直接使用函數。例如：
	
	``
	address myContract = 0x16888;
	myContract.call(bytes4(keccak256("setAge(uint256)")), 28);
	``
	
	call 函數會回傳代表執行結果的 bool 值，正常執行時回傳 true，若發生例外事件則回傳 false。由於沒有配合 ABI 使用，因此無法明確得知所呼叫函數回傳值的型別與長度。

`<address>.gas(1000000).call(...)` returns (bool)	用法同上，但可以指定 gas 數量。
`<address>.call.value(1 ether) ("register", "MyName");`	用法同上，但可以附上 ether。
`<address>.delegatecall(...)` returns (bool)	呼叫其它合約的函數，但所有數值是使用當前合約的資料內容。換句話說，是把其它合約當成函式庫來使用。
`<address>.staticcall`	是在拜占庭之後，所提供的函數。基本上和 call 函數相同，但在被呼叫的函數狀態被修改時，則會恢復（revert）。
`<address>.callcode(...)` returns (bool)	Ethereum 在 homestead 版本所提供的函數，用法同 delegatecall，但對 msg.sender 而言，msg.value 不具存取權限。

- **合約型別**（Contract Types）

  每一個智能合約都有定義它自己的型別，程式設計師可以藉由隱式轉換將智能合約轉換成其所繼承的合約，也可以用強制轉換方式，將 address 型別轉換成指定的智能合約。讀者們若是將智能合約對照成物件導向的類別，那麼就不難理解前述觀念。

  只有在合約型別允許接收加密貨幣的情況下，才可以強制轉換成 address payable 型別。如果將區域變數宣告為合約型別，那麼便可以使用該合約所提供的函數。

- **固定長度 byte 陣列**

  bytes<M>表示內容為 byte 的固定長度 byte 陣列，其中 0 < M <= 32。在 0.8.0 版之前， byte 為 bytes1 的別名。固定長度 byte 陣列亦提供 length 成員，可取得陣列的長度。

運算子	說明
<=、<、==、!=、>=、>	比較運算子，比對結果以 bool 型別呈現。
&、|、^（bit 層級的 XOR 運算）、~（bit 層級的反向運算）	位元運算子。
<<（左移）、>>（右移）	移位運算子。 移位運算和整數移位類似，運算結果的正負號取決於移位數值原本的屬性。同時亦不可以進行負移位（備註：運算子右側數值不可為負值）。
[k]	索引存取。 如果 x 變數的型別為 bytesA，A 即為陣列大小。因此索引值 k 將被限制在 0 <= k < A 的區間之內，例如 x[k]將取得 x 陣列中第 k 個 byte 的內容，且只能讀取。

- **變動長度 byte 陣列**

  bytes 是用來儲存動態長度的 byte 陣列型別，而 string 則用以儲存動態長度的 UTF-8 字串。變動長度容易造成空間浪費，若可確定長度，應盡量使用固定長度的類型，例如 byte1 到 byte32。

- **位址字面常數**

  能通過位址合法性檢查（address checksum test）的十六進制字面常數將被認為是一個合法位址的資訊。反之，若不能通過合法性檢查的 39 到 41 位長度之十六進制字面常數，將被視為只是普通的有理數字面常數。

- **有理數與整數字面常數**

凡以 0~9 數字呈現的資料內容皆是十進位的整數字面常數，例如：

```
12345
16888
3344
```

在其它程式語言中，若將第一個數字設為 0 時，則代表該數值以八進制表示，但 Solidity 並不支援這種用法。十進制的小數字面常數（decimal fraction literals）則是在數字間多一個小數點符號。同時在小數點符號的任意兩邊至少要有一個數字，例如 1.、.1 與 1.8 等都是有效的表示法。整數字面常數與有理數字面常數（rational number literals）皆屬於數值字面常數型別。

Solidity 亦支援使用科學記號表示極大的數值，其中基數可以是小數，但指數則必須是整數，舉例來說：2e10（代表 2 乘上 10 的 10 次方）、1.0e-4（代表 1 乘上 10 的-4 次方，即 0.0001）等皆為有效的表示法。

數字字面常數的運算式支持任意精度，直到它們被轉換成不是字面常數的型式為止，這意指數字字面常數的運算結果不會發生溢位。如下所示，即便在運算的過程中已超過 uint8 型別所能夠表示的範圍，依然可得到預期的答案 2。

```
function test() pure public returns (uint8 v)  {
 uint8 x = (2**168 + 2) - 2**168;
 return x;
}
```

以下範圍雖然使用非整數的數值，但還是能取得整數為 3 的執行結果。

```
uint8 a = .5 * 6;
```

但若改為下列數值，則在編譯時便會發生錯誤。

```
uint8 a = .5 * 7;
```

只要運算元也是整數型態，任何可以處理整數型別的運算子皆可用來處理數字字面常數。然而在位元運算與指數運算時不允許使用小數，此外進行除法運算時也不會被無條件捨去，例如：

```
function testPoint() pure public returns (ufixed128x18 v)  {
  ufixed128x18 a = 5 / 2;
  return a;
}
```

雖然官方文件宣稱新版的 Solidity 不會將除法運算予以四捨五入，仍可以得到正確數字 2.5，但事實上在本書完稿之時，Solidity 尚未支援實數型別，因此上述範例程式在編譯時，會得到「UnimplementedFeatureError: Not yet implemented - FixedPointType.」的錯誤訊息。

數字字面常數用於表達加密貨幣時，Solidity 提供多個單位後綴詞，例如：wei、finncy、szabo 與 ether。若沒有設定單位後綴詞時則預設的單位是 wei。下列為 Ethereum 加密貨幣的單位別。

1	以太（Ether）
10^{-3}	芬尼（finney）
10^{-6}	薩博（szabo）
10^{-18}	維（wei）

因此以下表達式之執行結果應為真值。

```
function checkItOut() public pure returns (bool){
  return (8ether== 8000 finney);
}
```

數字字面常數若用於表達時間時，Solidity 同樣提供多個與時間有關的後綴詞，例如：seconds、minutes、hours、days、weeks 與 years。如下為典型之使用範例，回傳值應為 true。

```
function checkItOut() public pure returns (bool){
 return (1 hours == 60 minutes);
}
```

若考慮並非每年都是 365 天（因為閏秒使得每天並非整整 24 小時），想取得比較精準的時間資訊時，應整合區塊鏈外部系統實作才行。

- **字串字面常數**

  字串字面常數是指由單引號或雙引號所包圍形成的文字內容，例如 "allan"。string 沒有 length 成員，也不能透過索引讀取指定位置的文字內容，若要對 string 進行修改則必須先轉換成 bytes 型別，再藉由指定位置的方式進行修正。如下所示，首先透過 bytes(o) 將傳入的字串轉換成 byte 陣列，再透過 bytes(o)[4] 指向陣列的第 4 個位址，最後藉由 bytes(o)[4] = 'o' 修改 byte 陣列的第 4 個位址的內容，最終回傳值將會得到正確的 hello 字樣。

  ```
  function origFun() public pure returns (string) {
   return modify("hellw");
  }

  function modify(string o) public pure returns (string)  {
    bytes(o)[4] = 'o';
    return string(o);
  }
  ```

  要注意的是 ASCII 以外的字元轉換成 byte 陣列後，原本「一個字」有可能會占據大於 1 個 byte 的空間，因此若調整文字內容時只調整單一 byte 位址，所得結果可能會與預期結果有所出入。

- **Unicode 字串**

  一般的字串型別允許含有 ASCII，但 Unicode 字串只允許 UTF-8 字串。

  ```
  string memory a = unicode"Hello World 😊 ";
  ```

- **十六進制字面常數**

  十六進制字面常數需以關鍵字 hex 做前綴詞，並以單引號或是雙引號包裹，以十六進制表示的字串內容將會以二進制的方式表示。如下之函數將會回傳 HELLO 字樣。

```
function myHex() public pure returns (string) {
 return hex"48454C4C4F";
}
```

十六進制字面常數的行為與字串字面常數相同，具有相同的轉換限制。

- **列舉型別**

  列舉型別允許程式設計師自行定義類型，可透過顯式轉換（explicitly convert）成所有整數類型，但不允許隱式轉換（implicit convert）。顯式轉換在執行時會檢查資料值的範圍，若是失敗則會發出例外事件。要注意的是列舉型別至少要有一名成員。下列為在 MyContract 智能合約中宣告名為 Candidate 的列舉型別，其中包含星期代碼，透過 setDay 函數可設定所選擇的星期別，而透過 getChoice 則可取回所選擇的星期別。

```
// SPDX-License-Identifier: MIT

pragma solidity ^0.8.15;

contract MyContract {

 enum Candidate {SUN,MON,TUE,WED,THU,FRI,SAT}
 Candidate choice;

 function setDay(Candidate myChoice) public {
   choice = myChoice;
 }

 function getChoice() public view returns (Candidate) {
   return choice;
 }
}
```

- var

  0.5.0 版之後已禁止 var 關鍵字的使用，畢竟潛藏風險，故不多做贅述。

參照型別（reference type）

實值型別可能會遇到不敷使用的情況，因此 Solidity 與其它程式語言一樣，允許程式設計師自行設計所需型別的機制。然而對於分散式資料庫來說，由於無法和實值型別一樣，總是限定資料之儲存長度落在 256 bits 內，因此若需要進行跨節點之資料同步時，自訂型別的成本往往是很高的。為此，程式設計師自訂型別時，尚必須同時考慮資料儲存性，例如只是暫存在節點的記憶體？抑或準備永久儲存在區塊鏈中？

每種複雜的型別，例如：陣列（array）、結構（struct）與映射（mapping），必須多一個用來標示儲存地點（data location）的註釋（annotation），其中 memory 表示資料只需被暫存，而 storage 則會被永久儲存。因此若只是要暫存運算的中間結果，則可將資料儲存在 memory，反之則應以 storage 方式儲存。

在預設的情況下，函數的輸入參數與回傳值皆以 memory 的方式儲存。而預設儲存在 storage 的有狀態變數、結構、陣列與映射型別的區域變數，實值型別的區域變數則是儲存在堆疊（stack）之中。雖然對於不同型別或使用場域皆有預設的資料儲存地點，但程式設計師依然可以藉由註釋方式指定所需的儲存地點。

另外一種稱為 calldata 的儲存方式，即是無法進行修改也不會被永久儲存，在 0.6.9 版本之前，是外部函數參照型別之參數實際被儲存的地方，行為類似 memory 的儲存方式。而 public 函數的參照型別之參數預設為 memory，internal 與 private 函數則可以是 memory 或 storage。然而在最新版的編譯器中，則不論函數的可視度（visibility）為何，皆允許使用 memory 和 calldata。

此外，在 0.5.0 版之前，儲存地點可以省略，並且會根據變數的類型、函數類型等預設不同的位置。但 0.5.0 版之後，所有複雜的型別皆必須明確指定儲存地點。以下是幾種儲存地點的案例：

```
// SPDX-License-Identifier: MIT

pragma solidity ^0.8.15;
```

```
contract MyContract {
    //儲存地點為 storage，允許省略儲存地點宣告
    uint[] storageX;

    //變數 memoryArray 儲存在 memory
    function myFun(uint[] memory memoryArray) public {
        //將 memory 變數內容複製一份給 storage 變數
        storageX = memoryArray;

        //複製 storageX 的指標
        uint[] storage storageY = storageX;

        //改變 storageY 也會改變 storageX
        storageY.pop;

        //清空 storageX 之內容，也會清空 storageY
        delete storageX;

        //下列指令無法執行
        //它會造成在 storage 中，建立一個暫停但未命名的陣列
        //然而，storage 是靜態配置，故會發生衝突
        //TypeError: Type uint256[] memory is not implicitly convertible to expected
type uint256[] storage pointer.
        // storageY = memoryArray;

        //此指令將會重置指標，亦無法被執行
        //TypeError: Unary operator delete cannot be applied to type uint256[]
storage pointer
        // delete storageY ;

        //以傳參考值的方式，呼叫 g 函數
        g(storageX);

        //在 memory 中，建立一個暫時性的複製，呼叫 h 函數
        h(storageX);
    }

    function g(uint[] storage storageArray) internal pure {}
    function h(uint[] memory memoryArray) public pure {}
}
```

這幾種儲存地點可簡單整理如下：

1. 合約的狀態（全域變數）乃儲存在 storage。

2. 帶入函數的參數與回傳值以 memory 的方式儲存。

3. 若帶入合約的參數來自全域變數，則會被複製一份到 memory 進行修改。

4. 承上，若帶入合約的參數來自全域變數，並且在傳入時宣告為 storage，則會以 call by reference 方式進行參數傳遞。

5. 函數內的區域變數預設也是用 storage 方式儲存，除非特地宣告使用 memory 方式儲存。但陣列等複雜的型態若宣告為 memory，在使用 push、pop 等功能時，則會發生 outside of storage 編譯錯誤的情況。

6. 為了節省 gas，通常會盡量將區域變數宣告為 memory。

7. 儲存地點為 memory 的變數之間的賦值，亦以 call by reference 方式進行。

陣列型別

關於陣列儲存空間大小，吾人可在編譯時就決定之，也可在執行週期動態決定。對於一個 storage 陣列而言，它的元素型別可以是任意型別，包括其它陣列、mapping 型別或結構型別（struct type）。

長度固定的陣列，可以宣告成<type>[M]，其中<type>是每個元素的型別，[M]則是陣列的儲存空間大小，如下為典型的宣告方式：

```
function test() public pure {
 uint128[] memory x = new uint128[](10);
 x[0] = 168;
}
```

長度不固定的陣列可以宣告成<type>[]，屬於一種動態型別。若<type>[M]中的<type>本身為動態型別時，即使陣列宣告成固定長度，整個型別還是屬於動態型別。

另外，陣列亦可混合宣告成固定與不固定長度，舉例來說 uint[][5]代表有 5 個長度不固定的陣列，陣列維度之宣告方式與傳統程式語言的習慣不同，在設計時應多加注意，請參考下方之說明。

```
function test2() public pure {
    //宣告 5 個長度不固定的陣列
    uint[][5] memory x;

    //指向第 3 個長度不固定的陣列，其第 7 個元素
    x[2][6] = 8;

    //指向第 3 個長度不固定的陣列
    uint[] memory y = x[2];
}
```

在 Solidity 中，bytes 與 string 型別其實是一種特殊的陣列。bytes 型別等同於 bytes1[]陣列，但儲存地點被限定在 calldata 或 memory，若在兩種型別之間做選擇時應以 bytes 型別優先。要注意的是，在 0.8.0 之前，byte 視之為 bytes1 的別名。在此版本之後，應調整使用 bytes1。使用 bytes1[]陣列時，由於陣列元素的填充規則的原故，每一個元素將多耗費 31 bytes 的空白符合（除非儲存地點為 storage 之外）。因此，官網建立還是盡量以 bytes 型別替代。

string 型別雖然等同於 bytes 型別，但截至目前為止，尚無法使用 length 成員或藉由索引取值，但可參考下列方式：先將 string 轉換成 bytes 型別，再透過 length 成員取得字串長度。

```
function chkLength() public pure returns (uint) {
    string memory str = "hello world";
    return bytes(str).length;
}
```

或是透過下列方式：將 string 轉換成 bytes 型別後，再以索引方式修改內容。但要注意的是，這種方式乃透過底層對 byte 之修正，而非以字元方式（character）修改，若修改 UTF-8 字串時，結果可能不如預期。

```
function changeTxt() public pure returns (string) {
  string memory str = "hello worlw";
  bytes(str)[10] = 'd'; //修改最後一個字
  return str;
}
```

　　若將陣列型別宣告成 public 時，編譯器亦會自動生成對應的 getter 函數，但自動生成的 getter 函數在使用時，存取陣列的索引值將會是必須輸入的參數。透過 string 型別的 concat 函數，可以將隨意長度的的字串合併成單一的 string memory 陣列。

```
function test3(string memory str1) public view {
   string memory str2 = string.concat(str1, " hello world");
}
```

　　由於字串型別無法直接比較內容，需先藉由 keccak256 和 abi.encodePacked 將其轉成可比較的 bytes 型態，如下所示：

```
function compareStr(string memory name) public view returns(bool){
 if (keccak256(abi.encodePacked(name)) == keccak256(abi.encodePacked("Allan"))){
    return true;
 } else {
  return false;
 }
}
```

　　吾人可透過 new 運算子為變動長度的陣列建立實體，亦可藉由 length 成員取得陣列所允許儲存的元素數量。如下所示，myArray 是一個陣列型別的狀態變數，同時預設的儲存地方為 storage。

　　從 0.6.0 之後的版本，length 成員僅用來顯示陣列長度，即使儲存地點是 storage，也不可以再用來變更陣列的長度，否則會顯示「TypeError: Member "length" is read-only and cannot be used to resize arrays.」之錯誤訊息。

```
bytes1[] public myArray = new bytes1[](2);

function changeTxt() public returns (uint) {
```

```
myArray.length = 10;
return myArray.length;
}
```

此外，對於長度不固定的陣列或 bytes 型別（不包含 string 型別）能透過 push 成員在陣列的末端加入新的元素。如下之範例，其可透過 myArray 陣列的 push 成員將傳入至 pushData 函數的參數添加在陣列的最末端。而在 getLastData 函數中，則是透過指定陣列索引以取得最後一個元素內容。

```
// SPDX-License-Identifier: MIT
pragma solidity ^0.8.15;

contract MyContract3 {
 uint[] myArray;

 function pushData(uint data) public {
   myArray.push(data);
 }

 function getLastData() public view returns (uint){
   return myArray[myArray.length - 1];
 }
}
```

陣列也可以用字面常數表示，意指其將透過表達式的方式呈現，並不一定需要設定給某一個變數。陣列字面常數屬於 memory 層級，因此它的大小是固定不可變的。如下表之程式片段，[uint(1), 2, 3] 是一個陣列字面常數，透過第一個元素宣告為一個內容為 uint 的陣列，並具有三個儲存空間。可以將它設定給變數 x，也可以將它傳遞給 f02 函數，在該函數中再透過索引存取方式，指定將索引值為 2 的元素內容層層上傳並顯示執行結果。

```
// SPDX-License-Identifier: MIT
pragma solidity ^0.8.15;

contract MyContract5 {

 function f01() public pure returns (uint) {
   uint[3] memory x = [uint(1), 2, 3];
```

```
    return f02([uint(1), 2, 3]);
 }

 function f02(uint[3] memory data) private pure returns (uint){
    return data[2];
 }
}
```

請注意，陣列字面常數目前只能設定給宣告為固定大小的陣列變數，如下之範例，欲將陣列字面常數設定給可變長度的陣列變數時，在編譯時即會產生「TypeError: Type uint256[3] memory is not implicitly convertible to expected type uint256[] memory.」的錯誤訊息。

```
// SPDX-License-Identifier: MIT
pragma solidity ^0.8.15;

contract MyContract6 {

 function f01() public pure returns (uint) {
    uint[] memory x = [uint(1), 2, 3];
    return x[2];
 }
}
```

結構型別

結構型別（struct）賦予程式設計師可以自訂型別的能力。結構型別的大小是有限的，因此在結構型別的成員中不可以包含一個與自己本身相同型別的結構。在下列範例中，宣告名稱為 Member，用以儲存會員資料的結構，其中包含 string 型別的 mbrName 成員及 uint 型別的 mbrAge。

在 createData 函數中透過成員對應的方式，建立一個暫存在 memory 的 Member 結構，並將它的內容複製給置於 storage 且型別為 Member 的變數 mbr。外部使用者可以透過 queryAge 函數直接呼叫 mbr 結構的成員名稱，並取得其中的資料值。

```
// SPDX-License-Identifier: MIT
pragma solidity ^0.8.15;

contract MyContract7 {

 struct Member {
  string mbrName;
  uint mbrAge;
 }

 Member mbr;

 function createData(string memory name, uint age) public {
   mbr = Member({mbrName:name, mbrAge:age});
 }

 function queryAge() public view returns (uint){
  return mbr.mbrAge;
 }
}
```

　　另外將結構型別傳至函數中的 storage 區域變數時，其實只是複製其參考值，這與傳統程式語言 call by reference 是一樣的道理。因此即使改變函數中的區域變數的資料內容，原本的變數內容也會受到影響。請參考下例，嘗試在 modifyIt 函數中修改 mbr 變數的 mbrAge 成員，可發現同時也會影響到 createData 函數中原本的變數 mbr。

```
// SPDX-License-Identifier: MIT
pragma solidity ^0.8.15;

contract MyContract7 {

 struct Member {
  string mbrName;
  uint mbrAge;
 }

 Member mbr;

 function createData(string memory name, uint age) public {
   mbr = Member({mbrName:name, mbrAge:age});
```

```
}

function queryAge() public view returns (uint){
 return mbr.mbrAge;
}

function modifyIt(Member storage mbr_old) private  {
  Member storage mbr_new = mbr_old;
  mbr_new.mbrAge = 18;
}
}
```

映射型別（mapping）

　　映射型別與傳統程式語言的 Hash Table 類似，皆是一種「主鍵－資料」形式的資料結構。典型宣告映射型別的方式如下所示：

```
mapping(KeyType => ValueType)
```

　　做為主鍵的 KeyType 可以是任何的內建型別，例如：bytes、string、合約型別與列舉型別。而自訂的複雜型別，如：映射型別、結構型別、陣列型別，則不被允許。至於資料部分的 ValueType 則可以是任何型別，甚至於是映射型別、結構型別與陣列型別。主鍵代表唯一值，透過使用該唯一值便能夠取得對映的資料內容。在映射型別底層的主鍵內容並沒有真正儲存在映射型別中，而是先對主鍵進行 keccak256 雜湊運算，再用運算後的雜湊值尋找對映的資料內容。

　　映射型別只允許其儲存地點為 storage，因此映射型別可做為狀態變數，或在 internal 函數使用的 storage 參照型別。但不可做為 public 函數的參數或是其回傳值（註：和陣列型別或是具有映射型別的結構型別是相同的情況）。若將映射型別宣告為 public，編譯器也會自動生成對映的 getter 函數，但在取用 getter 函數時，KeyType 將會變成必填的輸入參數，而回傳值便會是對映的 ValueType。

　　映射型別沒有 length 成員，也不提供迭代（iterable），程式設計師必須透過其它方式才能輪詢整個映射型別的資料內容。如下之範例，在合約中宣告自訂的 Member 結構型別，同時宣告一個命名為 mbrHash 的映射型別，其主鍵為 uint 整數型別，資料內容則為 Member 結構型別，透過這樣的設計，我們即可建立一個小型維護會員資料的結構。createMbr 函數分別傳入會員的 ID、姓名與年齡資料，再透過成員對映方式建立一個暫存在 memory 的 Member 結構，並將它的內容複製到映射型別，以會員 ID 做為主鍵，同時將暫存的 Member 結構做為其資料值。

映射型別給予資料或取回資料的語法類似於透過索引方式取用陣列元素，但其實傳入的是主鍵內容，queryMbr 函數將接收會員 ID 資料，再透過該 ID 資料至映射型別中取回原本留存的資料內容。

```solidity
// SPDX-License-Identifier: MIT
pragma solidity ^0.8.15;

contract MyContract8 {

 struct Member {
  string mbrName;
  uint mbrAge;
 }

 mapping(uint => Member) public mbrHash;


 function createMbr(uint id, string memory name, uint age) public {
   mbrHash[id] = Member({mbrName:name, mbrAge:age});
 }

 function queryMbr(uint id) private returns (uint){
   Member memory mbr = mbrHash[id];
   return mbr.mbrAge;
 }
}
```

4-3-2　函數宣告

函數是智能合約中執行處理邏輯的程式單元。下列之 myFun 即為典型的函數宣告，在成對的大括號之間的內容即放置 myFun 函數的程式碼。如同傳統程式語言，Solidity 的智能合約亦提供建構者函數，程式設計師可將初始化的工作置於其中。

```
// SPDX-License-Identifier: MIT
pragma solidity ^0.8.15;

contract MyContract {
  constructor() public {
  }

  function myFun(uint param) public payable{
    //codes place here
  }
}
```

　　函數其實也是一種型別,稱之為函數型別(function type)。函數型別的變數可透過函數參數方式給值,亦可取得執行結果的回傳值。函數分為內部(internal)或外部(external)函數。內部函數只能被當前合約中的其它函數呼叫或被繼承的合約呼叫,Solidity 亦支援透過遞迴(recursively)的方式使用內部函數;外部呼叫則是使用當前合約以外的其它合約的函數,或被當前合約以外的對象呼叫使用,外部對象可以是 EOA 或其它智能合約。外部呼叫乃透過訊息交易(message call)的方式使用其它合約的函數。如下是舊版 Solidity 的函數型別的使用語法:

```
function (<parameter types>) {external|public|internal|private }
[pure|constant|view|payable] [returns (<return types>)]
```

　　而最新版 0.8.X Solidity 的函數型別的使用語法,則如下所示。其可視度(visibility)不再區分為 external、public、internal、private,僅會有 public、internal,而預設為 internal,且可以省略。前述僅針對函數的類型,但函式的行為,即 pure、view、payable,還是必須要強制宣告,而沒有預設值。

```
function (<parameter types>) {internal|external} [pure|view|payable] [returns
(<return types>)]
```

假如函數毋須回傳執行結果，則在函數宣告時可省略 returns (<return types>)
整個部分。與 C 語言這類傳統程式語言不同的是，Solidity 函數的回傳值可為一個
以上的值。doMath 函數需傳入 x 與 y 兩個參數，而回傳值可以同時是 x 與 y 的加
總 o_sum 及 x 與 y 的乘積 o_product，如下所示：

```
// SPDX-License-Identifier: MIT
pragma solidity ^0.8.15;

contract MyContract9 {
  function doMath(uint x, uint y) external pure
    returns (uint o_sum, uint o_product) {
    o_sum = x + y;
    o_product = x * y;
  }
}
```

此外，也有不為回傳值命名但搭配 return 保留字的使用方式。如下之例，函
數回傳值為輸入參數之加總。

```
// SPDX-License-Identifier: MIT
pragma solidity ^0.8.15;

contract MyContract10 {
  function doAdd(uint x, uint y) external pure
    returns (uint) {
    return x + y;
  }
}
```

return 保留字可用於多個回傳值的情況。下例之 doMath 函數具有多個回傳
值，其中 getRtn 函數中透過括號宣告多個變數，以對映的方式取得 doMath 函數的
多個回傳值。這種撰寫方式雖富有彈性但可能會降低程式可讀性，故應斟酌使用。

```
// SPDX-License-Identifier: MIT
pragma solidity ^0.8.15;

contract MyContract11 {
```

```
function doMath(uint x, uint y) internal pure returns (uint, uint) {
    return ((x + y), (x * y));
}

function getRtn(uint x, uint y) external pure {
  (uint rtnX, uint rtnY) = doMath(x, y);
}
}
```

　　Solidity 有很多特性是繼承 JavaScript 而來，例如變數的存取範圍（scope）乃在整個函數之內。但隨著時間的演化，Solidity 越來越趨於靜態程式語言該有的特性，即變數皆須進行型別宣告才能使用。在舊版的編輯器中，下列未宣告而使用的範例程式是允許的，但新版的編譯器則會發生「DeclarationError: Undeclared identifier. "x" is not (or not yet) visible at this point.」之錯誤訊息。

```
// SPDX-License-Identifier: MIT
pragma solidity ^0.8.15;

contract MyContract12 {
  function fun()external pure returns (uint) {
    x = 5;
    uint x;

    return x;
  }
}
```

　　這是因為 Solidity 從 0.5.0 之後，已參考 C99 標準實作（ANSI 於 2000 年 3 月採用官方標準編號為 ISO 9899:1999）。簡單地說，Solidity 的變數存取範例將不再遍及整個函數，而是在變數宣告以後才成立，並且限定於{}括號為存取範圍。雖失去一些彈性，但如此一來程式的可讀性將大大提高。也因此在下列範例中對於變數 y 之宣告，已藉由{}括號進行區分，在編譯時便不會發生錯誤訊息了。

```
// SPDX-License-Identifier: MIT
pragma solidity ^0.8.15;

contract MyContract13 {
  function fun() external pure returns (uint) {
```

```
uint x = 0;
if (true) {
 unit y = x + 2;
 x = y;
} else {
 unit y = x * 2;
 x = y;
}
return x;
}
}
```

　　而與傳統 C 語言一樣，有 outer 與 inner 變數的小細節應要注意。以下列範例來說，兩次宣告的變數 x 為不同變數，其中 x++是對第一次宣告的變數 x 產生影響，而最後所回傳的是第一次宣告的變數 x，因第二次宣告的變數 x 的存取範圍僅在{}括號之間。

```
// SPDX-License-Identifier: MIT
pragma solidity ^0.8.15;

contract MyContract14 {
  function fun() public pure returns (uint) {
    uint x = 0; //第一次宣告變數 x
    {
     x ++;
     uint x = 2; //第二次宣告變數 x
    }
    return x;
  }
}
```

view

　　至於 pure、view 與 payable 則為宣告函數行為之用。當我們宣告某函數為 view 時，表示此函數絕對不會變更狀態。如下是函數宣告為 view 的典型範例。其中 block.timestamp 是指區塊時間戳記（block timestamp），即是以秒呈現的 UNIX 時間（unix epoch）。

```
// SPDX-License-Identifier: MIT
pragma solidity ^0.8.15;

contract MyContract15 {
    function addup(uint a, uint b) external view returns (uint) {
        return a + b + block.timestamp;
    }
}
```

下列幾種情況會被視為變更狀態的情境：

1. 將資料寫至狀態變數。

2. 觸發事件。

3. 建立其它智能合約。

4. 使用 selfdestruct 函數銷毀合約。

5. 傳輸 ether。

6. 呼叫其它非 view 或是 pure 的函數。

7. 使用底層呼叫（low-level call）。

8. 使用包含操作碼（opcode）的 inline assembly 語句。

Solidity 在 0.5.0 之前的版本可使用 constant 保留字來達到和 view 一樣的效果，然而在 0.5.0 後便不再允許函數使用 constant 保留字。另外稍早介紹的 getter 函數本身就是一種宣告為 view 的函數。

pure

若函數被宣告為 pure，表示該函數絕對不會變更狀態，也不會讀取狀態內容。下列各種情況被視為讀取狀態內容：

1. 讀取狀態變數。

2. 存取 this.balance 或<address>.balance 查詢帳戶餘額。

3. 存取任何 block、tx、msg 開頭的屬性，例如：block.number、tx.gasprice、msg.data 等。

4. 呼叫任何沒有宣告 pure 的函數。

5. 使用包含操作碼（opcode）的 inline assembly 語句。

若將方才的範例程式由 view 調整為 pure，則會出現「TypeError: Function declared as pure, but this expression (potentially) reads from the environment or state and thus requires "view".」之錯誤訊息。因此該函數宣告為不會讀取狀態的 pure，但取用 block.timestamp 實質上已經是一種讀取狀態的動作了。

```solidity
// SPDX-License-Identifier: MIT
pragma solidity ^0.8.15;

contract MyContract15 {
    function addup(uint a, uint b) external pure returns (uint) {
        return a + b + block.timestamp;
    }
}
```

透過使用 view 或 pure，能在程式的編譯週期即知道合約的狀態是否可能在無意間被修改或違反原本的實作設計，如此便可減少程式出錯的風險。

payable

每份智能合約允許擁有一個沒有函數名稱的函數，稱為 fallback 函數。其宣告方式如下：

```solidity
fallback () external [payable]
```

或是：

```solidity
fallback (bytes calldata input) external [payable] returns (bytes memory output)
```

fallback 函數除了不具有名稱外，亦不使用 function 關鍵字。此外，亦必須要宣告為 external。它的呼叫與使用時機在於沒有任何匹對的函數識別子時，將會被執行的函數。

而宣告為 payable 的 fallback 函數，則代表可透過此函數將加密貨幣傳輸給智能合約。在實作時，fallback 函數通常都會搭配 payable 使用，如此當移轉加密貨幣時，即可不用特別去記憶轉帳的接收方到底是一個 EOA 帳號還是智能合約了。由於 fallback 函數最高只允許花費 2,300 個 gas，因此實作功能應盡量撰寫得越精簡越好。下列幾項功能皆會造成超過 2,300 個 gas 的限制，故不可以置於 fallback 函數之中：

1. 變更 storage。

2. 建立新合約。

3. 呼叫外部可能消耗大量 gas 的合約。

4. 傳輸 Ether。

4-3-3 函數修飾子

使用函數修飾子可在執行函數邏輯之前，預先設置判斷條件改變函數的行為。例如當某條件成立之後才允許執行函數等。此外，函數修飾子可被繼承亦可被覆寫。如下例，在合約 A 的建構者函數中，我們透過 msg.sender 保留字取得合約部署人的 EOA，並將它儲存在 owner 狀態變數中；而在 onlyOwner 修飾子的宣告內容中，設定滿足條件必須是函數呼叫者的 EOA，等同於合約部署人的 EOA，簡單地說，就是合約部署人才可以符合條件。

宣告使用此修飾子的函數，其原本的程式邏輯將全部被置於特殊符號「_;」之中。以下範例為當有人呼叫合約 B 的 close 函數，準備藉由 selfdestruct 函數將智能合約作廢時，這個 EOA 必須是合約的部署人。

```
// SPDX-License-Identifier: MIT
pragma solidity ^0.8.15;

contract A {
 address payable owner;

 constructor() {
   owner = payable(msg.sender);
 }

 modifier onlyOwner {
  require(

    msg.sender == owner,
    "who create contract can call this function."
  );
  _;
 }
}

contract B is A {
 function close() public onlyOwner {
  selfdestruct(owner);
 }
}
```

　　執行 selfdestruct 後，會將智能合約本身所擁有的 Ether 餘額移轉給指定的位址，若有人繼續移轉 Ether 到已被作廢的智能合約時，Ether 不會被退回且會就此消失不見。讀者可思考一下，何以要提供這麼危險的 selfdestruct 功能呢？答案很簡單，是因發現智能合約若存在著重大問題，當然不希望再被別人使用的緣故了。

　　若函數需要宣告使用多個修飾子時，每個修飾子間必須以空白符號隔開，並將依序判斷與執行。

　　函數修飾子若搭配列舉型別時，則可實現在特定合約狀態下，才能執行某函數的特殊程式設計方式。如下所示，利用 enum 定義星期天到星期六的列舉型別，同時設計一個名為 inCloseDay 的函數修飾子，當合約中的 choiceDay 變數和設定的日期不同時，便會執行「_;」所替代的程式指令，否則則會執行 revert()函數恢復所有的執行結果。

在 storeOpen() inCloseDay(Candidate.SUN) 敘述中，設定合約日期變數若為 Candidate.SUN 時，則會符合函數修飾子所設定的條件，因此便執行 revert() 函數。反之，若當前日期不為 Candidate.SUN 時，則執行 storeOpen 函數功能，回傳「store is open」字樣。

```solidity
// SPDX-License-Identifier: MIT
pragma solidity ^0.8.15;

contract MyContract17 {

 enum Candidate {SUN,MON,TUE,WED,THU,FRI,SAT}

 Candidate public choiceDay;

 modifier inCloseDay(Candidate _choiceDay) {
  if (choiceDay == _choiceDay) revert();
   _;
 }

 function setDay(Candidate _choiceDay) public {
   choiceDay = _choiceDay;
 }

 function storeOpen() inCloseDay(Candidate.SUN) public view returns (string) {
   return "store is open";
 }
}
```

4-3-4　特殊變數與函數

Solidity 提供多種特殊的變數與函數，可供全域取得區塊鏈的資訊或公共函數。一份智能合約可以有一個 receive 函數，如下是其宣告方式：

```solidity
receive() external payable { ... }
```

除了不需要有 function 關鍵字之外，亦不可以有參數、回傳值。同時，必須要宣告為 external 與 payable。當透過.sedn()或是.transfer()傳輸 Ether 加密貨幣時，便會呼叫 receive 函數。假設該合約沒有提供 receive 函數，卻提供 fallback 函數，且在搭乘 payable 關鍵字的使用時，fallback 函數亦可以接收加密貨幣。若該智能合約沒有提供 receive 或是 fallback 函數時，除了無法接收加密貨幣之外，亦會發生例外事件。

如同 fallback 函數，receive 函數最高只允許花費 2,300 個 gas，因此實作功能應盡量撰寫得越精簡越好。下列幾項功能皆會造成超過 2,300 個 gas 的限制，故不可以置於 fallback 函數之中。如下是根據分類所做的說明：

合約相關

屬性/函數	回傳型別	說明
this	current contract's type	當前合約型別，轉換為 address。
selfdestruct(address)		銷毀當前合約，並將合約餘額傳給指定的 address。

區塊與交易有關的屬性

屬性	回傳型別	說明
blockhash(uint blockNumber)	bytes32 雜湊值	輸入最近 256 個以內的區塊編號，並查得該區塊之雜湊值。 Solidity 建議 0.4.22 後不再支持，應改用 blockhash(uint blockNumber)。
block.basefee	uint	當前區塊的 base 費用。
block.chainid	uint	當前區塊鏈 ID。
block.coinbase	address	挖出當前區塊的礦工位址。
block.difficulty	uint	當前區塊的困難度。
block.gaslimit	uint	當前區塊的 gas 上限。
block.number	uint	當前區塊編號。

屬性	回傳型別	說明
block.timestamp	uint	當前區塊時戳，unix epoch 以來的時間，即從 1970/1/1 00:00:00 UTC 開始所經過的秒數。 有些實作（如與博奕有關的合約）可能會藉由 block.timestamp 或 blockhash 實現亂數機制，然而這幾種屬性容易受到礦工影響。因此使用這些屬性時，可能存在相當的風險。
gasleft()	uint256	剩餘之 gas。
msg.data	bytes	完成 calldata。
msg.sender	address	當前訊息發送者的位址。
msg.sig	bytes4	Calldata 的最前面 4 個 byte，例如函數的識別子。
msg.value	uint	當前訊息所傳輸的加密貨幣數量，以 wei 為單位。
tx.gasprice	uint	當前交易的 gas 價格。
tx.origin	address	交易發送者的位址。

錯誤處理相關

屬性/函數	回傳型別	說明
assert(bool condition)		用於拋出內部錯誤的情境。條件式為 true 時便執行此一函數。
require(bool condition)		條件不滿足，還原原本之狀態。
require(bool condition, string message)		條件不滿足，還原原本之狀態，並提供錯誤訊息。
revert()		放棄執行，並還原狀態。
revert(string reason)		放棄執行，還原狀態，並提供錯誤原因。

　　早期撰寫 Solidity 程式時，當發生例外事件，會使用 throw 指令以終止程式之運作；目前則是建議使用 assert、revert 或 require，其最大差異之處在於 assert 會把 gas 用完，而 revert 或 require 則會歸還沒有用盡的 gas。故建議實作程式時，盡量使用 revert 或 require，唯有在十分重要的 internal 錯誤時，才使用 assert。

4-3-5　事件

　　事件是一種在 Ethereum 中進行記錄（logging）的機制，由於在交易明細中並不包含執行結果，但我們可將執行結果透過 Event 方式永久寫入區塊鏈，同時記錄在交易明細上。若需一個儲存成本相對較低的空間來記錄使用者交易當下的證明，可考慮由 Event 將資訊寫進 log 中，應用程式便可藉由節點程式提供的 RPC 來訂閱和監聽事件。下列為將 MyEvent（一個典型的 Event 宣告）內容寫至 log 的範例：

```
// SPDX-License-Identifier: MIT
pragma solidity ^0.8.15;

contract EventSample {

  event MyEvent(address indexed _from, uint myInt);

  function testEvent(uint myInt) public {
   emit MyEvent(msg.sender, myInt);
  }
}
```

　　當呼叫 Event 時，新版的編譯器會要求在前面加上 emit 之宣告，否則會發出「TypeError: Event invocations have to be prefixed by "emit".」之錯誤訊息。

　　若將資訊儲存在 storage 狀態時，每 32 個 byte 需花費 20,000 個 gas，然若以 Event 將資料儲存在 Log 時，每個 byte 僅花費 8 個 gas，因此使用 Event 達到永久儲存資訊的方式是十分經濟實惠的。

4-3-6　註解

　　單行註解可使用//符號，多行註解則可以使用 /*...*/ 符號，另外還有一種稱為主檔註解（natspec comment）的方式，可用 /**...*/ 註解函數或敘述式，此註解方式可協助智能合約使用者更快速有效地了解合約函數的使用方式。下列即為稍早的 StoreMyState.sol 之函數註解版本：

```
pragma solidity ^0.4.22;

/** @title Store My State  */
contract A {

  uint myState;

  /** @dev To store a state value
    * @param var value to store in contract.
    */
  function set(uint val) public {
    myState= val;
  }

  /** @dev To query state value.
    * @return v The state value in contract.
    */
  function get() public view returns (uint v) {
   return myState;
  }
}
```

4-4　ICO 首次代幣募資

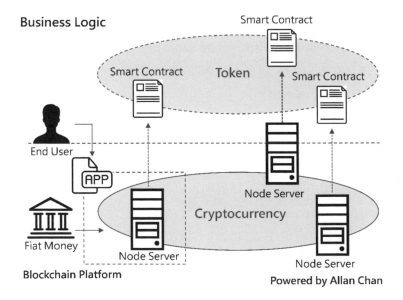

ICO 首次代幣募資（initial coin offering）是一種基於區塊鏈技術而來的募資方式，通常翻譯為「加密貨幣首次公開募資」，概念參考自股票市場的 IPO 首次公開募股（initial public offering）。

早期區塊鏈新創業者在籌資時，往往會自己開發新的通訊協訂與節點程式，並期望架設節點程式的參與者越多越好，故使用允許自行發行加密貨幣（挖礦）的共識機制（如 PoW），來鼓勵所有參與者共同維護區塊鏈帳本，進而得到加密貨幣做為獎勵。Ethereum 當初便是採取這種方式募得投資人手上的 bitcoin。如前圖的下半部，支持節點程式底層運作的即為加密貨幣。

然而重新打造區塊鏈底層再進行募資的方式相當曠日費時，除了必須克服技術上的挑戰及參與方數量可能不如預期外，新創業者的本業可能根本與區塊鏈無關，單純只是想要募得所需資金而已。在 Ethereum 問世後，ICO 透過了 smart contract 實作代幣（token）機制來加以實現，也就是前圖之上半部，在商業邏輯層的智能合約中以代幣發行的方式募資。

根據 smart contract 程式撰寫方式不同，智能合約所謂的代幣可能只是在映射資料結構（mapping）中的某一筆記錄，例如記錄某人手上持有的代幣數量等。因為 smart contract 具有區塊鏈的不可否認特性，因此所記錄的代幣持有數量亦是可被信任的。

那麼在 ICO 架構下，法定貨幣（fiat Money）、加密貨幣（cryptocurrency）與代幣之間的關係為何呢？我們可以簡單地分述下列的幾個關係：

- 終端用戶以法定貨幣透過交易所或代買所購買加密貨幣。

- 終端用戶將加密貨幣傳輸到募資發起人指定的 smart contract。

- smart contract 基於各自的商業邏輯將傳入的加密貨幣換算成對映的代幣。

- smart contract 記錄終端用戶的代幣持有數量。

- 終端用戶可透過 DApp 對代幣進行操作，例如：持有權之移轉、代幣使用等。

如果將 DApp（備註：前端 GUI 與 smart contract）想像成 Line 通訊軟體，代幣的概念就會更清楚了。簡單地說，LINE Points 是一種代幣，目前仍只能在 Line 裡面使用，並無法與蝦皮的蝦幣或樂天的樂天幣互換。

進一步來說，在區塊鏈的世界中，加密貨幣不受場景限制，它可以用來轉帳或投資 ICO 等，但代幣就不是這樣了，它必須搭配特定的商業邏輯、應用場景與 DApp，因此往往只能做單一用途。例如若有人發行機場代幣，持有人可優先使用機場貴賓室，但就不能用於另一間公司發起的下午茶幣，悠閒的享用下午茶。

ICO 雖然是參考 IPO 而來，但兩者間還是存在些許不同。IPO 所購得的股票乃是公司的所有權，隨公司營運狀況與市值之增減，相對造成股價上漲或下跌，股票持有人可進而賺得價差或賠錢；而 ICO 發行的代幣數量往往是固定的，且投資人所購買的只是代幣的使用權。簡言之，持有特定代幣的投資人才能使用 ICO 項目所提供的服務，若未來所提供的服務價值大增，基於物以稀為貴的特性，持有人有可能停止使用 ICO 服務並會進行代幣價格之炒作。整體來說，IPO 股價上漲本質上應隨企業營運狀況而定，但 ICO 代幣上漲可能只是因單純的炒作。

隨著區塊鏈熱潮，許多企業或大專院校也嘗試透過私有鏈或聯盟鏈架構，發行集團或內部使用的加密貨幣，其中有幾個議題是必須要先考慮的：

- 平台發展策略

  加密貨幣發行策略第一要考慮的是，該自行發展區塊鏈平台？還是使用現有的區塊鏈技術？自行發展區塊鏈平台將耗費可觀的人力、物力資源，對於想要儘速嘗試各種新商業模式測試的發起人將變得緩不濟急。

  另外區塊鏈存在網路效應（network effect），意指越多參與者加入節點之架設，其可信度也會相對更大，也將吸引更多人加入。如果所自行開發的區塊鏈平台不受市場接受，參與方和節點建置數都不如預期，那麼所投入的研發成本將有可能無法回收。

● 平台選擇策略

如果平台發展策略決定使用現有的區塊鏈技術,那麼該選擇何種平台?
ICO 架構下的代幣機制其最終目的乃是為了募得足夠的加密貨幣做為營運
資金,倘若企業或大專院校嘗試發行的代幣不是為了資金目的,單純是為
了商業模式之創新測試,那麼應該選擇底層沒有加密貨幣的區塊鏈技術,
或應該稱之為分散式帳本技術(distributed ledger technology, DLT),例
如 Linux 基金會的 Hyperledger Fabric 等。

然而 Hyperledger Fabric 之架設相對 Ethereum 複雜許多,即使它已提供支
援 Docker 的安裝包,但對於區塊鏈初學者而言學習曲線依然較高。反之,
若採用 Ethereum 建置私有鏈或聯盟鏈發行代幣,那麼 Ethereum 底層的加
密貨幣技術反而會變成是一種干擾,畢竟還要考慮由誰進行 PoW 挖礦,或
是 gas 燃料費該由誰支付等問題。因此發行內部使用之代幣,也許可考慮
使用本書第二章介紹的 PoA 共識演算法,雖然還是必須支付 gas 燃料費,
但基本上不聚焦在挖礦一事上,可避免不少困難;或者可考慮使用 J.P.
Morgan 的 Quorum(一種改良的 Ethereum 技術),連燃料費都可以不用考
慮。

Ethereum 未來是否能夠調整成較為符合私有鏈或聯盟鏈之商業應用,仍是
目前 EEA 組織成員共同努力的目標,讓我們拭目以待。

● 節點數量策略

如稍早所提到,區塊鏈的節點數越多代表資料越不容易被竄改,信任度也
能更加提升。然而做為企業或大專院校之內部使用,是否允許任何員工、
老師與學生都可架設節點,並和內部區塊鏈進行連接呢?如果允許,那麼
網路區段該如何管理呢?P2P 又該如何連接呢?這些皆必須通盤考量。

或者組織內部應該架設具有前端 GUI 的應用程式,搭配 smart contract,形
成 DApp 來供全體員工或師生使用,採取混合的區塊鏈存取模式。

- DApp 開發策略

  DApp 簡單的定義是前端使用者操作介面系統，搭配特定之通訊技術，存取區塊鏈上 smart contract 的應用總和。因此選擇一個符合組織營運策略及能夠連接區塊鏈的技術就變得非常重要。

  以目前新創圈而言，搭配 Ethereum 所採用的技術通常是 Node.js 加上 web3j 的組合。然而對於大型企業來說可能較不適合了，雖然 Node.js 從 2009 年問世至今，已有相當的年份，但許多大型企業還是沒有將它列為組織內的科技標準。為此本書將在第五章介紹的 web3j 技術乃是基於 Java 語言所發展出來，它適用於開發 J2EE 或 Android 之所需。基於技術廣用與成熟度，Java 語言早已是各大型企業所獨愛之資訊科技，因此採用 Java 開發 DApp 應較能符合大型組織所需。

- 商業模式策略

  最終需要考慮的是組織內部發行代幣的商業模式與應用場景為何。舉例來說，國外某大學為了能夠蒐集學生的健康資訊來進行匿名的大數據分析，因此對自願提供與健康有關資訊（例如：每日行走步數、心跳與血壓等）的學生支付校園區塊鏈上的代幣，學生可再憑藉校園幣支付餐費、停車費等，形成完整的生態系統。

  另外，校方可將資產予以數位化並置於區塊鏈上，做為使用權之憑證。例如：選課資格、停車位抽籤資格、宿舍抽籤結果等原本不具信任的資訊，透過區塊鏈不可竄改之特性封藏在 smart contract 之中，任何能夠連上校園區塊鏈的師生皆能進行資料存取。當然供公眾查詢的資訊必須要經過適當的去識別化，以防止個資外洩的情事發生。

  在下一小節，我們即將介紹如何透過 ERC 20 智能合約協議標準，實作 ERC 20 代幣，並進而實現 ICO。

4-5　ERC 20 智能合約協議標準

　　智能合約就是程式設計，因此可根據不同的商業模式、適用情境及設計者等，而有千百萬種之變化。然而太過於自由的結果卻可能造成系統整合上的困難。為此便有人嘗試替智能合約訂定通用的撰寫標準，期望能夠促使資訊交流順暢，加快合約開發與整合效率。如同傳統程式語言，必須透過合宜的標準設計讓人們有所依歸，若系統之間難以整合，則容易因為局限性的影響產生讓商業難以推展的窘境。

　　為了讓 Ethereum 生態圈能夠更加蓬勃發展，Ethereum 的開發者公開徵求來自各方的需求與建議，希望定義統一的介面，建立可以遵循的標準，這些需求或建議就是所謂的 ERC（Ethereum Request for Comment）。ERC 20 是編號 20 的需求，它提出讓人實作代幣合約（token contract）的參考標準。遵循 ERC 20 的代幣稱為「可代替的代幣」（fungible tokens）。舉例來說，某甲和某乙各有一個 ERC 20 代幣，他們兩人可以相互移轉代幣，而在移轉之後看不出有任何差別。

　　許多的 ICO 專案都是依 ERC 20 標準設計自己的代幣交易系統。以 2022 年 7 月 20 日在 Etherscan 網站所公布的資料為例，在 Ethereum 公鏈共有 559,319 個 ERC 20 相容的智能合約正運行著。這些合約所發行的代幣可能是為了公開募資，幾個較為知名的 ICO 專案，例如：OmiseGo (OMG)、TRON (TRX)、VeChain (VEN)、EOS、Filecoin、Bancor、Qash、Bankex 等，所募得的資金全都超過 7 千萬美元以上。公鏈上的代幣合約也有可能只為一般的私募使用，但無論如何都可看出 ERC 20 的重要性。本書要介紹的 ERC 721，也就是發行 NFT 所遵循的合約標準，與此同時在公鏈也約有 104,942 個合約運行著。

　　不同的 ERC 規範有著不同的運作方式，所以了解與熟悉 ERC 規範是極為重要的議題。若從 ICO 投資人的角度來說，不知道所投資的 ICO 是基於那一種 ERC 合約，便無法知道所投資的代幣將來可如何進行移轉及其相關的行為，如此一來，盲目投資的情況下，勢必會增加投資風險。

　　ERC 20 最早是在 2015 年 11 月 19 日，由 Fabian Vogelsteller（網路代碼：frozeman）所提出。ERC 20 相容的智能合約可透過共通的規則使不同的系統間有所遵循，例如：傳送的幣別單位、函數名稱、事件名稱等。讀者可在 github 找到相關資訊：https://github.com/ethereum/EIPs/issues/20。

4-5-1　ERC 20 智能合約

　　本節將介紹如何撰寫符合 ERC 20 規範的智能合約。下方表格乃是 ERC 20 相容之智能合約所應具備的函式與行為。

函數簽名	功能說明
function name() constant returns (string name)	取得代幣的全名。
function symbol() constant returns (string symbol)	取得代幣的縮寫代碼。
function decimals() constant returns (uint8 decimals)	代幣的最小單位。回傳之數值表示代幣最多可細分到小數點後幾位數。以回傳值 5 為例，代幣可切分到 0.00001。以太幣本身為 18。
function totalSupply() constant returns (uint256 totalSupply)	代幣的發行總量。
function balanceOf(address _owner) constant returns (uint256 balance)	指定帳號的代幣餘額。代幣餘額皆為正數。
function transfer(address _to, uint256 _value) returns (bool success)	指定轉入帳號之代幣移轉。回傳真值代表移轉成功；反之則代表移轉失敗，以下為實作注意要點： • 若代幣成功移轉則須觸發 Transfer 事件；若轉出帳號之餘額不足則須 throw 例外事件，並退回之前的狀態。 • 若發行新代幣而呼叫此函式時，觸發 Transfer 事件的 _from 欄位需設為 0x0。 • 若代幣移轉數量為 0 仍視為正常動作，則觸發 Transfer 事件。

函數簽名	功能說明
event Transfer(address indexed _from, address indexed _to, uint256 _value)	觸發代幣移轉事件。
function transferFrom(address _from, address _to, uint256 _value) returns (bool success)	指定轉出與轉入帳號之代幣移轉。回傳真值代表移轉成功；反之則代表移轉失敗。以下為實作之注意要點： • 若代幣成功移轉則須觸發 Transfer 事件；若沒有經過轉出帳號的授權，或是轉出帳號的餘額不足，則須 throw 例外事件，並退回之前的狀態。 • 若代幣移轉數量為 0 仍視為正常動作，則觸發 Transfer 事件。
function approve(address _spender, uint256 _value) returns (bool success)	指定數量之轉出帳號授權。搭配 transferFrom 函式使用，授權轉出帳號最多可以移轉的代幣數量。以下為實作之注意要點： • 授權數量可設定超過餘額。 • 授權後不代表代幣將被鎖住，直到代幣移轉為止，代表在提領時可能會發生餘額不足的情況。 • 若成功授權則須觸發 Approval 事件。 • 為了避免 Front Running 導致 Double Spend 攻擊，須先送出數量為 0 的授權，再進行正常的授權。
event Approval(address indexed _owner, address indexed _spender, uint256 _value)	觸發代幣授權事件。
function allowance(address _owner, address _spender) constant returns (uint256 remaining)	指定轉出與轉入帳號之代幣授權額度查詢。

　　下方即為一個典型且符合 ERC 20 的智能合約，我們姑且稱為松山幣（Songshan Token）的 ICO 合約。

```
// SPDX-License-Identifier: MIT
pragma solidity ^0.8.15;

contract SongshanICOContract {
```

```solidity
string public constant name = "Songshan Token";
string public constant symbol = "STC";
uint8 public totalSupply = 5; //Token 總量

event Transfer(address indexed _from, address indexed _to, uint _value);
event Approval(address indexed _owner, address indexed _spender, uint _value);

event DoICO(address buyer, uint256 ethCoin, uint8 totalSupply);

//合約建立者 addr
address payable public owner;

//儲存 Token 餘額
mapping(address => uint8) balances;

//授權表
mapping(address => mapping (address => uint256)) allowed;

//owner 可執行的標註
modifier onlyOwner() {
  if (msg.sender != owner) {
    revert();
  }
  _;
}

//建構者函數
constructor() {
 owner = payable(msg.sender);
}

//購買 ICO 幣
receive () external payable {

emit DoICO(msg.sender, msg.value, totalSupply);

  //條件 1. 是否還有可以交易的代幣
  //條件 2. 購買金額是否 1 ETH
  //條件 3. 是否未曾購買
  if (totalSupply > 0 &&
```

```
            1000000000000000000 == msg.value &&

            balances[msg.sender] == 0) {

                //總量減 1
                totalSupply -= 1;

                //記錄買一個代幣
                balances[msg.sender] = 1;
        } else {
            //不符合任一條件
            revert();
        }
    }


    //指定帳號的代幣餘額
    function balanceOf(address _owner) public view returns (uint256 balance) {
        return balances[_owner];
    }

    //指定轉入帳號之代幣移轉
    function transfer(address _to, uint8 _amount) public returns (bool success) {
        if (balances[msg.sender] >= _amount
            && _amount > 0
            && balances[_to] + _amount > balances[_to]) {
            balances[msg.sender] -= _amount;
            balances[_to] +- _amount;
            emit Transfer(msg.sender, _to, _amount);
            return true;
        } else {
            return false;
        }
    }

    //指定轉出與轉入帳號之代幣移轉
    function transferFrom(
        address _from,
        address _to,
        uint8 _amount
```

```
    ) public returns (bool success) {
        if (balances[_from] >= _amount
            && allowed[_from][msg.sender] >= _amount
            && _amount > 0
            && balances[_to] + _amount > balances[_to]) {
            balances[_from] -= _amount;
            allowed[_from][msg.sender] -= _amount;
            balances[_to] += _amount;
            emit Transfer(_from, _to, _amount);
            return true;
        } else {
            return false;
        }
    }


    //指定數量之轉出帳號授權
    function approve(address _spender, uint8 _amount) public returns (bool success) {
        allowed[msg.sender][_spender] = _amount;
        emit Approval(msg.sender, _spender, _amount);
        return true;
    }


    //查詢授權額度
    function allowance(address _owner, address _spender) public view returns
(uint256 remaining) {
        return allowed[_owner][_spender];
    }


    //查詢智能合約 ETH 餘額
    function contractETH() public view returns (uint256 bnumber) {
      return address(this).balance;
    }


    function icoEnding() public onlyOwner {
      owner.transfer(address(this).balance);
    }
}
```

　　在本書前作的範例中，上述範例程式是基於舊版語法所撰寫，同時，採用 fallback 函數接收加密貨幣。而本次改版除了調整使用新版的編譯器之外，同時也透過 reveice 函數接收加密貨幣。若還是藉由 fallback 函數接收加密貨幣，會在編輯時，發生「Warning: This contract has a payable fallback function, but no receive ether function. Consider adding a receive ether function.」之警告。有興趣的讀者可以自行比較參考。

　　接下來讓我們一一解析松山幣 ICO 合約的運作流程。首先，狀態變數 name 說明代幣全名為「Songshan Token（松山幣）」，而 symbol 變數說明代幣的縮寫為 STC，後續將本範例所發行的代幣稱為「STC 幣」。totalSupply 變數說明總共只會發行 5 個代幣。

```
string public constant name = "Songshan Token";
string public constant symbol = "STC";
uint8 public totalSupply = 5; //Token 總量
```

　　變數 owner 的型別為 address payable，用以儲存合約建立者的位址。

```
//合約建立者 addr
address payable public owner;
```

　　變數 balances 是一個映射型別，主鍵記錄帳號位址，資料內容則是目前所握有的代幣數量。

```
//儲存 Token 餘額
mapping(address => uint8) balances;
```

　　變數 allowed 是映射型別，主鍵記錄轉出帳號的位址，資料內容也是映射型別，記錄授權轉入帳號的位址，而資料內容之型別為 uint256，為允許移轉的代幣數量。

```
//授權表
mapping(address => mapping (address => uint256)) allowed;
```

函式修飾子 onlyOwner 指示只有合約建立者才可以使用函數，稍後會再看到。

```
//合約建立者，才可執行的修飾子
modifier onlyOwner() {
 if (msg.sender != owner) {
   revert();
 }
 _;
}
```

在建構者函數中，記錄合約建立者的位址。

```
//建構者函數
constructor() {
 owner = payable(msg.sender);
}
```

如下 receive()函數即為符合新版語法，宣告智能合約具接收以太幣的功能，其中設定三個允許購買的條件：首先必須還有剩餘的代幣可被購買；其次購買人必須以 1ETH 購置 STC 幣；最後購買人必須不曾握有任何的 STC 幣（註：限定只能買一枚代幣）。

上述三個條件皆滿足時，合約程式便會將 totalSupply 代幣總量減一，同時在 balances 映設型別中，依購買人的位址記錄已購買一個 STC 幣。不符合上述任一條件時則會執行 revert 函數，退回所有的執行。

```
//購買 ICO 幣
receive () external payable {
 //條件 1. 是否還有可以交易的代幣
 //條件 2. 購買金額是否 1 ETH
 //條件 3. 是否未曾購買
 if (totalSupply > 0 &&
   1000000000000000000 == msg.value &&
   balances[msg.sender] == 0) {

    //總量減 1
    totalSupply -= 1;
```

```
    //記錄買一個代幣
    balances[msg.sender] = 1;
  } else {
    //不符合任一條件
    revert();
  }
}
```

下列程式片段為藉由傳入的位址做為映射結構之主鍵，來查詢帳號的代幣餘額。

```
//指定帳號的代幣餘額
function balanceOf(address _owner) public view returns (uint256 balance) {
  return balances[_owner];
}
```

而下列程式碼則是藉由簡單的加減法實作代幣移轉。首先藉由 balances[msg.sender] 查詢轉出帳號的餘額是否大於等於準備移轉的_amount 代幣數量，當然 _amount 移轉數量必須大於 0。

通過上述條件後，先將指定帳號的餘額減去欲移轉的代幣數量，再將移轉之代幣數量加至轉出帳號之餘額，最後呼叫 Transfer 函式發出代幣移轉的事件。

```
//指定轉入帳號之代幣移轉
function transfer(address _to, uint8 _amount) public returns (bool success) {
  if (balances[msg.sender] >= _amount
      && _amount > 0
      && balances[_to] + _amount > balances[_to]) {
    balances[msg.sender] -= _amount;
    balances[_to] += _amount;
    emit Transfer(msg.sender, _to, _amount);
    return true;
  } else {
   return false;
  }
}
```

BLOCKCHAIN

　　前面所介紹的程式碼已可以實現「呼叫合約的帳號自行將代幣移轉到指定的帳號」的功能。接下來的程式片段則是藉由 approve 函式，實作轉出帳號授權移轉數量給指定的轉入帳號，再透過 transferFrom 函數將授權後的代幣進行移轉。

　　approve 函式具有兩個輸入參數，第一個參數_spender 設定授權轉出的帳號，第二個參數_amount 則設定授權的最大數量。而在函數實作中是藉由取得呼叫合約的位址 msg.sender 取得資料內容（即另外一個映射資料結構），再透過 [_spender] 取得子映射結構的資料內容，並將該資料內容設定為_amount，便完成指定轉出帳號授權的動作。

```
//指定數量之轉出帳號授權
function approve(address _spender, uint8 _amount) public returns (bool success)
{
  allowed[msg.sender][_spender] = _amount;
  emit Approval(msg.sender, _spender, _amount);
  return true;
}
```

　　完成指定帳號授權後便可實作代幣移轉的程式碼，transferFrom 函式具有三個輸入參數：第一個_from 設定轉出帳號的位址；第二個參數_to 設定轉入帳號的位址；最後一個參數_amount 則是移轉的代幣數量。

```
//指定轉出與轉入帳號之代幣移轉
function transferFrom(
        address _from,
        address _to,
        uint8 _amount
  ) public returns (bool success) {
        if (balances[_from] >= _amount
            && allowed[_from][msg.sender] >= _amount
            && _amount > 0
            && balances[_to] + _amount > balances[_to]) {
            balances[_from] -= _amount;
            allowed[_from][msg.sender] -= _amount;
            balances[_to] += _amount;
            emit Transfer(_from, _to, _amount);
            return true;
        } else {
            return false;
```

```
      }
   }
```

　　實作上述兩個函式後即可進行授權移轉。下列所介紹的 allowance 則是一個輔助查詢授權額度的函式。

```
//查詢授權額度
function allowance(address _owner, address _spender) public constant returns
(uint256 remaining) {
  return allowed[_owner][_spender];
}
```

　　由於 ICO 合約實作 payable 的 fallback 函數，因此能知道此合約可以接受 ETH。那麼該如何知道合約本身所擁有的 ETH 呢？很簡單，僅須透過 address(this).balance 指令便能夠查詢當前合約所擁有的 ETH。

```
//查詢智能合約 ETH 餘額
function contractETH() public view returns (uint256 bnumber) {
  return address(this).balance;
}
```

　　到目前為止，我們已實作了最基本的 ICO 智能合約，並對 ICO 合約有基本的了解，實作完成後，請嘗試將它上鏈至第二章所建立的私有鏈。在下一小節，我們將直接透過使用錢包軟體來模擬 ICO 投資的過程。

4-5-2　我的第一次 ICO

　　請參考前一章的介紹，將 ICO 智能合約上鏈至私有鏈，並得到下列位址：

```
0x7F8a93fA2b23711bF09c10f4Fd1AA6f42B046110
```

　　合約成功上鏈之後，從下方的資訊欄位可以看到 ICO 合約的相關資訊，包括：ICO 代幣的名稱、部署合約的擁有人（以 address 方式呈現）、代幣代號等。

0: string: Songshan Token

0: address: 0x6893D63cBb6B7eA6265D8427AD8
5a2453e5506a2

0: string: STC

0: uint8: 5

　　由於本節示範的 ICO 代幣必須用 1 ETH 購買，因此請透過 MetaMask 錢包將
1 ETH 傳輸給該 ICO 智能合約的位址。

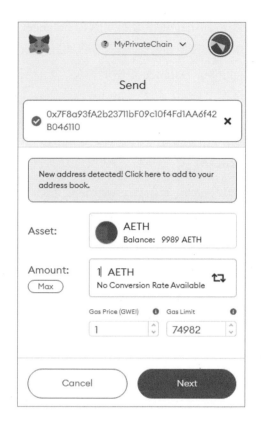

如下所示，請等待並經過多次區塊確認，可看到所發行的 STC 代幣存量（Total supply）剩下 4 枚。

再次進入觀察合約內容時，即可發現該智能合約果然收到剛才所募得的 1 ETH（以 wei 方式呈現）。

　　接著請嘗試其它智能合約所提供的功能，例如 balanceOf 函數可用來觀看指定帳號的代幣餘額。如下所示，請捲動至智能合約的 balanceOf 函數，並輸入剛才購買代幣的帳號位址，而從回傳的 Balance 變數能得知，當前所指定的帳號擁有 1 STC 代幣。

　　若想將所擁有的代幣移轉給其它帳號，則可藉由智能合約所提供的 Transfer 函數，並在 to 欄位中輸入欲轉入的帳號位址，同時在 amount 欄位中輸入欲轉出的代幣數量。

　　經過幾個區塊確認之後，再藉由 balanceOf 函數分別觀察轉出與轉入帳號的代幣餘額。如下所示，轉出帳號的代幣餘額已呈現 0 的狀況。

而轉入帳號的代幣餘額則呈現 1 的狀況。

其它合約功能皆大同小異，就留給讀者自行嘗試。但我們是不是忘了還有一個名為 icoEnding 的函式呢？而其中 owner.transfer(address(this).balance) 指令又有什麼功能呢？尤其它還使用 onlyOwner 修飾子設定只有合約建立者才可以執行此函式。其實這個指令就是將當前合約的 ETH 餘額（即 address(this).balance）移轉給 owner（即此合約的建立者）。請嘗試執行 icoEnding 函式。

```
function icoEnding() public onlyOwner {
  owner.transfer(address(this).balance);
}
```

請注意，此時智能合約所擁有的以太幣存量還是維持在 1 的情況。經過幾個區塊確認後，可發現智能合約的以太幣餘額已變成 0。

這有什麼意涵呢？它代表合約的建立者可隨時執行此函式，並將合約所擁有的 ETH 移轉到自己的手上。倘若此功能是為正常情境所用（如 ICO 專案結案），為募資發起人取用其所募得的資金，那麼大可放心。但如果 ICO 專案從一開始就只是想要詐騙投資人的加密貨幣 ETH，那麼合約建立者就可能在等待時機成熟後，執行此函式捲款潛逃，並消失在茫茫的區塊鏈中。因此投資人在進行每項 ICO 投資時，皆應該要了解智能合約的功能，或至少經由專門的合約驗證機構確認，才能進行相關的投資。

　　前面曾介紹合約的事件是相當重要的資訊，如下程式執行所發出的事件，可以從什麼地方觀看呢？

```
emit Transfer(msg.sender, _to, _amount);
```

　　Remix IDE 介面下方的 console，即可觀看所有事件記錄。可以看到 event 欄位現在 Transfer 字樣，即為程式執行時所發送的事件通知。

```
{
        "from":"0xB2dF625d23954397F4d0a0258E9A0Ce26CB1c48C",
        "topic":
"0xddf252ad1be2c89b69c2b068fc378daa952ba7f163c4a11628f55a4df523b3ef",
        "event": "Transfer",
        "args": {
                "0": "0x6893D63cBb6B7eA6265D8427AD85a2453e5506a2",
                "1": "0x7E37661DbF2c727Dd9dFc8dE7ad1d8f85A8D53F5",
                "2": "1",
                "_from": "0x6893D63cBb687eA6265D8427AD85a2453e5506a2",
                "_to": "0x7E37661DbF2c727Dd9dFc8dE7ad1d8f85A8D53F5",
                "_value": "1"
        }
}
```

　　如同稍早提到的，了解 ERC 規範對於 ICO 投資是相當重要的事。市面上除了最廣為被使用的 ERC 20 外，還有許多不同代幣合約規範。舉例來說，在 2017 年底曾風靡一時的區塊鏈養貓遊戲——謎戀貓（CryptoKitties），其背後所採用的是稱為 ERC 721 的規範。

　　ERC 721 是所謂「非同質化代幣」（non fungible tokens, NFT）的智能合約標準，於 2017 年 9 月 20 日發表，主要的標準制定與貢獻者是 Dieter Shirley，他是新創公司 Axiom Zen（即 CryptoKitties 遊戲開發公司）的技術總監。以 CryptoKitties 遊戲為例，遊戲中的每隻貓咪都是一個 ERC 721 代幣，由於每個 ERC 721 代幣是獨一無二的，若某甲與某乙各自擁有一隻貓咪，當兩人進行寵物交換後仍可看出差別且是可進行追蹤的，即代表每個 ERC 721 代幣的價值是不同的。

　　由於 ERC 721 代幣具有唯一性，同時每個代幣具有不同的價值，因此它非常適合實現「真實資產」在虛擬世界的「產權代表」，例如擁有某個 ERC 721 代幣的人，代表在真實世界中是擁有哪間房子的主人。以 bitcoin 為例，兩個人的 bitcoin 是同質的，因而可以互相交換；但 NFT 是不同質的，NFT 彼此間並無法互換。

　　2021 年 3 月 12 日在佳士得拍賣的藝術作品「Everydays: The First 5000 Days」即為以 NFT 形式進行，最後並以 7 千萬美元的天價落槌。2021 年也是 NFT 將加密貨幣推向另一波高潮的年代，創造出多項新型態的商業模式，例如 Visa 公司以 15 萬美元買下「CryptoPunk 7610」；NBA 官方發行了數位球員卡與建立 Top Shot 交易平台，兩者皆是熱門的 NFT 應用。本書稍後將於另外章節專門探討 NFT。

4-6 習題

4.1.1 何謂靜態型別（statically typing）的程式語言？

4.1.2 什麼是實值型別（value type）？什麼是參照型別（reference type）？
請簡述並舉例之。

4.1.3 Solidity 函數宣告為 pure、constant、view 與 payable 的作用為何？請分
別簡述之。

4.2.1 請簡述 ICO 與 IPO 的異同之處。

4.2.2 請簡述 ERC 20，另外請依您的觀點闡述建立合約標準的用意為何？

4.2.3 請仿照本節的範例實作一個沒有發行上限的 ICO 代幣，並嘗試與小組同
學演練代幣之兌買。

05

web3j：體現 DApp 之方案

在前兩章，我們介紹了智能合約。區塊鏈世界雖然是類於烏托邦的存在，但在商轉環境中難免需要與鏈下世界的外部系統進行整合。本書第三章的最後一小節曾以一個典型範例介紹 Java 程式如何透過 JSON RPC 取用智能合約所提供的函數，本章將延續這個議題，更深入地探討區塊鏈有關智能合約與外部系統整合的各項議題。

本章架構如下：

❖ 智能合約交易類型：Call 與 Transaction

❖ 複雜型態的函數呼叫——以 KYC 身分證明為例

❖ web3j：區塊鏈智能合約之 Java 方案

❖ web3j 之活用

❖ web3j 與區塊鏈 Oracle 閘道機制

5-1 ｜ 智能合約交易類型：Call 與 Transaction

在了解智能合約的細節後，本節所要探討的主題即是鏈下系統如何與鏈上的智能合約協同工作，也就是透過智能合約來進行交易。基本上，以太坊智能合約的交易類型有兩大類：Call 與 Transaction。首先我們來複習先前第三章介紹的 JSON RPC，如下為一個提供加法功能的智能合約：

```solidity
// SPDX-License-Identifier: MIT
pragma solidity ^0.8.15;

contract Adder {
  function doAdd(uint in01, uint in02) external pure returns (uint) {
   return in01 + in02;
  }
}
```

使用者可以藉由 Adder 合約的 doAdd 函數，將兩個輸入數值相加。由於 doAdd 函數宣告為 pure，因此保證此函數不會變更狀態，也不會讀取任何狀態的內容。請注意！在啟動節點程式時，啟動參數 rpcapi 必須設定啟用 eth 相關的 JSON RPC，例如：

```
geth --identity "Node1" --networkid 168 --http --http.api admin,debug,web3,eth,
clique,miner,net
```

請參考前幾章所介紹的內容，將智能合約部署到私有鏈，下圖是上鏈後的測試結果。

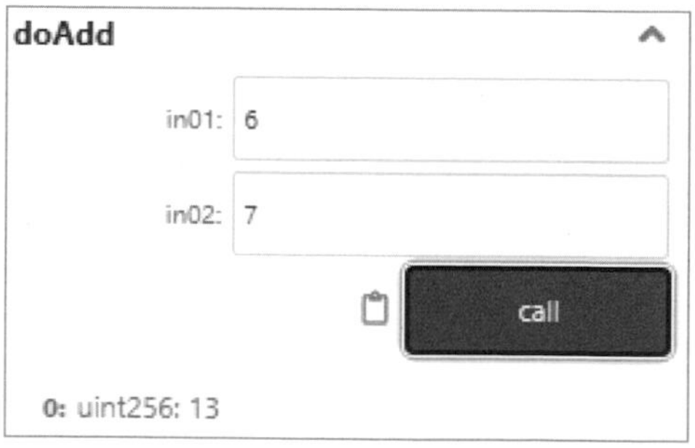

接著便可開始準備呼叫 Adder 智能合約的 doAdd 函數。由於 doAdd 函數是一個 pure 函數，因此可透過 JSON PRC 的 eth_call 方式取用，在 JSON PRC 的 method 欄位指定使用 eth_call RPC，表示將採 Call 的交易方式，from 欄位設定欲呼叫合約的 EOA 帳號，to 欄位則設定智能合約的位址。

JSON 內容最重要的欄位莫過於 data 一欄，它必須填入欲使用的合約函數之簽名式及其參數值。data 欄位的前 4 個 byte 為合約函數之簽名式的 Keccak (SHA3) 編碼，需包含括號符號與所有參數型態。參數型態間需以逗點隔開，且不加空白與變數名稱。

請藉由 DOS 視窗，進入 geth 控制台。

```
geth attach ipc:\\.\pipe\geth.ipc
```

並且在 geth 控制台輸入下列指令後得到合約函數的編碼結果，例如本例的「0xdcc721d2」。

```
>web3.sha3("doAdd(uint256,uint256)").substring(0,10)
"0xdcc721d2"
```

Keccak 編碼則是欲傳給 RPC 的參數值，例如「0000000000000000000000000000000000000000000000000000000000000006」為傳入至 doAdd 函數的第一個參數。由於 uint256 代表長度為 256bits 的無號整數，因此可用 64 個字元（character）表示長度為 32 個 byte 的資料，上述字串設定第一個參數值為 6，同理「0000000000000000000000000000000000000000000000000000000000000007」則將第二個參數值設定為 7。

JSON RPC 的 params 區段所帶入的第二個資料是用來指定區塊編號或字串標籤，例如：latest 代表查詢最新的區塊、pending 代表查詢處理中的區塊，earliest 則是查詢最早的區塊。

```
{
 "jsonrpc":"2.0",
 "id":67,
 "method":"eth_call",
 "params": [{
 "from": "0x6893D63cBb6B7eA6265D8427AD85a2453e5506a2",
 "to": "0x6918238Fe4E89Cd192AAc3C23840080A68Cd2b5D",
 "data":

"0xdcc721d20000000000000000000000000000000000000000000000000000000000006000
00000000000000000000000000000000000000000000000000000000000007"},
 "latest"]
}
```

　　組成 JSON PRC 所需之格式後，可透過常用的 HTTP 工具（例如 postman 或 curl）將上述 JSON 內容傳遞給 RPC 服務的接口（例如 http://127.0.0.1:8080），或參考下列 Java 程式進行 HTTP 存取。

```java
import java.io.IOException;
import org.apache.http.HttpEntity;
import org.apache.http.client.methods.CloseableHttpResponse;
import org.apache.http.client.methods.HttpPost;
import org.apache.http.entity.StringEntity;
import org.apache.http.impl.client.CloseableHttpClient;
import org.apache.http.impl.client.HttpClients;
import org.apache.http.util.EntityUtils;

public class AddContract {
    public static void main(String[] args) {
        // 建立 HTTP 客戶端
        CloseableHttpClient httpClient = HttpClients.createDefault();
        // 使用 POST
        HttpPost httpPost = new HttpPost("http://127.0.0.1:8080");
        // 執行與取得結果
        CloseableHttpResponse response = null;
        try {
            // RPC 內容
            String method = "eth_call";
            String from = "0x6893D63cBb6B7eA6265D8427AD85a2453e5506a2";
            String to = "0x6918238Fe4E89Cd192AAc3C23840080A68Cd2b5D";
```

```
            String data = "0xdcc721d2000000000000000000000000000000000000000000
0000000000000000000000000000060000000000000000000000000000000000000000000000000
000000007";
            String json = "{\"jsonrpc\": \"2.0\",\"id\": 67," + " \"method\": \""
+ method + "\"," + "\"params\": [{\"from\":\"" + from + "\",\"to\": \"" + to + "\","
+ "\"data\": \"" + data + "\"" + "},\"latest\"]}";
            StringEntity entity = new StringEntity(json);
            httpPost.setEntity(entity);
            httpPost.setHeader("Accept", "application/json");
            httpPost.setHeader("Content-type", "application/json");
            response = httpClient.execute(httpPost);
        } catch (IOException e) {
            e.printStackTrace();
        }

        // 獲取結果
        HttpEntity entity = response.getEntity();
        try {
            System.out.println(EntityUtils.toString(entity));
            EntityUtils.consume(entity);
        } catch (IOException e) {
            e.printStackTrace();
        }
    }
}
```

若順利呼叫 JSON RPC 後，便可得到如下之執行結果。

```
{
"jsonrpc": "2.0",
"id": 67,
"result": "0x000000000000000000000000000000000000000000000000000000000000000d"
}
```

「0x000000000000000000000000000000000000000000000000000000000000000
00d」即為十進制的 13，驗證了該智能合約正確地完成數字加總的工作了。

doAdd 函數是一個不會變更合約狀態的函數，萬一智能合約所提供的功能會
改變合約狀態，該如何處理呢？參見如下調整後的智能合約，appendAdd 函數會將
傳入的數值累加至合約的狀態變數——myInt，並回傳更新後狀態變數的內容值。

```solidity
// SPDX-License-Identifier: MIT
pragma solidity ^0.8.15;

contract StateAdder {
  uint myInt = 0;
  function appendAdd(uint in01) external returns (uint) {
    myInt += in01;
    return myInt;
  }
}
```

　　請編譯該智能合約並部署至區塊鏈。接著在 geth 控制台中執行下列指令來取得函數簽名式的編碼：

```
> web3.sha3("appendAdd(uint256)").substring(0,10)
"0x0b6eb9ce"
```

　　如此即可組出所需的 JSON 內容了。需注意的是，「method」已改為「eth_send Transaction」，表示將採 Transaction 的交易方式；另外在 params 區段不用帶入第二個參數（即指定欲查詢的區塊編號）。

```
{
 "jsonrpc":"2.0",
 "id":67,
 "method":"eth_sendTransaction",
 "params": [{
 "from": "0x6893D63cBb6B7eA6265D8427AD85a2453e5506a2",
 "to": "0x20156F57F750cA68F905C2050267B65C83cD27b3",
 "data":
 "0x0b6eb9ce0000000000000000000000000000000000000000000000000000000000000001"}]
}
```

　　同樣地，我們可以透過常用的 HTTP 工具或自行撰寫程式，來呼叫與使用 JSON PRC 服務。

```
{
 "jsonrpc": "2.0",
 "id": 67,
 "result": "0x325770610c69c53f897bb1a42b420478ced5061a119fc47fa6f05f8a3a924905"
}
```

　　但此次的執行結果為何與之前的範例不同呢？回傳的 result 內容怎麼不是累加後的數值，而是一個似乎沒有任何意義的亂碼呢？這個看似無意義的字串其實是 Transaction 執行後的交易序號。

　　讀者諸君還記得嗎？Transaction 在執行後必須經過多次區塊確認，才能保證交易被永久記錄在區塊鏈中。交易序號的用意就是讓使用者可在經過一定的時間後，藉由交易序號查詢當時的執行結果。簡單地說，JSON RPC 的 Call 呼叫適用於不會更改合約狀態的情況，而 Transaction 交易則是一種非同步運算方式，外部系統或帳號必須透過所取得的交易序號（transaction hash）間接查詢執行結果，適用於會更動合約狀態的情況。

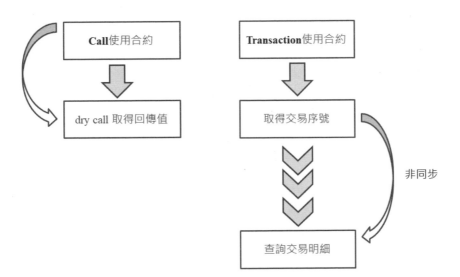

　　我們如何查詢執行結果呢？很簡單，可藉由 eth_getTransactionReceipt 取得交易明細。

```
{
 "jsonrpc":"2.0",
 "id":67,
 "method":"eth_getTransactionReceipt",
 "params":
["0x325770610c69c53f897bb1a42b420478ced5061a119fc47fa6f05f8a3a924905"]
}
```

eth_getTransactionReceipt 的查詢結果若為 null，代表交易尚在確認之中；若交易執行完畢並被寫入區塊鏈後，交易明細才會存在，且會顯示如下之執行結果：

```
{
    "jsonrpc": "2.0",
    "id": 67,
    "result": {
        "blockHash": "0xe5444ceab657f25af3423ae4df687fc0529b2aa5430df37f9dcdc
8061af6ea52",
        "blockNumber": "0x34f",
        "contractAddress": null,
        "cumulativeGasUsed": "0x6fbd",
        "effectiveGasPrice": "0x3b9aca00",
        "from": "0x6893d63cbb6b7ea6265d8427ad85a2453e5506a2",
        "gasUsed": "0x6fbd",
        "logs": [],
        "logsBloom": "0x000000000000000000000000000000000000000000000000000
0000000000000000000000000000000000000000000000000000000000000000000000000
0000000000000000000000000000000000000000000000000000000000000000000000000
0000000000000000000000000000000000000000000000000000000000000000000000000
0000000000000000000000000000000000000000000000000000000000000000000000000
0000000000000000000000000000000000000000000000000000000000000000000000000
0000000000000000000000000000000000000000000000000000000000000",
        "status": "0x1",
        "to": "0x20156f57f750ca68f905c2050267b65c83cd27b3",
        "transactionHash": "0x325770610c69c53f897bb1a42b420478ced5061a119fc47
fa6f05f8a3a924905",
        "transactionIndex": "0x0",
        "type": "0x0"
    }
}
```

回傳的交易明細內容中，transactionHash 是交易序號；transactionIndex 指出交易在區塊中的位置；blockHash 是交易所在區塊的雜湊值；blockNumber 呈現交易所在區塊的編號；cumulativeGasUsed 是封裝交易之區塊的總花費 gas 數量；gasUsed 為執行交易所花費 gas 數量。

但是怎麼沒有函數的執行結果呢？基本上交易明細並不會包含執行結果，但可透過一些程式技巧（例如 Event 的使用）實現所需。Event 具有將資料永久寫入區塊鏈且同時會被記錄在交易明細的特性。若所開發的 DApp 需要一個儲存成本相對較低的空間來記錄使用者交易當下的證明，與其用一個陣列的合約狀態儲存，還不如在交易時藉由 Event 將資訊寫進 log 之中。可惜的是，到目前為止，合約並無法讀取 log 中的記錄。

　　針對 Event 之實作，請對剛才的智能合約做一些小小的調整：

```solidity
// SPDX-License-Identifier: MIT
pragma solidity ^0.8.15;

contract StateAdder2 {
  uint public myInt = 0;

  event Rtnvalue(address indexed _from, uint myInt);

  function appendAdd(uint in01) public {
   myInt += in01;
   emit Rtnvalue(msg.sender, myInt);
  }
}
```

　　調整後智能合約的 appendAdd 函數不再回傳執行結果，而是呼叫 Rtnvalue 事件，將執行結果寫到 log 之中。請編譯此智能合約並部署到私有鏈。基本上來說，由於函數簽名式並沒有改變，因此呼叫新合約 JSON PRC 的內容應該只有 to 欄位（即新合約位址）不同而已。

```
{
 "jsonrpc":"2.0",
 "id":67,
 "method":"eth_sendTransaction",
 "params": [{
 "from": "0x6893D63cBb6B7eA6265D8427AD85a2453e5506a2",
 "to": "0xa4a25d1C2EC708a1Bd7091fF2a9e499BafE76a6E",
 "data":
 "0x0b6eb9ce0000000000000000000000000000000000000000000000000000000000000001"}]
}
```

　　順利執行後即可取得交易序號。

```
{
 "jsonrpc": "2.0",
 "id": 67,
 "result": "0x1aa0c035b8da96b3b9ab188c3372193850f4baf1b306c9d14f7b92a25bc90a2e"
}
```

接著再利用該交易序號來查詢交易明細。

```
{
 "jsonrpc":"2.0",
 "id":67,
 "method":"eth_getTransactionReceipt",
 "params":
["0x1aa0c035b8da96b3b9ab188c3372193850f4baf1b306c9d14f7b92a25bc90a2e"]
}
```

藉由交易明細可得到如下之查詢內容，在 logs 區段中似乎已經記錄所得到的運算結果。

```
{
 "jsonrpc": "2.0",
 "id": 67,
 "result": {
     "blockHash": "0xcdfbd3c664969c3a173e23a655e14a1064ebe641a6d5b6b8dcdf462bfd38115c",
     "blockNumber": "0x40f",
     "contractAddress": null,
     "cumulativeGasUsed": "0x751f",
     "effectiveGasPrice": "0x3b9aca00",
     "from": "0x6893d63cbb6b7ea6265d8427ad85a2453e5506a2",
     "gasUsed": "0x751f",
     "logs": [
       {
         "address": "0xa4a25d1c2ec708a1bd7091ff2a9e499bafe76a6e",
         "topics": [
                 "0xd00b1aba82025d64555bd19e01ee7b4d7e20e6aa2610dc4774cd604e0fe79d5d",
                 "0x0000000000000000000000006893d63cbb6b7ea6265d8427ad85a2453e5506a2"
         ],
        "data": "0x0000000000000000000000000000000000000000000000000000000000000003",
             "blockNumber": "0x40f",
             "transactionHash": "0x1aa0c035b8da96b3b9ab188c3372193850f4baf1b
306c9d14f7b92a25bc90a2e",
             "transactionIndex": "0x0",
```

```
        "blockHash": "0xcdfbd3c664969c3a173e23a655e14a1064ebe641a6d5b6b
8dcdf462bfd38115c",
        "logIndex": "0x0",
        "removed": false
      }
    ],
    "logsBloom": "0x000000000000000000000200000000000000000000000000000000000
00000000000000000002000000000000000000000000000000000000000000000000000000000000000
00000000000000000000000000000000000000000000000000000000000000000000000000000000000
00000000000000010000000000000000000000000000000000040000000000000000000000000000000
00000000000000000000000000000000010000000000000000000000000008000000000000000000000
00000000000000000000000000000000008000000000000000000000000000000000000000000000000
0000000000000000000000000000000008400000000000000000000000000000000000",
    "status": "0x1",
    "to": "0xa4a25d1c2ec708a1bd7091ff2a9e499bafe76a6e",
    "transactionHash": "0x1aa0c035b8da96b3b9ab188c3372193850f4baf1b306c9d14f7
b92a25bc90a2e",
    "transactionIndex": "0x0",
    "type": "0x0"
  }
}
```

接著我們將 logs 區段獨立取出。

```
"logs": [
 {
  "address": "0xa4a25d1c2ec708a1bd7091ff2a9e499bafe76a6e",
  "topics": [
      "0xd00b1aba82025d64555bd19e01ee7b4d7e20e6aa2610dc4774cd604e0fe79d5d",
      "0x0000000000000000000000006893d63cbb6b7ea6265d8427ad85a2453e5506a2"
  ],
  "data": "0x0000000000000000000000000000000000000000000000000000000000000003",
  "blockNumber": "0x40f",
  "transactionHash": "0x1aa0c035b8da96b3b9ab188c3372193850f4baf1b306c9d14f7b92
a25bc90a2e",
  "transactionIndex": "0x0",
  "blockHash": "0xcdfbd3c664969c3a173e23a655e14a1064ebe641a6d5b6b8dcdf462bfd38115c",
  "logIndex": "0x0",
  "removed": false
 }
]
```

data 欄位「0x00000000000000000000000000000000000000000000000000000000 0000000003」正是函數執行累加功能後的運算結果。

一筆交易可觸發多個 Event，而對映 Event 的 log 皆會被寫到 logs 區段並以陣列方式呈現。一筆 log 最重要的兩個欄位分別是 topics 與 data，若寫入 log 的參數宣告為 indexed，則會被提升到 topic 區段。

一筆 log 最多只能有 4 個 topics，第一個 topic 預設的會是 Event 的識別值（identifier），代表 topic 化的事件參數最多只能有 3 個。為什麼需有 topic 的存在呢？因為與區塊鏈連接的外部系統可藉由實作監聽器的方式來與智能合約互動，而監聽器可透過指定 topic 搭配剛才的 Event 宣告，實現更有效率的事件過濾邏輯。

```
event Rtnvalue(address indexed _from, uint myInt);
```

關於 Rtnvalue 事件所記錄的 log，由於第一個參數 _from 宣告為 indexed，因此該參數會被寫到 topics 中；第二個參數 myInt 沒有宣告為 indexed，因而會被寫到 data 區段，而寫到 data 區段的資料值會以 32 bytes 為一個單位連接在一起。

在本節中我們學到 Call 與 Transaction 的不同，JSON RPC 的 Call 呼叫適用於不會更改合約狀態的情況；換言之，Call 的交易方式並不會真的在區塊鏈建立交易，因此也不會消耗 gas。而 Transaction 的交易方式則適用於會更改合約狀態的場景，必須透過非同步方式，藉由交易序號間接查詢執行結果，也就是說，這種交易方式將在區塊鏈上建立一筆新的交易，在所有節點達成共識後，每一個節點的合約副本就會儲存完全相同的狀態變數之內容值。因此，我們常常聽到所謂「在分散式帳本環境下維護同一份帳本」，其實就是在維護狀態變數，使之能夠正確無誤地儲存在所有節點中了。

本節所示範的智能合約之輸入參數都是些比較簡單的型態，在下一節，我們將繼續探討比較複雜的情況。

5-2　複雜型態的函數呼叫——以 KYC 身分證明為例

經由前一節介紹，讀者應已了解在組合 JSON PRC 的內容時，data 欄位必須包含合約函數之簽名式的編碼及欲傳入函數的參數值，但參數若是較為複雜的資料型態時，則必須做一些額外的處理，接下來讓我們一一探究相關議題。

目前世界上因天災、戰爭等緣故而無法獲得身分證明的人口約有 11 億多。由於無法提出官方的身分證明文件，因而無法獲得教育、醫療、金融等各項服務，甚至也很難獲得工作。單在 2014 與 2015 年間，因為敘利亞內戰問題而無法提出身分證明且非法進入歐洲的人數就高達 70 幾萬。

在逃難期間攜帶實體護照或身分證明是件危險的事，因為所攜帶的任何實體文件皆可能成為別人覬覦的對象，甚至還會引來殺害之禍，並被罪犯盜用其身分。即便歷經千辛萬苦來到歐洲，還必須經過至少長達 6 個月繁瑣的申請程序後，才能拿到「難民身分」而得以獲得補助。

「身分難題」的根本原因在於當前各國的身分證明機制皆屬中心制的，例如：學歷由學校提供證明、病歷由醫院提供證明、工作由公司提供證明。護照與身分證明必須由國家級機構才能夠提供，然而如果這些機構突然之間「消失」，就意味著「身分消失」了。

破除中心制最好的方式之一就是透過去中心化的區塊鏈來降低「認識你的客戶（know your customer, KYC）」程序的困難度，芬蘭的 MONI、微軟、Accenture 等公司都已有類似的計畫。

以區塊鏈實現身分證明機制的過程中，綁定身分的依據是「私鑰」的有無，雖然因而衍生「私鑰」管理與攜帶的難題，但倘若有一天私鑰管理能夠結合個人的生物特徵等獨特性資訊，那麼去中心化的身分證明機制就有可能真正實現。本節先以簡單的 KYC 智能合約做為探討複雜資料型態的示範引子，如下為一個最簡化的 KYC 智能合約：

```solidity
// SPDX-License-Identifier: MIT
pragma solidity ^0.8.15;

contract KYC {

 //自訂的資料結構
 struct customer {
  string name; //姓名
  uint8  age;    //年齡
 }

 //映射 EOA 與資料
 mapping(uint => customer) private customers;

 //將資訊記錄在 Log
 event InsertEvn(address indexed _from, uint id, string name);

 //新增客戶
 function doInsert(uint id, string memory name, uint8 age) external {
  customers[id].name = name;
  customers[id].age = age;
  emit InsertEvn(msg.sender, id, name);
 }

 function queryName(uint id) external view returns (string memory) {
  return customers[id].name;
 }

 function queryAge(uint id) external view returns (uint8) {
  return customers[id].age;
 }
```

在 KYC 合約中，我們自訂一個名為 customer 的資料結構，以儲存一筆客戶資料。

```solidity
//自訂的資料結構
struct customer {
 string name; //姓名
 uint8 age;    //年齡
}
```

　　同時宣告資料型別為 mapping 的 customers 變數，主鍵的資料型別為 uint 的客戶 id，資料型別為 customer 結構的客戶資料。

```
//映射 EOA 與資料
mapping(uint => customer) private customers;
```

　　InsertEvn 事件中記錄著交易發送者的 EOA 及客戶 ID 與客戶姓名，以便在 log 中記錄資料設定之證明。

```
//將資訊記錄在 Log
event InsertEvn(address indexed _from, uint id, string name);
```

　　合約的 doInsert 函數可用來新增一筆客戶資料，其參數包括客戶 ID、客戶姓名、客戶年齡，新增資料後便會引發 InsertEvn 事件以記錄資料之新增證明。

```
//新增客戶
 function doInsert(uint id, string memory name, uint8 age) external {
  customers[id].name = name;
  customers[id].age = age;
  emit InsertEvn(msg.sender, id, name);
 }
```

　　queryName 函數是根據 ID 查詢客戶姓名，若傳入的 ID 查無客戶姓名時則回傳空值。

```
function queryName(uint id) external view returns (string memory) {
  return customers[id].name;
}
```

　　queryAge 函數為利用 ID 查詢客戶年齡，若查無資料時則回傳 0。

```
function queryAge(uint id) external view returns (uint8) {
  return customers[id].age;
}
```

請編譯此智能合約並部署到區塊鏈，接著對函數簽名式進行 Keccak (SHA3) 編碼，舉例如下：

```
> web3.sha3("doInsert(uint256,string,uint8)").substring(0,10)
"0x961f5fc6"
```

如此一來即可開始組出 JSON 內容。假設 ID 設定為 168，客戶姓名設定為 Allan，age 設定為 28，則完成後的 JSON 即如下所示：

```
{
"jsonrpc":"2.0",
"id":67,
"method":"eth_sendTransaction",
"params": [{
"from": "0x6893D63cBb6B7eA6265D8427AD85a2453e5506a2",
"to": "0x7cbf308D151C70B5677e33f15fb53d319c11639c",
"data":
"0x961f5fc600000000000000000000000000000000000000000000000000000000a8000
0000000000000000000000000000000000000000000000006000000000000000000000
000000000000000000000000000000000000000001c0000000000000000000000000000
00000000000000000000000000000000005416c6c616e0000000000000000000000000000
0000000000000000000"}]
}
```

JSON 的 data 欄位需填入函數簽名式的 Keccak (SHA3) 編碼及每 32 個 byte（64 個字）為一單位連接在一起的函數輸入值。以本例的 doInsert 函數為例，總共有 id、name、age 三個參數，但為什麼 data 欄位的參數長度遠遠超過 64 * 3 = 192 個字呢？讓我們來解讀這個問題。

首先，請以每 64 個字為一個單位，將資料內容排列整齊。

```
0 行：0x961f5fc6
1 行(   0bytes)：00000000000000000000000000000000000000000000000000000000000000a8
2 行( 32bytes)：0000000000000000000000000000000000000000000000000000000000000060
3 行( 64bytes)：000000000000000000000000000000000000000000000000000000000000001c
4 行( 96bytes)：0000000000000000000000000000000000000000000000000000000000000005
5 行(128bytes)：416c6c616e000000000000000000000000000000000000000000000000000000
```

　　data 欄位的內容總共可被拆解成 6 行：第 0 行的 0x961f5fc6 無庸置疑是函數簽名式的 Keccak (SHA3) 編碼；第 1 行「......00a8」是第一個 uint256 型別參數的十六進制表示（即十進制的 168）；第 2 行「......0060」代表第二個字串型別的參數，即在資料欄位中的位址而非參數的資料內容，由於十六進制的 60 即為十進制的 96，因此真正儲存第二個字串參數資料值的地方是從資料欄位的第 96 個 byte 開始，也就是從第四行開始，稍後我們再回過頭來探討第二個參數。

　　函數的第三個參數為 uint8 數值型別，因此第 64 個 byte 開始的「......001c」即為十進制的 28；第 4 行即為第二個參數真正儲存的地方，但第 96 個 byte 到第 128 個 byte 之間的「......0005」只是字串資料的長度，可知共有 5 個字；而第 5 行才是字串資料的真正內容值，並以 UTF-8 編碼表示，因此 416c6c616e 即為英文字串「Allan」。

　　了解資料內容後，請參考前一節的介紹，試著發送 JSON 並取得交易序號後，利用交易序號取回如下之交易明細。如下為取回的交易序號：

```
{
 "jsonrpc": "2.0",
 "id": 67,
 "result": "0x2cfcb3da8106f7f12514b40961e3c658a332987bced25df186fa74d47b6b8df4"
}
如下則是基於該交易序號查詢交易明細的 JSON。{
 "jsonrpc":"2.0",
 "id":67,
 "method":"eth_getTransactionReceipt",
 "params":
["0x2cfcb3da8106f7f12514b40961e3c658a332987bced25df186fa74d47b6b8df4"]
}
```

　　最後取得的交易明細則如下列所示：

```
{
 "jsonrpc": "2.0",
 "id": 67,
 "result": {
   "blockHash": "0xeeff09468b28d7677fef471d9e1f411c77628b3a200e9fb899160c10a52aed1a",
```

```json
    "blockNumber": "0xaa1",
    "contractAddress": null,
    "cumulativeGasUsed": "0x10b2a",
    "effectiveGasPrice": "0x3b9aca00",
    "from": "0x6893d63cbb6b7ea6265d8427ad85a2453e5506a2",
    "gasUsed": "0x10b2a",
    "logs": [
     {
      "address": "0x7cbf308d151c70b5677e33f15fb53d319c11639c",
      "topics": [
          "0x81228b07685b00d65cad75047e1cc8d54dbc19bc5a210fa33814e795ae38a768",
          "0x0000000000000000000000006893d63cbb6b7ea6265d8427ad85a2453e5506a2"
      ],
      "data": "0x0000000000000000000000000000000000000000000000000000000000000000a80000000000000000000000000000000000000000000000000000000000000040000000000000000000000000000000000000000000000000000000000000005416c6c616e0000000000000000000000000000000000000000000000000000000000",
      "blockNumber": "0xaa1",
      "transactionHash": "0x2cfcb3da8106f7f12514b40961e3c658a332987bced25df186fa74d47b6b8df4",
      "transactionIndex": "0x0",
      "blockHash": "0xeeff09468b28d7677fef471d9e1f411c77628b3a200e9fb899160c10a52aed1a",
      "logIndex": "0x0",
      "removed": false
     }
    ],
    "logsBloom": "0x00000000000000000000002000000000000000000000000000000000000000000000000000040000000000000000000000000000000000000000000000000000000000000000000000000000000000000000000000000000000000000000000200000000000000000000000040000000080000000000040000000000000000000000000000000000000000000000008000000008000000000000000000000000000000000000000000000000000000000000020000000000",
    "status": "0x1",
    "to": "0x7cbf308d151c70b5677e33f15fb53d319c11639c",
    "transactionHash": "0x2cfcb3da8106f7f12514b40961e3c658a332987bced25df186fa74d47b6b8df4",
    "transactionIndex": "0x0",
    "type": "0x0"
 }
}
```

由於在智能合約的 InsertEvn 事件同時寫入 ID 與客戶姓名，因此交易明細 logs 區段的 data 欄位也會包含 ID 與客戶姓名，參見如下之所示：

```
"data": "0x
1 行(  0bytes):00000000000000000000000000000000000000000000000000000000000000a8
2 行(32bytes):00000000000000000000000000000000000000000000000000000000000000040
3 行(64bytes):00000000000000000000000000000000000000000000000000000000000000005
4 行(96bytes):416c6c616e0000000000000000000000000000000000000000000000000000000"
```

第 1 行為數值型態的 ID 的資料內容，十六進制 a8 即為十進制 168；第二個參數由於是字串型態，因此第 2 行儲存字串的實際儲存位址指向十六進制 40，也就是十進制的第 64 個 byte；第 3 行說明字串長度為 5；第 4 行則為字串的實際內容，即為「Allan」。

到目前為止，我們已成功透過 JSON PRC 將 KYC 資料寫至區塊鏈中了。另外，本智能合約提供了兩個函數——queryName 與 queryAge，接下來便要嘗試存取這兩個函數。首先 queryName 函數內容如下：

```
> web3.sha3("queryName(uint256)").substring(0,10)
"0x5f2d8523"
```

由於 queryName 函數不會變更合約狀態，因此可透過 eth_call 進行如下的 RPC 呼叫，函數唯一的輸入參數為十六進制 a8，即十進制 168。

```
{
 "jsonrpc":"2.0",
 "id":67,
 "method":"eth_call",
 "params": [{
 "from": "0x6893D63cBb6B7eA6265D8427AD85a2453e5506a2",
 "to": "0x7cbf308D151C70B5677e33f15fb53d319c11639c",
 "data":

"0x5f2d85230000000000000000000000000000000000000000000000000000000000000a8"},
 "latest"]
}
```

執行 eth_call 後的回傳結果當如下所示：

```
{
 "jsonrpc": "2.0",
 "id": 67,
 "result": "0x000000000000000000000000000000000000000000000000000000000000020
00000000000000000000000000000000000000000000000000000000005416c6c616e0000
00000000000000000000000000000000000000000"
}
```

　　解析資料內容的原理與原則如同前面示範一樣：第 1 行指示字串資料的儲存位址，即十六進制的 20，代表位址是十進制的第 32 個 byte；第 2 行說明了字串回傳值的長度；第 3 行則是字串的內容。

```
0x
1 行( 0bytes):0000000000000000000000000000000000000000000000000000000000000020
2 行(32bytes):0000000000000000000000000000000000000000000000000000000000000005
3 行(64bytes):416c6c616e00000000000000000000000000000000000000000000000000000000
```

　　同樣地，也請為 queryAge 函數進行編碼。

```
> web3.sha3("queryAge(uint256)").substring(0,10)
"0x818aa0ce"
```

　　再發送 eth_call 之 JSON RPC 來呼叫與使用 queryAge。

```
{
 "jsonrpc":"2.0",
 "id":67,
 "method":"eth_call",
 "params": [{
 "from": "0x6893D63cBb6B7eA6265D8427AD85a2453e5506a2",
 "to": "0x7cbf308D151C70B5677e33f15fb53d319c11639c",
 "data":
 "0x818aa0ce00000000000000000000000000000000000000000000000000000000000000a8"},
 "latest"]
}
```

　　則可得到如下之執行結果：十六進制的 1c 即為十進制的 28，可以看到 JSON PRC 正確取回客戶的年齡值了。

```
{
 "jsonrpc": "2.0",
 "id": 67,
 "result": "0x000000000000000000000000000000000000000000000000000000000000001c"
}
```

　　經由如上之解說，讀者對如何透過 JSON PRC 使用智能合約的函數應有一定的掌握，接著讓我們再來看看幾個比較典型的使用案例。假設存在著下列智能合約函數。

```
function isAdult(uint32 x, bool y) external pure returns (bool r) {
   r = x > 20 || y;
}
```

　　函數簽名式經過編碼後之內容如下：

```
> web3.sha3("isAdult(uint32,bool)").substring(0,10)
"0x680a1253"
```

　　若第一個參數設定為 28，第二個參數設定為 true，JSON RPC 之內容應如下所示：

```
{
"jsonrpc":"2.0",
"id":67,
"method":"eth_call",
"params": [{
"from": "0x6893D63cBb6B7eA6265D8427AD85a2453e5506a2",
"to": "0xc65360fcf0d094115d6abd105fec70557a85a7df",
"data":
"0x680a125300000000000000000000000000000000000000000000000000000000000001c000
0000000000000000000000000000000000000000000000000000000000001"},
"latest"]
}
```

　　我們將 Data 欄位拆解如下，每個參數同樣以 32 個 byte 表示。

```
0x680a1253
1 行( 0bytes):000000000000000000000000000000000000000000000000000000000000001c
2 行(32bytes):0000000000000000000000000000000000000000000000000000000000000001
```

第 1 行對映函數的第一個參數「……001c」，其為十進制的 28；第 2 行對映函數的第二個參數，由於布林值設定為 true，因此直接填入 1 即可。執行 JSON PRC 後可得到如下之執行結果：

```
{
 "jsonrpc": "2.0",
 "id": 67,
 "result": "0x0000000000000000000000000000000000000000000000000000000000000001"
}
```

由於 x 設定為 28，因此 x > 20 || y 運算式的執行結果為 true，故回傳值為 1，表示合約函數正確執行。

接著，再來探討另外一個範例，假設定義了如下之合約函數：

```
function fun(bytes a, bool b, uint[] c)
```

函數簽名式經 Keccak 編碼後可得下列結果。

```
> web3.sha3("fun(bytes,bool,uint256[])").substring(0,10)
"0xe3ec7763"
```

另欲傳入的參數內容假設分別是 dave、true 與[1,2,3]，則 JSON PRC 的 data 欄位組成應如下所示：

```
0xe3ec7763
1 行(   0bytes):0000000000000000000000000000000000000000000000000000000000000060
2 行( 32bytes):0000000000000000000000000000000000000000000000000000000000000001
3 行( 64bytes):00000000000000000000000000000000000000000000000000000000000000a0
4 行( 96bytes):0000000000000000000000000000000000000000000000000000000000000004
5 行(128bytes):6461766500000000000000000000000000000000000000000000000000000000
6 行(160bytes):0000000000000000000000000000000000000000000000000000000000000003
7 行(192bytes):0000000000000000000000000000000000000000000000000000000000000001
8 行(224bytes):0000000000000000000000000000000000000000000000000000000000000002
9 行(256bytes):0000000000000000000000000000000000000000000000000000000000000003
```

在拆解 data 欄位前，我們必須先知道 bytes 與 uint[]都是動態型別，兩者皆可透過間接指定位址的方式，找到資料內容真正的儲存地點。

　　合約函數的第一個參數為 bytes 型別，因此第 1 行呈現的十六進制 60（即十進制的 96）代表資料的儲存位址是第 96 個 byte；對映到第 4 行說明 bytes 所儲存的字串長度為 4；第 5 行的「64617665」便是 UTF-8 的 dave；第 2 行對映合約函數的第二個參數，由於型別為 bool，因此若欲設定為 true，則直接填入「……0001」即可；第 3 行對映合約函數的第三個參數，由於 uint[]同樣也是動態型別，因此十六進制的「……000a0」轉換為十進制的 160，代表第 160 個 byte（第 6 行）開始即為第三個參數的儲存位置；第 6 行的「……0003」指示陣列長度為 3；第 7 行為陣列的第 0 個元素資料值；第 8 行為陣列的第 1 個元素資料值；第 9 行為陣列的第 2 個元素資料值。

　　JSON PRC 對於動態型別之處理，須以間接方式指示資料真正儲存地點，在明白這個觀念後，來看下列之合約函數的案例，就更容易理解了。

```
function fun2(fixed [2] a) public
```

　　需注意的是，Ethereum 的實數型別尚未完全被支援，故不能給值也不能拿來計算，若嘗試在編譯時使用，將得到「UnimplementedFeatureError: Not yet implemented - FixedPointType.」之錯誤訊息。本範例僅做為概念性之介紹，不一定能正確地編譯與執行。函數簽名式經 Keccak 編碼後可得下列結果：

```
> web3.sha3("fun2(fixed128x128[2])").substring(0,10)
"0xd2966c70"
```

　　假設欲傳入的參數內容是[2.125,8.5]，則 JSON PRC 的 data 欄位組成應如下：

```
0xd2966c70
1行( 0bytes):000000000000000000000000000000022000000000000000000000000000000000
2行( 32bytes):000000000000000000000000000000088000000000000000000000000000000000
```

　　Fixed 型別若不指定長度時，等同宣告為 fixed128x128，故欲表示數字 2.125須以小數點為分界拆解成兩部分，每部分皆為 128 bits（即 16bytes），以 32 個字表示之。第 1 行的前半部 32 個字無庸置疑代表整數 2 的部分。

```
代表2：00000000000000000000000000000002
```

第 1 行的後半部 32 個字則代表小數 0.125 的部分，並以十六進制表示之。

```
代表 0.125：20000000000000000000000000000000
```

在表示數字 8.5 時，同樣須以小數點為分界拆解成兩部分，第 2 行的前半部 32 個字代表整數 8 的部分。

```
代表 8：00000000000000000000000000000008
```

第 2 行的後半部 32 個字則代表小數 0.5 的部分。

```
代表 0.5：80000000000000000000000000000000
```

本節至此已對複雜型別的合約函數與相對映的 JSON PRC 做了簡單的介紹，透過 HTTP 協定即能建立一個簡單的 DApp，但不管怎麼說，組合 JSON PRC 都是件麻煩且複雜的事，有沒有其他更容易實作的方法呢？且看下節說明。

5-3　web3j：區塊鏈智能合約之 Java 方案

經由前兩節的介紹，吾人已知道外部系統可透過 JSON PRC 與智能合約進行互動。這種具前端操作介面並結合區塊鏈智能合約的應用系統被稱為去中心化應用程式（decentralized application, DApp）。

然而藉由 JSON PRC 的方式其實十分繁瑣，尤其在前兩節範例中，當合約參數是動態型別時，尚須考慮資料內容的實際儲存位置，此將大幅度影響系統開發的時效性。那是否有更為簡潔的方式呢？答案當然是肯定的！

在區塊鏈社群中，許多有志之士已開發了不少完善的機制或平台（像是 Node.js），使程式設計師能透過這些平台所提供的函數呼叫來使用智能合約，然而對於許多大型企業而言，尤其是相對保守的大型金融機構，即便是已問世多年的 Node.js，仍不符合其內部的科技標準，根據公司的稽核規範是禁止使用的，因此當這些企業想嘗試區塊鏈技術時可能會因而卻步（註：這是一件相當矛盾的事，大型企業只緩步接受新程式語言與框架，但卻又願意嘗試區塊鏈？）。

此外，大型企業在選擇解決方案時，尚會考量到技術的生命週期，生物學領域之「林迪效應（Lindy effect）」理論常被用來說明如何衡量事物的未來性，林迪效應認為易損（隨著自然消亡）的事物每多活一天，都會縮短其壽命；反之不易損（不會隨自然消亡）的事物每多活一天，則意味更長的剩餘壽命。

舉例來說，人類即是一種屬於自然消亡的事物。因此在判斷老人與年輕人的餘命時，可非常有自信地判斷年輕人剩餘壽命一定比老年人更長；相反地，非自然消亡的事物，例如具有百年歷史的老技術，其預期壽命可能會是只有 10 年的新技術之好幾倍，像是雋永的「羅密歐與朱麗葉」，它會比超商販售的言情小說更能存留好幾個世代。

知名科技顧問 John D. Cook 基於「林迪效應」評估程式語言的可能剩餘壽命，他認為持續存活的程式語言不一定是「好的程式語言」，而是有太多東西都是基於它們製作而成，導入新程式語言的替換成本太高，才使得它們得以續活，因此有如下各種常見之程式語言的預測：

程式語言	出生	年齡	消亡	餘命
Go	2009	8	2025	8
C#	2000	17	2034	17
Java	1995	22	2039	22
Python	1991	26	2043	26
Haskell	1990	27	2044	27
C	1972	45	2062	45
Lisp	1959	58	2075	58
Fortran	1957	60	2077	60

備註：以 2017 年資料為製表基準

　　相對於較新穎的程式語言，Java 仍是目前許多大型企業（包括保守的金融機構等）所採行之符合內部規範的科技標準，同時也早已是 TIOBE 最受歡迎程式語言排行榜上的常勝軍；更令人振奮的是，對於新穎的區塊鏈技術也有適合的解決方案支援 Java 語言，即為接下來要介紹的 web3j，這也正是企業所追尋的方案。

　　web3j 是一個輕量級、高度模組化、具高互動性、型別安全的 Java 函式庫套件，除了支援 Geth、Quorum 等區塊鏈之外，同時亦支援 Android 環境。透過 web3j 套件，Java 程式便能夠和 Ethereum 節點程式與網路進行互動，也能輕易地整合鏈上的智能合約。

　　如下圖所示，藉由 web3j 套件可生成智能合約的包裹物件（wrapper），讓做為前端的 Java 程式可以像使用普通物件一般，輕鬆地集結（marshalling）成 JSON 執行 RPC，同時也可將 JSON PRC 之執行結果解集（unmarshalling）回 Java 物件。如此一來就省事多了，程式設計師從此可聚焦在智能合約與商業邏輯之設計，而不用費心於太多底層的瑣事（例如前一節介紹的對函數簽名式編碼或計算資料的儲存位置）。

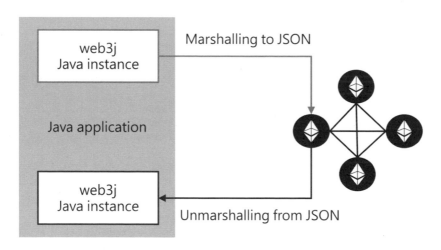

web3j 計有下列幾項特色：

- 支援透過 HTTP 或 IPC 方式調用 Ethereum 的 JSON-RPC。

- 支援 Ethereum 錢包。

- 支援 Ethereum 事件過濾。

- 支援 Ethereum Name Service（ENS）服務。

- 支援 Parity 與 Geth 節點程式的 Personal API。

- 支援連接 Infura 區塊鏈節點。

- 支援 Android 平台。

- 支援 JP Morgan 的 Quorum 區塊鏈。

- 可自動生成智能合約的包裹物件，並提供建立、部署與交易進行。

- 多種好用的命令列工具，提供程式開發所需。

web3j 藉用了下列相關套件之實作功能：

- 以 RxJava 實作反應式函數（reactive-functional）API。

- 以 OKHttp 實作 HTTP 連線。

- 以 Jackson 為核心實作 JSON 序列與反序列。

- 以 Bouncy Castle 實作加密。

- 以 Jnr-unixsocket 實作*nix IPC。

- 以 JavaPoet 產製智能合約包裹物件的原始碼。

　　讀者們可以到下列網站（https://github.com/web3j/web3j/releases）取得相關資料，並自行編譯 web3j 套件。對於不想從編譯開始的人，則可以藉由設定 Maven 專案的 pom 檔直接取得 web3j 套件來使用。

　　web3j 套件的使用，可依概念性分為兩種方式，第一種方式是藉由 web3j 套件生成 Java 包裹程式；第二種方式則藉由 web3j 套件處理底層的簽章機制與存取區塊鏈節點。透過設定 Maven 的 pom.xml 可以分別取得所需的 web3j 套件。如下所示，即是取得與生成 Java 包裹程式有關的 web3j 函式庫的設定。

```
<dependency>
 <groupId>org.web3j</groupId>
 <artifactId>codegen</artifactId>
 <version>4.9.4</version>
</dependency>
```

　　執行下列 maven 指令，即可依據 pom.xml 之設定取得所有依賴的套件，約有 51 個 JAR 檔。

```
mvn clean dependency:copy-dependencies
```

　　接著便可嘗試產製智能合約的包裹物件了。請將所取得的 web3j JAR 檔置於 codegen4.9.4 子目錄，並且將前一節所介紹的智能合約 KYC.sol 其編譯後的 KYC.bin 與 KYC.abi 檔案置於工作目錄，再執行下列指令：

```
java -cp .;.\codegen4.9.4\* org.web3j.codegen.SolidityFunctionWrapperGenerator
-b ./KYC.bin -a ./KYC.abi -o ./java -p com.alc.impl
```

　　指令中的 org.web3j.codegen.SolidityFunctionWrapperGenerator 即為用來產製智能合約的包裹物件工具程式，它需要的第一個參數是智能合約的 bin 檔；第二個參數為智能合約的 abi 檔；第三個參數是藉由–o 參數指定產製後 Java 原始檔的存放目錄；最後一個–p 參數則是指定包裹物件的 Java 套件名稱。以下為工具所自動產製 KYC.Java 原始檔的部分片段：

```
...
public static final String FUNC_QUERYNAME = "queryName";

public static final String FUNC_QUERYAGE = "queryAge";

public static final String FUNC_DOINSERT = "doInsert";

public static final Event INSERTEVN_EVENT = new Event("InsertEvn",
            Arrays.<TypeReference<?>>asList(new TypeReference<Address>(true)
{}, new TypeReference<Uint256>() {}, new TypeReference<Utf8String>() {}));
...
```

　　KYC.java 包裹程式的原始檔的內容相對較為複雜，我們有需要了解包裹物件的每一行程式碼嗎？其實大可不必，不要忘了，選用 web3j 套件的主要目的是希望能夠簡化與降低存取智能合約的複雜度，讀者僅需知道 KYC.Java 就是智能合約的包裹物件，稍後就能看到存取 KYC 智能合約是多麼輕而易舉的事情。

　　完整程式請參考 KYCInsertExample.java。首先，藉由下列程式片段取得與區塊鏈節點建立連接的 web3j 物件。

```
// 連接區塊鏈節點
String blockchainNode = "http://127.0.0.1:8080/";
Web3j web3 = Web3j.build(new HttpService(blockchainNode));
```

　　接著藉由 WalletUtils 工具物件的 loadCredentials 函數傳入金鑰檔的儲存位址及 EOA 帳號的密碼，對帳號密碼正確性進行驗證後將憑證結果儲存在 Credentials 物件中。

```
// 指定金鑰檔，及帳密驗證
String coinBaseFile = EOA 金鑰檔位置
String myPWD = "16888";
Credentials credentials = WalletUtils.loadCredentials(myPWD, coinBaseFile);
```

　　將 web3j 連線物件及 Credentials 憑證物件指定合約位址後，傳遞給合約包裹物件的 load 函數，便可得到對映 KYC 智能合約的物件實體。

```
// 取得合約包裹物件
String contractAddr = 合約位址;
KYC contract = KYC.load(contractAddr, web3, credentials, KYC.GAS_PRICE, KYC.GAS_LIMIT);
```

　　如此一來，只要對 KYC 物件動作，便可與區塊鏈上的 KYC 智能合約進行互動了。要注意的是，依據 bytecode 所生成的包裹物件，可能會和實際部署到區塊鏈的智能合約有不符合的情況。因此，可以先透過 isValid()函數確認兩者之間是否一致，例如：

```
if (contract.isValid()) {
 System.out.println("Contract is Valid");
} else {
```

```
    System.out.println("Contract is NOT Valid");
}
```

　　如下所示，原本 KYC 智能合約的 doInsert 函數也會自動被生成為包裹物件的 doInsert 函數。該函數需傳入分別三個參數：客戶的 id、姓名、年齡。雖然原本合約函數的 id 與 age 參數型別分別是 uint 與 uint8，但包裹物件自動生成的函數則一律要求使用 java.math.BigInteger 型別。呼叫包裹物件的 doInsert 函數並執行 send() 後，便可取得交易明細 TransactionReceipt 物件。而透過明細物件的 getTransactionHash()函數即可取得交易序號。

```
//合約函數之參數設定
BigInteger id = new BigInteger("" + 16888);
String name = "Allan";
BigInteger age = new BigInteger("" + 27);

// 使用合約函數，並取回交易序號
TransactionReceipt recp = contract.doInsert(id, name, age).send();
String txnHash = recp.getTransactionHash();
System.out.println("txnHash:" + txnHash);
```

　　藉由 TransactionReceipt 物件亦可取得 event InsertEvn 指令所記錄的事件內容，即如下所示：

```
TransactionReceipt recp = contract.doInsert(id, name, age).send();

String txnHash = recp.getTransactionHash();
System.out.println("txnHash:" + txnHash);
System.out.println("blockNum:" + recp.getBlockNumber());

List<Log> list = recp.getLogs();
if (list != null && list.size() > 0) {
    for (Log log:list) {
        System.out.println("log data:" + log.getData());
    }
}
```

　　如前面所述， web3j 套件的使用可以概念性分為兩種方式。如下所示，即是取得與連接區塊鏈有關的 web3j 函式庫的設定，大約只有 36 個 JAR 檔。對於有系統瘦身需求的讀者來說，可以協助將執行週期不需要的 JAR 檔精簡化。

```
<dependency>
 <groupId>org.web3j</groupId>
 <artifactId>core</artifactId>
 <version>4.9.4</version>
</dependency>
```

接著便可以藉由下列指令，測試範例程式與區塊鏈整合的執行結果。

```
java -cp .;.\core4.9.4\* KYCInsertExample
```

然而令人失望的是，執行後卻會出現如下的錯誤結果：

```
org.web3j.protocol.exceptions.TransactionException: JsonRpcError thrown with
code -32000. Message: only replay-protected (EIP-155) transactions allowed over
RPC
```

何故？簡單的說，這是在 EIP-155 時，為了防止重放攻擊（replay attack）所加入的機制，即對於沒有宣稱 Chain ID 的交易請求，節點程式會視之為錯誤。解決的方法很簡單，只要重啟節點程式，並加入下列參數，讓節點程式不要做這項檢查即可。

```
--rpc.allow-unprotected-txs
```

然而這種方式事實上是治標不是治本，畢竟節點程式還是可能接收到有問題的交易請求。因此，最好的方式還是應該按照規格提送交易才是。如下，是原本建立包裹程式實體程式片段。

```
KYC contract = KYC.load(contractAddr, web3, credentials,KYC.GAS_PRICE, KYC.GAS_LIMIT);
```

我們可以將之調整為新型的撰寫方式，這麼一來，即使節點程式沒有啟用 --rpc.allow-unprotected-txs 忽略不安全的交易請求，範例程式還是可以在宣告 Chain ID 的情況下正確運作。

```
long chainId = 168;
FastRawTransactionManager txMananger = new FastRawTransactionManager(web3,
credentials, chainId);
KYC contract = KYC.load(contractAddr, web3, txMananger, new DefaultGasProvider());
```

請參考如下之執行結果：

```
txnHash:0x21f26cf189654218e4c6575019459b80d7b272e52ed93f8ff889d1632d49797c
blockNum:1989
log data:0x0000000000000000000000000000000000000000000000000000000000041f8000
0000000000000000000000000000000000000000000000000000004000000000000000000
000000000000000000000000000000000000000005416c6c616e0000000000000000000000
00000000000000000000000000000000000
```

　　KYC 智能合約所提供的 queryName 與 queryAge，可被用來查詢客戶資料，包裹物件亦貼心地將它們通透出來，由於這兩個合約函數宣告為 view，代表不會更改合約狀態，同時可透過 JSON PRC 的 eth_call 方式取用，在使用包裹物件進行資料查詢時，便直接回傳資料內容，而不需透過 TransactionReceipt 物件間接取得。

```
// 查詢資料
String rtnName = contract.queryName(id).send();
System.out.println("name:" + rtnName);

BigInteger rtnAge = contract.queryAge(id).send();
System.out.println("age:" + rtnAge);
```

　　有人將區塊鏈視為一種分散式資料庫，對照上述範例，是否與透過 JDBC 連接傳統資料庫的方式頗為類似？再回頭看前一節辛苦呼叫 JSON RPC 的方式，現在藉由使用包裹物件來調用智能合約函數，是否變得輕鬆許多呢？

　　在預設情況下，透過 web3j 送出交易時，web3j 程式會持續輪詢(polling)區塊鏈節點，直到確認交易已被寫到區塊鏈並收到 TransactionReceipt 物件為止。我們可以加入下列時間記錄指令來觀察交易提交所花費的時間。在筆者具有三個節點的測試環境且沒有特別調校的情況下，通常需等待 15~30 秒的時間。

```
//使用合約函數，並取回交易序號
long startTime = System.currentTimeMillis();
TransactionReceipt recp = contract.doInsert(id, name, age).send();
```

```
long endTime = System.currentTimeMillis();
System.out.println("執行時間:" + (endTime - startTime) + " ms");
```

　　多人同時輪詢交易明細的情況將會大幅增加系統負荷，拖慢系統執行效能，亦讓使用者經驗（user experience）的感受打了折扣。為了減少頻繁的輪詢作業所引起的負面效果，web3j 提供幾種不同的交易明細處理器（transaction receipt processors）來解決這類型的問題，包含下列三種：

- PollingTransactionReceiptProcessor：它是 web3j 預設的處理器，可指定輪循的頻率，查詢待處理的交易。

- QueuingTransactionReceiptProcessor：透過內部佇列控管待處理交易，週期性地判斷交易明細是否備妥，倘若已備妥，則會藉由回呼（call back）方式通知相關程式進行後續處理。

- NoOpProcessor：提供 EmptyTransactionReceipt 物件給使用端程式，只內含交易序號。客戶端程式可自行控制交易明細之取得，而不藉由 web3j 處理器的協助。

完整程式請參考 KYCInsertExample2.java。

　　如下所示，在本範例程式中，吾人須先取得處理器的物件實體，透過物件導向的多形性（polymorphism）取得 Queuing 型態處理器的物件實體。第一個參數是節點連線物件；第二個參數為取得交易明細後，提供回叫函數的物件，稍後會另加介紹；第三個參數是嘗試輪詢的次數，若在指定的次數內依然查不到所需的交易明細時，便會引發例外事件；最後一個參數則是輪詢的時間週期。

```
int attemptsPerTxHash = 30;
long frequency = 1000;

TransactionReceiptProcessor myProcessor = new
QueuingTransactionReceiptProcessor(web3, new MyCallback(), attemptsPerTxHash,
frequency);
```

接著再建立處理器管理元件。由於本範例是透過指定金鑰檔的方式進行加簽，因此可選用 RawTransactionManager 管理元件。第一個參數是連線物件；第二個參數為包裹帳密憑證的物件；第三個參數是區塊鏈的 ID，可知所欲連線的區塊鏈為何，例如：ChainId.MAINNET、ChainId.KOVAN、ChainId.RINKEBY 等，本範例需連線至自建的區塊鏈，故請傳入私有鏈的 ChainId；第四個參數則是剛才所建立的處理器物件。

```
long chainId = 168;
TransactionManager transactionManager = new RawTransactionManager(web3,
credentials, chainId, myProcessor);
```

如此即可建立合約包裹物件，與先前方式不同的是，這次在建立合約包裹物件時，需同時傳入處理器管理元件做為參數。

```
// 取得合約包裹物件
String contractAddr = "0xeb1da6170755d8a60b045cde6181ecddc8dd81b0";
KYC contract = KYC.load(contractAddr, web3, transactionManager, KYC.GAS_PRICE,
KYC.GAS_LIMIT);
```

最後便可以像之前範例一樣，透過包裹物件調用智能合約的功能了。

```
// 合約函數之參數設定
BigInteger id = new BigInteger("" + 16888);
String name = "Allan";
BigInteger age = new BigInteger("" + 27);

// 使用合約函數
contract.doInsert(id, name, age).sendAsync();
```

下列程式片段說明了提供交易明細處理器所需的回叫函數物件必須實作之 Callback 介面，同時亦必須實作 accept 與 exception 兩個函數。當交易被節點程式接受並寫到區塊鏈後，底層機制便會呼叫 accept 函數，傳入 TransactionReceipt 交易明細物件。此時可和之前一樣取得交易明細所提供的各項資訊。在進行查詢交易明細的過程中若發生例外事件時，另一個 exception 函數則會被呼叫執行。例如在指定查詢 2 次數的情況，若查無明細時則會顯示「err:org.web3j.protocol.

exceptions.TransactionException: No transaction receipt for txHash: XXX received after 2 attempts」。

```
class MyCallback implements Callback {
    //交易被接受的回叫函數
    public void accept(TransactionReceipt recp) {
        String txnHash = recp.getTransactionHash();
        List<Log> list = recp.getLogs();
        if (list != null && list.size() > 0) {
            for (Log log : list) {
                System.out.println("log data:" + log.getData());
            }
        }
    }

    public void exception(Exception exception) {
        System.out.println("交易失敗, err:" + exception);
    }
}
```

5-4　web3j 之活用

本節將藉由幾個小型的測試與實驗，探索 web3j 能如何簡化區塊鏈上的相關工作量。

5-4-1　查詢節點版本

在某些情境下，我們可能會想知道所連接之節點程式的版本，此時可透過下列方式實作來完成。如之前所有範例一樣，請先建立所需的連線物件。

```
// 連接區塊鏈節點
String blockchainNode = "http://127.0.0.1:8080/";
Web3j web3 = Web3j.build(new HttpService(blockchainNode));
```

接著透過非同步方式查詢節點程式的版本。

```
// 非同步方式查詢
long startTime = System.currentTimeMillis();
Web3ClientVersion nodeVer = web3.web3ClientVersion().sendAsync().get();
long endTime = System.currentTimeMillis();
System.out.println("版本查詢(異步),花費:" + (endTime - startTime) + " ms. ver:" +
nodeVer.getWeb3ClientVersion());
```

以下為採用同步方式進行查詢：

```
// 同步方式查詢
startTime = System.currentTimeMillis();
nodeVer = web3.web3ClientVersion().send();
endTime = System.currentTimeMillis();
System.out.println("版本查詢(同步),花費:" + (endTime - startTime) + " ms. ver:" +
nodeVer.getWeb3ClientVersion());
```

在筆者的測試環境，得到以下之執行結果：

```
版本查詢(異步),花費:179ms.
ver:Geth/Node1/v1.10.19-stable-23bee162/windows-amd64/go1.18.1

版本查詢(同步),花費:8 ms.
ver:Geth/Node1/v1.10.19-stable-23bee162/windows-amd64/go1.18.1
```

透過非同步方式查詢的花費時間為 179ms，而採用同步方式查詢的花費時間為 8 ms，可發現同步方式竟優於非同步。這項測試的結果是合理的，畢竟底層需透過輪詢方式執行非同步作業，使得執行工作間無形中多了間隔時間，進而加長了整個執行週期。

5-4-2 線上交易加簽

廣義來說，Ethereum 具有三種不同的交易類型，包括：

- 傳輸 ETH 加密貨幣
- 建立智能合約
- 透過交易方式與智能合約互動

交易的發送方式可根據交易加簽方式分為兩種：透過 Ethereum 節點的「線上交易加簽」與「離線加簽」。在線上交易加簽方式中，Ethereum 節點必須能夠認得 EOA 帳號，即 EOA 的金鑰檔必須置於節點程式的特定目錄，例如 geth 的 keystore 資料目錄。

以傳送 ETH 加密貨幣為例，採用線上交易加簽方式時，同樣需先建立連線物件，此時必須透過 Admin 類別取得連線。

```
// 連接區塊鏈節點
String blockchainNode = "http://127.0.0.1:8080/";
Admin web3 = Admin.build(new HttpService(blockchainNode));
```

接著，建立變數儲存轉出帳號的 EOA 與密碼。

```
// 設定出金的 EOA 的位址與密碼
String fromEoA = "0x6893D63cBb6B7eA6265D8427AD85a2453e5506a2";
String eoaPwd = "16888";
```

將帳密資料傳給 Admin 物件的 PersonalUnlockAccount 進行帳密確認。若帳密正確無誤，PersonalUnlockAccount 物件的 accountUnlocked() 函數便會回傳 true，並可進行 ETH 之移轉。

```
// 對帳號解鎖
PersonalUnlockAccount personalUnlockAccount =
web3.personalUnlockAccount(fromEoA, eoaPwd).sendAsync().get();
if (personalUnlockAccount.accountUnlocked()) {
...
}
```

然而需注意的是，在 geth 啟動指令中，必須宣告啟用 personal API，否則無法正確地對 EOA 解鎖。

```
geth --http --http.api web3,eth,personal
```

在轉出帳號並順利解鎖後，即可設定轉入帳號及所欲轉出的 ETH 數量，而透過 Convert 物件的 toWei 函數可將指定的 ETH 轉換成以 wei 單位表示。

```
// 設定入金帳號
String toEOA = "0x665E19F081897D2aD96862b7264D617498400d26";

// 設定 ETH 數量
BigInteger ethValue = Convert.toWei("100.0", Convert.Unit.ETHER).toBigInteger();
```

接著取得下一個可以用的 nonce。

```
// 設定 nonce 亂數
EthGetTransactionCount ethGetTransactionCount =
web3.ethGetTransactionCount(fromEoA,
DefaultBlockParameterName.LATEST).sendAsync().get();
BigInteger nonce = ethGetTransactionCount.getTransactionCount();
```

再將所有資料儲存至 Transaction 物件內，包括轉出帳號 EOA、nonce、gas 價格、gas 上限、轉入帳號 EOA 及所欲移轉的 ETH 數量。

```
// 設定 Gas
BigInteger gasPrice = new BigInteger("" + 1);
BigInteger gasLimit = new BigInteger("" + 30000);
Transaction transaction = Transaction.createEtherTransaction(fromEoA, nonce,
gasPrice, gasLimit, toEOA, ethValue);
```

最後透過 Admin 物件的 ethSendTransaction 函數即可執行 ETH 傳輸的工作，亦可透過 getTransactionHash() 函數取得交易序號。

```
// 發送交易
EthSendTransaction response =
web3.ethSendTransaction(transaction).sendAsync().get();

// 取得交易序號
String transactionHash = response.getTransactionHash();
System.out.println("交易序號:" + transactionHash);
```

本案例之執行過程如下所示，原先欲轉入之帳號的餘額為 30 AETH。

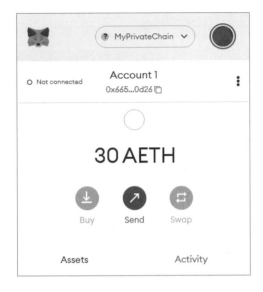

成功移轉 ETH 後，該帳號的餘額就增加了 100 AETH。

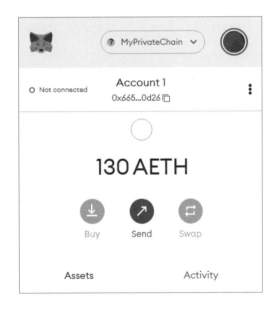

5-4-3　離線加簽的 Ether 傳送

在前一個線上加簽範例中，金鑰檔必須放在節點程式的特定目錄，同時在交易時，必須提交 EOA 的密碼讓節點程式進行加簽，這樣的運作方式其實有風險。

我們可藉由線下加簽方式，在不將金鑰檔置於節點目錄的情況下，透過 web3j 所提供的功能，對交易進行加簽後再傳遞給節點程式，如此可大幅降低金鑰憑證遺失的風險。若有其它需求，讀者亦可自行覆寫 web3j 的 ECKeyPair，並提供自己的加簽實作方式，例如將金鑰置於 HSM 等。

首先，建立連線物件：

```
// 連接區塊鏈節點
String blockchainNode = "http://127.0.0.1:8080/";
Web3j web3 = Web3j.build(new HttpService(blockchainNode));
```

接著建立加密貨幣轉出帳號的憑證物件，keyFile 是 EOA 的金鑰檔所在位置，pwd 儲存出金帳號的密碼。

```
// 設定出金帳號
String keyFile = 金鑰檔的位置;
String pwd = "16888";
Credentials credentials = WalletUtils.loadCredentials(pwd, keyFile);
```

接著設定入金帳號的 EOA。

```
// 設定入金帳號
String toEOA = "0x665E19F081897D2aD96862b7264D617498400d26";
```

交易所需的 nonce 是個只能被使用一次的數字，雖然在發送多筆交易時可使用相同的 nonce，然而一旦其中一個交易被寫到區塊後，其它使用相同 nonce 的交易就會被節點程式拒絕。在離線加簽中，雖不用將金鑰檔交付給節點程式，但透過 ethGetTransactionCount 取得 nonce 時，卻需再自行指定轉出帳號的 EOA，這其實是不太方便的事。

如下之例，在設定所欲轉出的加密貨幣數量及取得 nonce 後，即可準備欲組合的交易內容。

```
// 設定 ETH 數量
BigInteger ethValue = Convert.toWei("200.0", Convert.Unit.ETHER).toBigInteger();

// 設定 nonce 亂數
String fromEoA = "0x6893D63cBb6B7eA6265D8427AD85a2453e5506a2";
EthGetTransactionCount ethGetTransactionCount =
web3.ethGetTransactionCount(fromEoA,
DefaultBlockParameterName.LATEST).sendAsync().get();
BigInteger nonce = ethGetTransactionCount.getTransactionCount();
```

採用離線加簽發送加密貨幣須透過 RawTransaction 物件來進行。RawTransaction 和線上加簽所使用的 Transaction 物件類似，但使用 RawTransaction 物件時，不用設定轉出帳號的 EOA，這是因為藉由 Credentials 物件即可知道轉出帳號為何。

```
// 設定 Gas
BigInteger gasPrice = new BigInteger("" + 1);
BigInteger gasLimit = new BigInteger("" + 30000);

//建立 RawTransaction 物件
RawTransaction rawTransaction = RawTransaction.createEtherTransaction(nonce,
gasPrice, gasLimit, toEOA, ethValue);
```

接下來即可對交易進行加簽以及編碼。同樣的，為了防治 EIP-155 的風險，加簽時需設定 Chain ID。

```
// 對交易進行加簽與加密
long chainId = 168;
byte[] signedMessage = TransactionEncoder.signMessage(rawTransaction, chainId,
credentials);
String hexValue = Numeric.toHexString(signedMessage);
```

最後再透過 web3j 物件的 ethSendRawTransaction 函數即能移轉 ETH。

```
// 提出交易
EthSendTransaction ethSendTransaction = web3.ethSendRawTransaction(hexValue).
sendAsync().get();
```

```
String transactionHash = ethSendTransaction.getTransactionHash();
System.out.println("交易序號:" + transactionHash);
```

以下為執行過程。轉入帳號在一開始時，餘額內只有 130 個加密貨幣。

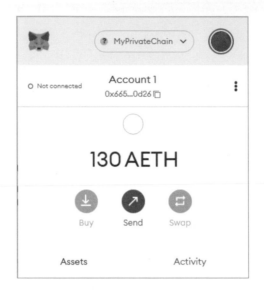

順利執行後，轉入帳號即獲得 200 AETH。

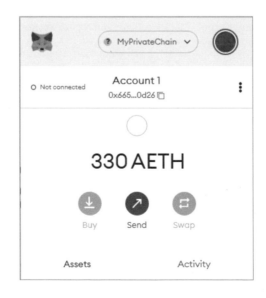

雖然離線加簽的方式降低了金鑰被竊取的風險，從上述種種實驗，吾人可知系統開發人員可藉由 Transaction 物件實作線上加簽，以及透過 RawTransaction 物件實作線下加簽。兩者最大之不同處在於線上加簽方式之金鑰檔必須置於節點中，同時在提出交易時，必須設定交易來源的 EOA；反之，以線下加簽時，交易提出者則可自行保管金鑰檔。不論是哪種實作方式，web3j 皆能妥善支援，因此讀者可自行斟酌選擇適合自己的架構。

5-4-4　部署智能合約

前面幾節之智能合約部署方式皆是先編譯合約，再藉由 Remix IDE 工具將合約部署到區塊鏈。然而在某些情況下，我們可能希望在程式執行週期時，才藉由動態方式進行合約部署，例如為特定之保險要保人建立一份專屬的智能合約。即使這不是一種好的系統架構方式，然而需求可能還是存在。

此時就可透過 5-2 節所介紹的包裹物件來達到目的。請參考先前已寫好的 KYC 智能合約及透過 web3j 所產製的 KYC 包裹物件。如下所示，動態部署智能合約之前，請先取得區塊鏈連線以及 EOA 驗證物件。

```
// 連接區塊鏈節點
String blockchainNode = "http://127.0.0.1:8080/";
Web3j web3 = Web3j.build(new HttpService(blockchainNode));

// 指定金鑰檔，及帳密驗證
String coinBaseFile = "C:\\MyKeyFile";
String myPWD = "16888";
Credentials credentials = WalletUtils.loadCredentials(myPWD, coinBaseFile);
```

接著，直接呼叫合約包裹物件的 deploy 函數，並傳入連線與驗證物件，如此底層 web3j 套件便會自動進行合約部署，部署成功後便可透過 getContractAddress 函數取得合約部署後的位址。

```
// 藉由合約包裹物件，進行部署
long chainId = 168;
FastRawTransactionManager txMananger = new FastRawTransactionManager(web3,
credentials, chainId);
```

```
KYC contract = KYC.deploy(web3, txMananger, new DefaultGasProvider()).send();

// 取得合約位址
String addr = contract.getContractAddress();
```

5-4-5　建立 EOA

在系統實作時常需要在前端 web 系統創建會員帳號，以及同時在後端區塊鏈建立 EOA，並建立兩者間的關聯。會員帳號之創建僅是一般資料庫系統的資料新增，至於動態建立 EOA 則可參考下列範例。

請試著執行下列程式，便能夠透過 personal 之 JSON PRC 建立新的 EOA。而 Admin 管理元件的 personalNewAccount 函數僅需輸入一個參數，即新 EOA 的密碼。

```
// 連接區塊鏈節點
String blockchainNode = "http://127.0.0.1:8080/";
Admin web3 = Admin.build(new HttpService(blockchainNode));

// 設定新 EOA 的密碼
NewAccountIdentifier newEOA = web3.personalNewAccount("16888").send();

// 取得新 EOA 的位址
System.out.println("new EOA:" + newEOA.getAccountId());
```

執行結果如下所示：

```
new EOA:0x9bf4a53e5f48d41fee35d6d1e93041e2dc90a30e
```

在節點程式的金鑰儲存目錄上，我們可發現金鑰檔被正確置放了。

Name

☐ UTC--2022-06-30T03-19-25.731025800Z--6893d63cbb6b7ea6265d8427ad85a2453e5506a2

☐ UTC--2022-06-30T03-34-22.008381100Z--50fa3ff58f8796b72e615191e82effec0104ef49

☐ UTC--2022-07-25T07-44-35.331982000Z--9bf4a53e5f48d41fee35d6d1e93041e2dc90a30e

5-4-6　建立 EOA 與金鑰檔

前一個範例是透過節點程式所提供的 personal JSON RPC，直接在節點程式建立新的 EOA，其實 web3j 套件也提供可用來建立金鑰檔的工具元件。

WalletUtils 工具物件的 generateNewWalletFile 便是用來建立金鑰檔的函數，其中第一個參數為新 EOA 的密碼；第二個參數是金鑰產製後的存放目錄；第三個參數則是加密與否。

```
WalletUtils.generateNewWalletFile("888",new File("c:\\temp\\"), true);
```

本範例執行之後，可成功在指定目錄建立金鑰檔，從檔案名稱可知道此金鑰所對映的 EOA 為 27e413d2277a07ac6ba5efabe21fcc0b5e21d708。若此時我們嘗試移轉一些 ETH 到新金鑰檔所對映之 EOA 會成功嗎？

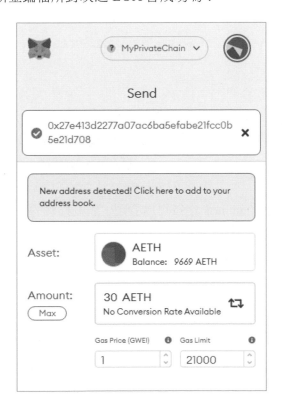

加密貨幣似乎真的已移轉，同時亦經過多次的交易確認。但交易真的成真了嗎？我們嘗試將剛剛所建立的金鑰檔匯到 Metamask 之中。

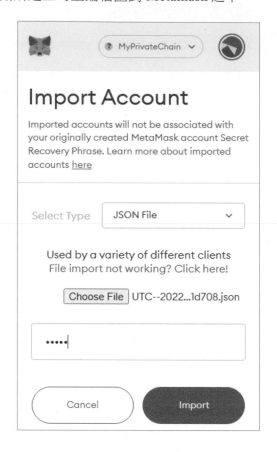

將帳號成功匯到 Metamask 之後可以發現，剛剛移轉的加密貨幣，真的移轉到方才建立的 EOA 之中了。

經由這簡單的實驗可知道，即便剛建立的金鑰檔尚不存在於鏈上世界，加密貨幣的移轉記錄依然被如實地記錄在區塊鏈中。

這引發幾個有趣的議題，假如進行加密貨幣移轉的過程中，不小心誤植轉入帳號的 EOA，由於以太坊不具有檢驗 EOA 是否存在的機制，因此可能誤將加密貨幣移轉給區塊鏈上的另一個人，或甚至一個根本不存在的 EOA。

此外是否有可能透過計算方式產製一個剛好具有加密貨幣餘額的金鑰檔，而盜取別人的加密貨幣呢？理論上是可行的，因此一些國外駭客集團已嘗試進行盜取，只不過成功機率以目前電腦的計算能力而言幾乎是微乎其微，不用太過擔心。

順便一提，金鑰檔若用在公鏈上，那麼其中的 EOA 就會變成公鏈的帳號。反之若金鑰檔放到私鏈上，帳號就會變成私鏈上的 EOA。雖然看起來 EOA 帳號都一樣，但在不同鏈上的貨幣餘額與交易都是獨立存在，相互沒有影響。

同理，智能合約在區塊鏈上的位址也是獨一無二，即使是功能內容與位址皆完全相同的智能合約，在不同的鏈上也是獨立存在。

雖然對於應用層的 DApp 而言，程式設計師並不需要知道底層是如何產製 EOA 與金鑰檔，但在此我們仍簡單介紹一下。若略去相關演算法的話（例如 ECDSA 和 Keccak-256 雜湊），整個私鑰到 EOA 生成的過程可簡單分為下列三個步驟：

- 步驟一：亂數取得長度為 64 個 16 進制字元的私鑰（256 bits/32 bytes）。
- 步驟二：從私鑰中取得長度為 128 個 16 進制字元的公鑰（512 bits/64 bytes）。
- 步驟三：從公鑰中取得長度為 40 個 16 進制字元的位址（160 bits/20 bytes）。

由上述簡化的流程可以得知，Ethereum 的公鑰其實並不是 EOA 位址，公鑰只做為私鑰與帳號的中間人。

5-5 web3j 與區塊鏈 Oracle 閘道機制

早在 2015 年挪威的 Evry 公司發表的＜bank-2020－blockchain powering the internet of value＞白皮書，將區塊鏈的應用方向分為下列幾種：

應用類型	說明
Crypto Currencies	即各式各樣的加密貨幣，例如 Bitcoin。
Value Registry	價值登錄。就是做為各種所有權文件（ownership documents）的存證（proof of existence）儲存，例如分布式帳本（distributed ledger）即為典型之應用。
Value Ecosystem	價值生態系統。例如透過智能合約達到在區塊鏈上的經濟生態系統。
Value Web	價值聯網。其將做為在各式各樣資產轉換（asset conversion）平台，扮演虛擬與真實世界間的閘道（gateway）。

本節所要介紹的 Oracle 機制並非國際知名的關聯式資料庫，而是指在 Ethereum 區塊鏈中扮演串接兩個世界的閘道技術。

將閘道技術取名為 Oracle 乃是原創者的幽默，Oracle 原意是神諭，一種經由神明的啟示後，透過祭司解釋、扶鸞或降乩等方式傳達神明的旨意、回答信眾的問題、預言未來等過程。虛擬世界與真實世界間原本是獨立存在，無法進行資料與資訊的交流與交換，然而透過 Oracle 閘道技術就能夠串接兩個世界的資料，就好比是神諭的過程，也因此使得區塊鏈的應用層面變得更加寬廣。

如下所示，區塊鏈的以太坊虛擬機（Ethereum virtual machine, EVM）環境原本是一個封閉的烏托邦世界，使用者與智能合約能夠相互運作或進行加密貨幣之移轉，在小小的天地內自成一世界。由於 EVM 中的智能合約無法讀取外部資源，使得應用範圍受到相當大的局限。

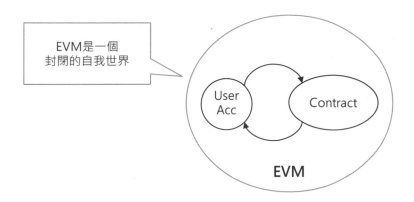

如下圖所示的 Oracle 閘道，它能夠傾聽智能合約的事件，並進行適當的邏輯處理後再將資訊回寫至智能合約，如此一來虛擬世界與真實世界間總算搭建溝通的橋樑，也能夠擴大區塊鏈的應用範圍。有經驗的讀者應該可觀想到，Oracle 閘道與 WWW 鼎鼎有名的 CGI（common gateway interface）是扮演同樣的角色，如此一來就不難理解它的運作原理了。

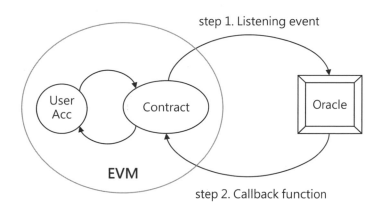

5-5-1　手動式 Oracle 閘道

嚴格來說，Oracle 閘道不能算是一種技術，反而是一種系統架構設計，因此即便利用手動方式也能夠模擬 Oracle 運作機制。接下來的實驗重點放在 Oracle 機制如何進行事件之傾聽，首先將透過使用 Metamask 錢包軟體，以手動的方式呼叫智能合約的函數，並在引發事件後從 Metamask 錢包軟體的事件截取功能來取得該事件的內容。

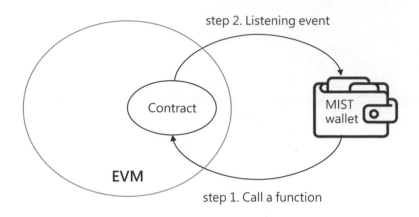

如下為本實驗所使用的智能合約，請先進行編譯與部署。合約中的 MyEvent 便是要傾聽的事件主角。

```
// SPDX-License-Identifier: MIT
pragma solidity ^0.8.15;
contract MySimpleOracle {
  event MyEvent(uint256 indexed _id, string _myMsg);
  function myfunc(uint256 id, string memory myMsg) public {
   emit MyEvent(id, myMsg);
  }
}
```

請將上述智能合約上鏈，並嘗試呼叫智能合約中的 myfunc 函數，其中參數 id 請輸入 16888，參數 myMsg 請輸入「My First Oracle」字樣。

事件內容將被顯示在 Remix IDE 下方的訊息框中，如下所示，我們以手動方式模擬 Oracle 之運作已順利執行，呼叫合約函數所引發的事件果然被正確的截聽，事件內容便是剛才所輸入的參數值（即 id 為 16888，myMsg 為「My First Oracle」）。

```
logs      [
              {
                      "from":"0xb3dB0D1c54b54193FaE7E107ef512118485a6161",
                      "topic":
              "0x1274f55e9fcce41929ca5d53fe948f2d3ef947ede0e66f26d67e76fc2fec5f31",
                      "event": "MyEvent",
                      "args": {
                              "0": "16888",
                              "1": "My First Oracle",
                              "_id" : "16888",
                              "_myMsg": "My First Oracle"
                      }
              }
      ]
```

5-5-2　Oracle 傾聽程式

到目前為止，吾人已可透過手動方式模擬 Oracle 閘道之運作，接下來我們嘗試實作 Oracle 另一半的功能，即以程式實作傾聽智能合約事件。如下所示，稍後依然將藉由 Metamask 錢包軟體呼叫智能合約的函數，並引發特定之事件，而測驗 Java 程式所實作之傾聽功能是否會聽取該事件。

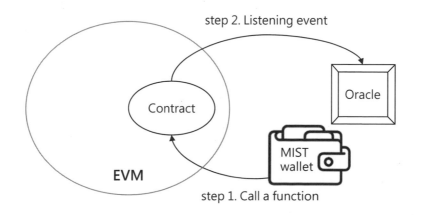

同樣地，程式在一開始依然須先取得區塊鏈連線物件。

```
// 連線區塊鏈節點
String blockchainNode = "http://127.0.0.1:8080/";
Web3j web3 = Web3j .build(new HttpService(blockchainNode));
```

接著再指定智能合約的位址並建立 EthFilter 物件。EthFilter 物件建構者函數的前兩個參數可用來設定起始與終止區塊的範圍，第三個參數則是指定合約的位址。起始與終止區塊參數中，EARLIEST 代表設定為最早的區塊，LATEST 代表設定為最新的區塊，PENDING 則代表設定為待處理的區塊。

若起始與終止區塊設定為 EARLIEST 與 LATEST，則程式在執行後，便會從最早的區塊到最新的區塊之間進行事件查詢；若起始與終止區塊同時設定為 LATEST，則永遠只會抓取最新引發的事件。

傳統在沒有 web3j 套件支援的情況下，若想透過 JSON PRC 實作過濾機制是一件相當繁瑣的事，例如必須自己實作定時查詢的功能，方能即時地聽取區塊鏈上的事件，所幸 web3j 套件使用了 RxJava 的 Observable，提供一致性的機制，讓系統建置者輕鬆實作過濾機制，如此一來對於底層這些麻煩事都可不再費心。

```
// 指定合約位址
String contractAddr =合約位址

// 設定過濾條件
EthFilter filter = new EthFilter(DefaultBlockParameterName. LATEST,
DefaultBlockParameterName.LATEST, contractAddr);
```

最後將 EthFilter 指派給 Web3j 物件的 ethLogFlowable，做為過濾條件設定之依據，同時藉由 subscribe 函數指定具有回叫函數的匿名類別的物件。順便一提，參考官網的範例，底下使用的是 Java 8 之後的 Lambda 語法，或是稱為 Lambda 表示式。簡單的說，Lambda 語法用來表示「只擁有一個方法的介面」所實作出來的匿名類別。除了可以大幅度的縮短程式碼長度，也可以避免產生.class 檔案。程式執行時，亦不會重新建立物件實體，而是將 Lambda 的 body 程式碼直接置於記憶體，以類似 call function 的方式執行，可大幅提高執行效能。有興趣的讀者不妨自行參考相關書籍。

回過頭來，當聽取事件時，由底層傳入的 Log 物件則會包含所有需要的訊息，例如經由 Log 物件的 getTopics() 函數可取得 log 區段中 topics 欄位的內容值，而 Log 物件的 getData() 函數則可取得 log 之完整內容。

```
// 抓取 Event
Disposable subscription = web3.ethLogFlowable(filter).subscribe(log -> {
  List<String> list = log.getTopics();
  for (String topic : list) {
    System.out.println("topic:" + topic);
  }
  System.out.println("data:" + log.getData());
});
```

接著，請試著透過 Metamask 錢包軟體呼叫智能合約的函數並引發事件。請在 id 欄位輸入 88，並在 myMsg 欄位輸入「good」字串，並且傳送交易。

回顧第一節所提到的概念，一筆交易可觸發多個 Event，而對映 Event 的 log 會以陣列方式呈現，並被寫到 logs 區段中。一筆 log 的兩個重要欄位分別是 topics 與 data，其中最多只能有 4 個 topics，第一個 topic 預設為 Event 的識別子（identifier），代表 topic 化的事件參數最多只能有 3 個。

寫入 log 的事件參數宣告為 indexed，會被提升到 topic 區段。如果事件宣告超過 4 個以上的 indexed 參數時，在程式編譯會得到「TypeError: More than 3 indexed arguments for event.」的錯誤訊息。在本例中的_id 參數即是已被 indexed 化。

如下所示為聽取的事件內容：

```
topic:0x1274f55e9fcce41929ca5d53fe948f2d3ef947ede0e66f26d67e76fc2fec5f31
topic:0x0000000000000000000000000000000000000000000000000000000000000058
data:0x0000000000000000000000000000000000000000000000000000000000000002
0000000000000000000000000000000000000000000000000000000000000004
676f6f6400000000000000000000000000000000000000000000000000000000
```

將執行結果稍做整理成如下 topic 的內容，第一筆 topic 為 Event 的識別值，第二筆 topic 便是剛才設定為參數 id 的內容值 88，並以 16 進制表示。

```
topic:0x1274f55e9fcce41929ca5d53fe948f2d3ef947ede0e66f26d67e76fc2fec5f31
topic:0x0000000000000000000000000000000000000000000000000000000000000058
```

進一步將 data 欄位做適當之切割，第 1 行指示字串資料的儲存位址，即十六進制的 20，代表位址是十進制的第 32 個 byte；第 2 行說明字串的長度為 4 個字；第 3 行則是字串的實際內容，將 ASCII 的 676f6f64 進行轉換，便是「good」字樣。

```
data:0x
1 行( 0bytes):0000000000000000000000000000000000000000000000000000000000000020
2 行(32bytes):0000000000000000000000000000000000000000000000000000000000000004
3 行(64bytes):676f6f6400000000000000000000000000000000000000000000000000000000
```

本實驗所使用的 EthFilter 是一種稱為過濾器（Filter）的元件，為支援 Ethereum 平台，web3j 套件總共提供三種不同的過濾器元件：

- 區塊過濾器（block filters）

- 待處理交易過濾器（pending transaction filters）

- 標題過濾器（topic filters）

區塊過濾器用來聽取和區塊產生有關的事件；待處理交易過濾器用以聽取交易，建立有關的事件；標題過濾器則提供彈性的方式，讓程式設計師可自行設定。

如下為用以聽取建立新區塊的事件之程式碼：

```
Subscription subscription = web3j.blockFlowable(false).subscribe(block -> {
 ...
});
```

聽取待處理且尚未被寫入區塊之新交易的事件之程式碼：

```
Subscription subscription = web3j.pendingTransactionFlowable().subscribe(tx -> {
 ...
});
```

聽取新交易被加到區塊的事件則如下：

```
Subscription subscription = web3j.transactionFlowable().subscribe(tx -> {
 ...
});
```

不論使用那一種過濾元件，一旦不再需要聽取區塊鏈事件時，皆應執行下列指令來中止聽取的功能：

```
subscription.unsubscribe();
```

某些實務場景（例如稽核歷史交易記錄等）需要查核一定期間內的所有交易，此時就能夠透過下列指令將指定期間到最新的區塊全部查詢出來，做為稽核之用。

```
Subscription subscription = replayPastAndFutureBlocksFlowable(
  <startBlockNumber>, <fullTxObjects>).subscribe(block -> {
  ...
});
```

若只想查詢期間內區塊中的所有交易，則可透過下列指令：

```
Subscription subscription = web3j.replayTransactionsFlowable(
  <startBlockNumber>, <endBlockNumber>).subscribe(tx -> {
  ...
});
```

上述方式皆是用來傾聽底層與區塊鏈交易有關的事件，然而絕大部分的時間，尤其在實作 DApp 時，我們通常只關心與智能合約執行有關的事件。此時可透過 EthFilter 過濾器實現。如下例，在剛才實驗已接觸過的 EthFilter，需傳入區塊的起迄及智能合約的位址。

```
EthFilter filter = new EthFilter(DefaultBlockParameterName.EARLIEST,
DefaultBlockParameterName.LATEST,    contractAddr);
```

在事件中符合條件且同時被設定 indexed 的 topic，則可透過 addSingleTopic 或 addOptionalTopics 函數過濾傾聽。需注意的是，indexed 事件參數乃是採用 Keccak-256 雜湊編碼，因此若 indexed 事件參數是變動長度的型態（例如字串），在指定 topic 時，是無法直接以原本的資料內容當做過濾之比對，必須先進行編碼才行。下方為調整智能合約的程式碼，使之能夠發送下列兩個事件。

```
event MyEvent(uint256 indexed _id, string _myMsg);
event MyEvent2(uint256 indexed _id, string _myMsg);
```

而在 Java 程式中，加入下列過濾條件之後，便只會傾聽 MyEvent 事件。

```
Event eventTopic = new Event("MyEvent",
 Arrays.asList(
  new TypeReference<Uint256>(true) {},
  new TypeReference<Utf8String>(true) {
}));
filter.addSingleTopic(EventEncoder.encode(eventTopic));
```

在下一個實驗中，我們將合併前兩節的內容，探討較為完整的 Oracle 程式的運作原理。

5-5-3　Oracle 完整閘道程式

至目前為止，我們已介紹 Oracle 機制的重要組成元素，接下來將透過一個簡單的情境模擬真實世界的 Oracle 應用場景。

　　下例為簡化版的「數位資產系統」，該平台提供使用者透過加密貨幣購買數位資產的功能，整個流程可概分為下列幾個步驟：

- 使用者移轉定額之加密貨幣到指定的智能合約。

- Oracle 閘道持續偵測「購買事件」。

- 若偵測到「購買事件」時，便將有效的數位資產憑證回寫至智能合約。

　　如此一來便能夠完成一次的購買交易。借助區塊鏈不可否認與竄改的特性，即可透過智能合約中的記錄，證明數位資產的擁有者為何人。

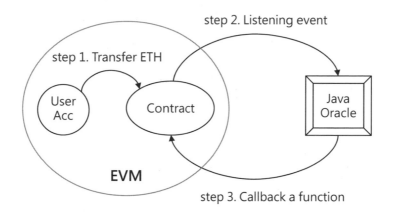

　　如下為本節所使用的智能合約：

```solidity
// SPDX-License-Identifier: MIT
pragma solidity ^0.8.15;

contract DigitalAssetContract {

    //購買事件
    event BuyEvent(address buyer, uint256 money);

    //錯誤事件
    event ErrEvent(address buyer, uint256 money);

    //設定事件
    event SetEvent(address buyer, string license);
```

```solidity
//記錄數位資產
mapping(address => string) assetDatas;

//購買數位資產
receive () external payable {
  //以 1ETH 購買
  if (1000000000000000000 == msg.value) {
    //引發購買事件
    emit BuyEvent(msg.sender, msg.value);
  } else {
    emit ErrEvent(msg.sender, msg.value);
  }
}

//設定持有人的數位憑證
function setOwner(address owner, string memory license) public {
  assetDatas[owner] = license;

  emit SetEvent(owner, license);
}

//查詢持有人的數位憑證
function queryByOwner(address owner) external view returns (string memory
license) {
    return assetDatas[owner];
}

//查詢智能合約 ETH 餘額
function contractETH() external view returns (uint256 bnumber) {
  return address(this).balance;
}
```

　　此智能合約共提供三個 Event，分別為購買事件、錯誤事件與設定事件。首先，「購買事件」是 Oracle 閘道最核心的事件，當發生購買交易時，Oracle 閘道便根據此事件之傾聽，來做為將數位資產回寫至智能合約的觸發參考時點。「購買事件」包含購買者的 EOA 及移轉的金額。

　　第二個是錯誤事件，由於本智能合約限制購買金額為 1 ETH，為了在移轉錯誤金額時能夠協助問題查找，因此提供「錯誤事件」協助系統建置者除錯之用。「錯誤事件」同樣包含購買者的 EOA 及移轉的金額。

最後一個「設定事件」則是在 Oracle 閘道確認購買交易後，將數位資產回寫至智能合約時所引起的事件，此事件同樣是用來幫助查找問題，同時也可做為日後稽核查詢的證明。「設定事件」包含了購買者的 EOA 及數位資產編號。

```
//購買事件
event BuyEvent(address buyer, uint256 money);

//錯誤事件
event ErrEvent(address buyer, uint256 money);

//設定事件
event SetEvent(address buyer, string license);
```

　　智能合約提供了簡單的資料結構，儲存購買者與數位憑證間的對映關係。資料結構中的主鍵為購買者的 EOA 帳號，資料部分則是數位資產編號。

```
//記錄數位資產擁有人
mapping(address => string) assetDatas;
```

　　智能合約為接收加密貨幣之移轉，必須提供實作 payable 的 receive 函數。如下例，在 receive 函數中判斷購買金額是否為 1 ETH，如果移轉金額正確則引發「購買事件」，並傳入購買者 EOA 與購買金額；反之則引發「錯誤事件」，也傳入購買者 EOA 與購買金額，做為系統偵查之用。

```
//購買數位資產
receive () external payable {
 //以 1ETH 購買
 if (1000000000000000000 == msg.value) {
    //引發購買事件
   emit BuyEvent(msg.sender, msg.value);
 } else {
   emit ErrEvent(msg.sender, msg.value);
 }
}
```

　　以下兩個智能合約函數則用來讓 Oracle 閘道設定與查詢所購買的數位資產。在設定數位資產時引發「設定事件」，同樣為了要做為 Oracle 閘道判斷事件之依據，故將事件種類設定為「set」。

```
//設定持有人的數位憑證
function setOwner(address owner, string memory license) external {
  assetDatas[owner] = license;

  emit SetEvent(owner, license);
}

//查詢持有人的數位憑證
function queryByOwner(address owner) external view returns (string memory license)
{
    return assetDatas[owner];
}
```

　　請編譯本智能合約並部署到私有鏈，接著即可開始實作 Oracel 閘道程式（註：完整 Oracle 閘道程式請參考 DigitalAssetOracle.java）。與使用合約包裹物件一樣，Oracle 閘道程式也須先取得連線物件，同時根據合約位址建立 EthFilter 過濾物件。

```
// 連線區塊鏈節點
Web3j web3 = Web3j.build(new HttpService(blockchainNode));

// 設定過濾條件
EthFilter filter = new EthFilter(DefaultBlockParameterName.LATEST,
DefaultBlockParameterName.LATEST,contractAddr);
```

　　由於 Event 的識別值（identifier）將被做為 log 的第一個 topic，因此，便可以藉由比對識別值是否相符來判斷所要處理的事件為何。如下，則是對各個 Event 函數進行的 SHA3 編碼。

```
// buy 事件的辨識子
String buy_topicHash = Hash.sha3String("BuyEvent(address,uint256)");

// err 事件的辨識子
String err_topicHash = Hash.sha3String("ErrEvent(address,uint256)");

// set 事件的辨識子
String set_topicHash = Hash.sha3String("SetEvent(address,string)");
```

此外，在聽取合約事件時所取得的 log 內容會像本章一開始時所提及，是以位元組的方式呈現，為能正確剖析 log 內容，可透過使用 Function 類別，並按照 Event 事件的參數型態設定剖析條件即可。

參考智能合約「購買事件」的非 indexed 參數型態分別是 address 與 uint256，因此，Function 物件稍後進行 log 內容剖析時，第一個參數預期為 Address 型別，第二個參數預期為 Uint 型別。

```
// Buy 事件的 Log 內容，第一個是 address，第二個是 uint256
Function buyLog = new Function("", Collections.<Type> emptyList(),
  Arrays.asList(new TypeReference<Address>() {},
  new TypeReference<Uint>() {
}));
```

同樣地，智能合約「錯誤事件」的非 indexed 參數型態亦分別是 address 與 uint256。

```
// Err 事件的 Log 內容，第一個是 address，第二個是 uint256
Function errLog = new Function("", Collections.<Type> emptyList(),
    Arrays.asList(new TypeReference<Address>() {},
    new TypeReference<Uint>() {
}));
```

智能合約「設定事件」的非 indexed 參數型態分別是 address 與 string。故 Function 物件進行 log 內容剖析時，第一個參數預期為 Address 型別，第二個參數則為 Utf8String 型別。

```
// Set 事件的 Log 內容，第一個是 address，第二個是 String
Function setLog = new Function("", Collections.<Type> emptyList(),
  Arrays.asList(new TypeReference<Address>() {},
  new TypeReference<Utf8String>() {
}));
```

接下來，即可讓 Oracle 閘道程式進入事件傾聽的迴圈中。如下所示，當 Oracle 閘道程式偵測到合約事件時，將先透過 getTopics 函數取得該事件 log 的所有 topic，並藉由比對事件種類名稱的 SHA3 判斷觸發的事件種類，再將事件的 log 與剖析物件傳遞給適當的處理函數進行後續之處理。例如：將購買事件相關的 log

交給 handleBuyEvent 函數處理；將錯誤事件相關的 log 交給 handleErrEvent 函數處理；將設定事件相關的 log 交給 handleSetEvent 函數處理。

```
// 抓取 Event
Disposable subscription = web3.ethLogFlowable(filter).subscribe(log -> {
  List<String> list = log.getTopics();
  for (String topic : list) {
    System.out.println("topic:" + topic);

    System.out.println("合約位址:" + log.getAddress() + "," + log.getData());

    if (topic.equals(buy_topicHash)) {
      System.out.println("處理 Buy 事件");
      handleBuyEvent(log, buyLog);
    }

    if (topic.equals(err_topicHash)) {
      System.out.println("處理 Error 事件");
      handleErrEvent(log, errLog);
    }

    if (topic.equals(set_topicHash)) {
      System.out.println("設定事件");
      handleSetEvent(log, setLog);
    }
  }
  System.out.println("data:" + log.getData());
});
```

接下來一一介紹 handleBuyEvent、handleErrEvent 與 handleSetEvent 的功能。在處理「購買事件」log 的 handleBuyEvent 函數中，Function 物件會根據所設定的參數型對 log 資料進行剖析，剖析的結果可以透過簡單的迴圈迭代取得。如下，在「for (Type type : nonIndexedValues)」迴圈中取得的第一個 Event 參數即為購買者 EOA。

第二個「購買事件」的參數即為購買金額。由於在智能合約中是 uint256，對映 Java 的型別即為 BigInteger。「購買事件」被觸發時需同時呼叫 callbackContract 函數，將購買者 EOA 與數位資產同時回寫智能合約。為簡化範例的複雜度，本例將所有的數位資產一律固定為「PO_ABC16888」。

```
// 處理 Buy 事件
private void handleBuyEvent(Log log, Function buyLog) {
  try {
     List<Type> nonIndexedValues = FunctionReturnDecoder.decode(log.getData(),
buyLog.getOutputParameters());
     int inx = 0;
     String address = ""; // 購買帳號 EOA
     BigInteger money = BigInteger.ZERO; // 購買金額

     for (Type type : nonIndexedValues) {
         if (inx == 0) {
             // 第一個參數是 address
             try {
                 // 取得 EOA 位址
                 address = (String) type.getValue();
             } catch (Exception e) {
                 System.out.println("convert error:" + e);
             }
         } else {
             // 第二個參數是傳入的金額
             money = (BigInteger) type.getValue();
         }
         inx++;
     }

     // 寫入所購買的數位資產
     callbackContract(address, "PO_ABC16888");

  } catch (Exception e) {
     System.out.println("Error:" + e);
  }
}
```

　　處理「錯誤事件」log 的 handleErrEvent 函數與 handleBuyEvent 函數完全相同，除了錯誤事件發生之外，皆不需呼叫 callbackContract 函數將數位資產回寫智能合約，其它部分就省略不加以說明了。

```
// 處理 Err 事件
private void handleErrEvent(Log log, Function errLog) {
  try {
     List<Type> nonIndexedValues = FunctionReturnDecoder.decode(log.getData(),
errLog.getOutputParameters());
```

BLOCKCHAIN

```
    int inx = 0;
    String address = ""; // 購買帳號 EOA
    BigInteger money = BigInteger.ZERO; // 購買金額

    for (Type type : nonIndexedValues) {
        if (inx == 0) {
            // 第一個參數是 address
            try {
                // 取得 EOA 位址
                address = (String) type.getValue();
            } catch (Exception e) {
                System.out.println("convert error:" + e);
            }
        } else {
            // 第二個參數是傳入的金額
            money = (BigInteger) type.getValue();
        }
        inx++;
    }
} catch (Exception e) {
    System.out.println("Error:" + e);
}
}
```

　　處理「設定事件」log 的 handleSetEvent 函數，其運作原理也是大同小異，只不過設定事件的第二個參數為智能合約的 string，需對映到 Java 程式中的 Function 物件的 Utf8String。

```
// 處理 Set 事件
private void handleSetEvent(Log log, Function setLog) {
 try {
    List<Type> nonIndexedValues = FunctionReturnDecoder.decode(log.getData(),
setLog.getOutputParameters());
    int inx = 0;
    String address = ""; // 購買帳號 EOA
    String license = ""; // 數位資產

    for (Type type : nonIndexedValues) {
        if (inx == 0) {
            // 第一個參數是 address
            try {
                // 取得 EOA 位址
```

```
                  address = (String) type.getValue();
            } catch (Exception e) {
                System.out.println("convert error:" + e);
            }
        } else {
            // 第二個參數是數位資產
            license = (String) type.getValue();
        }
        inx++;
    }
} catch (Exception e) {
    System.out.println("Error:" + e);
}
}
```

　　Oracle 閘道程式的最後一部分是將數位資產回寫智能合約，此部分僅需透過合約包裹物件的函數便可輕鬆完成。如下所示，callbackContract 函數的第一個參數是購買者 EOA，須以 16 進制字串表示之；第二個參數則是數位資產憑證。最後合約包裹物件的 setOwner 函數對映到智能合約的 setOwner 函數，呼叫之後便可以回寫智能合約。同樣的，此處也採用新的交易方式，以解決 EIP-155 的問題。

```
private void callbackContract(String owner, String license) {
 try {
     // 連接區塊鏈節點
     Web3j web3 = Web3j.build(new HttpService(blockchainNode));

     // 指定金鑰檔，及帳密驗證
     String coinBaseFile = 金鑰檔位置;
     String myPWD = 金鑰密碼;
     Credentials credentials = WalletUtils.loadCredentials(myPWD, coinBaseFile);

     // 藉由合約包裹物件，進行部署
     long startTime = System.currentTimeMillis();

     // 取得合約包裹物件
     // 新版的寫法，解決 EIP-155
     long chainId = 168;
     FastRawTransactionManager txMananger = new FastRawTransactionManager(web3,
credentials, chainId);
     DigitalAssetContract contract = DigitalAssetContract.load(contractAddr,
web3, txMananger, new DefaultGasProvider());
```

```
   // 設定持有人與數位資產
   contract.setOwner(owner, license).send();

   long endTime = System.currentTimeMillis();
   System.out.println("spend:" + (endTime - startTime) + " ms");

} catch (Exception e) {
   System.out.println("callbackContract err:" + e);
}
}
```

　　請編譯此 Oracle 閘道程式並啟動之,接著即可透過錢包軟體進行數位資產的購買。如圖所示為準備將 1 ETH 移轉給智能合約:

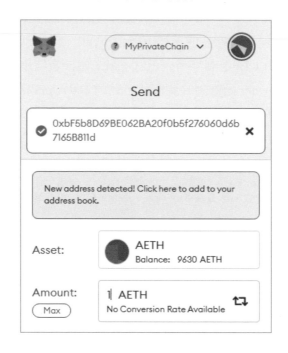

　　執行貨幣移轉後可觀察 Oracle 閘道程式的運作,若順利執行則再透過錢包軟體進行智能合約查詢,果然證實購買者的購買記錄已被記錄在智能合約之中。

本簡化版的「數位資產系統」尚有許多地方不貼近真實情境而需修改，例如數位資產的序號是固定值等，不過做為拋磚引玉之範例應已足矣。

到目前為止，相信各位讀者應已有能力開發 DApp 程式，然而不論方式是前端透過 web 或手機 App 串接區塊鏈，依然無法達到真正的去中心化的目標。即便前端的 web 伺服器有實作 Load balance 機制，一旦伺服器當機，整個 DApp 服務還是可能會中斷。

要達到完全去中心化目的，唯一的辦法就是讓前端的操作介面也能夠去中心化，例如有人嘗試將 HTML、JS 等前端檔案或程式置於 IPFS（interplanetary file system）中，以達到前端分散的目的。雖然在效能上仍有疑慮，但相信聰明的科學家與工程師們有朝一日還是可以解決目前面臨的所有挑戰。

「冷儲存（Cold Storage）」是指將私密金鑰記錄在離線媒體上，在早期硬體錢包尚未普及時，冷儲存加密貨幣領域是很流行的一種形式。因此，就算將金鑰寫到紙上或儲存在沒有連上網路的電腦裡，都算是冷儲存。但其實所儲存的不是加密貨幣，而只是儲存金鑰。時至今日，才慢慢發展出冷錢包的概念。線下加簽就是冷錢包使用的關鍵技術，將金鑰儲存在硬體，如：USB 之中，才能相對安全的進行交易。

線下加簽與 Oracle 機制是本章介紹最重要的兩個觀念，因為透過線下加簽方式才可以將金鑰放在由硬體保護的設備，如 HSM 加密器、區塊鏈手機等，而不用將金鑰委託給中心化機構，除了強化資訊安全防護之外，去中心化的大同世界也才有實現的機會；另外，透過 Oracle 機制得以連接鏈上與鏈下兩個世界，才可實現更多較為務實的商業應用。因此對於本章所介紹的內容，讀者應勤加練習才是。

5-6 習題

5.1.1　請說明在 Ethereum 區塊鏈中，Call 與 Transaction 之異同。

5.1.2　採用 Transaction 交易方式對於線上即時系統來說會有什麼衝擊？請闡述您的想法。

5.1.3　若想保存使用者交易當下的行為，請問是將資訊儲存在智能合約中的變數好，還是以 Event 方式寫到 Log 較佳？

5.2.1　請簡單說明 Keccak (SHA3) 編碼方式的特性與用途。

5.2.2　請簡單介紹 JSON PRC 相對於傳統 XML，有哪些優缺點？

5.2.3　區塊鏈交易皆採用明文的方式在網路上傳送，對於企業用途而言，將會有洩露商業機密的可能，請問您是否有建議的防治方法？

5.3.1　您覺得 web3j 套件和藉由 JSON PRC 的實作方式是否簡化系統建置的難度？

5.3.2　請簡單介紹「交易明細處理器（transaction receipt processors）」的用途。

5.3.3　請參考本節範例，設計圖書館預約智能合約，並透過使用包裹物件實現登記預約的雛型功能。

5.4.1　請簡單介紹線上與離線交易加簽方式的不同及其適用的場景。

5.4.2　承上題，線上與離線交易加簽方式在資訊安全方面有沒有需要考慮的地方？

5.4.3　請舉例在何種情境下需要以程式方式動態建立新的 EOA 帳號？

5.5.1　Oracle 閘道機制為區塊鏈的虛擬世界與真實世界串起一座橋樑，請以您的觀點論述是否有資安之疑慮？

5.5.2　透過 EthFilter 實作 Oracle 閘道時，若啟始參數設定為 LATEST，終止參數設定為 EARLIEST，執行結果將為何？

5.5.3　透過 EthFilter 實作 Oracle 閘道時，若啟始參數設定為 EARLIEST，終止參數設定為 EARLIEST，其執行結果將為何？

5.5.4　請參考本節範例，實作一個簡單的資金移轉 Oracle 閘道服務，當有人傳輸加密貨幣到智能合約時，管理人員可收到不同金額上限的警告通知。

5.5.5　承上題，請實作模擬洗錢防制（AML）的過程，當列入警告的特定 EOA 帳號進行加密貨幣傳輸時，政府監管人員將收到相關的警告訊息。

Java DApp 個案設計

　　區塊鏈發展至今，除了加密貨幣外，雖然尚未見真正殺手級應用的出現，但各企業依然積極思考各種可能的應用場域，在習得區塊鏈各項基本技術後，本章將介紹如何以 Java 語言實作 DApp 系統，並列舉幾個可能商轉的應用個案，帶領讀者進入活用區塊鏈之殿堂。

本章架構如下：

- ❖ 區塊鏈個案設計與架構
- ❖ 區塊鏈供應鏈金融
- ❖ 區塊鏈自動醫療理賠

6-1　區塊鏈個案設計與架構

　　國外知名顧問機構 Gartner 公司曾指出：「企業應該將有所突破或崛起的科技視為策略性科技，及早因應未來可能會被廣泛應用且帶來革命性的影響。」區塊鏈就是話中所言的一項策略性科技，有可能於幾年內在世界帶來的重大的翻轉。

面對未來嚴峻的挑戰，CIO 與 IT 部門的員工將會是企業轉型的軸心，除了傳統的強化技術能力與降低維運成本外，更應提升其在企業內的職能與地位，成為 CEO 倚重的策略夥伴。

然而這麼多年過去了，區塊鏈的應用場景還是遲遲不接地氣。究竟我們可以如何使用區塊鏈？經由前幾節的介紹，吾人已經知道區塊鏈是一個實現去中心化的分散式協作平台，其最核心的價值在於讓參與者能信任這樣的新協作模式，保障交易不容竄改或否認。但其實說穿了，區塊鏈不過是一種新型態的分散式資料庫技術，同樣也會面臨處理資料一致性（Consistency）、可用性（Availability）以及分割容錯性（Partition tolerance）的問題，即 CAP 難題。有別於傳統關聯式資料庫系統是藉由一群互不信任的個體來管理，區塊鏈最核心的議題在於如何實現信任（trust）的機制。

「信任」是交易的基礎！區塊鏈藉由大規模協作與巧妙的程式碼，使得欺偽竄改難以發生，因此可建立並確保陌生人之間的信任關係，實現無信任交易。這意味著彼此不認識或不信任的人，可在特定技術的幫助下，建立信任關係而完成交易。但面對 B2C 場景，當前區塊鏈技術又面臨效能不彰的問題。以支付系統為例，信用卡交易速度每秒可達上千筆，但若以當前挖礦共識演算法的加密貨幣來支付，可能需等上數十秒至數分鐘的時間完成共識驗證，造成消費者等待過久；此外，要求持有冷錢包，並保管金鑰，可能會對使用者產生負擔，因而轉向使用交易所錢包，最終依然需將金鑰委託給中心制的交易所管理，失去了去中心化的本意。

若回歸 B2B 場景，聯盟鏈可能也不需要採用區塊鏈達到「去中心化」的目的，畢竟企業已透過現實世界的契約或共同利益建立企業間的信任，毋需透過加密貨幣做為鼓勵參與的獎勵，更不必仰賴會消耗運算資源的共識演算法。另外我們常聽聞區塊鏈可以讓企業間的運作更通透、資料可追蹤且不可竄改等，但是事實上透過如 API、檔案交換等傳統資訊技術，也可輕易實現此需求。因此，去中心化也不會是企業採用區塊鏈的主要考量點。

　　那麼區塊鏈能為商業模式帶來什麼創新的契機呢？筆者認為真正的關鍵核心技術即是點對點網路。點對點網路最早且廣為人知的應用是檔案分享。只不過在區塊鏈體系下，分享的資訊從檔案變成了帳冊與智能合約，因而實現了所謂的分散式帳本。在聯盟鏈點對點網路協作環境中，企業僅需與轄下的節點互動，無須處理底層資料一致性與同步容錯等問題；當有新成員加入，僅需將新成員節點與聯盟鏈串接即可，長期下來，可為整個聯盟省下不少建置與維護成本。

　　另一方面，或許 B2B 及 B2B2C 是區塊鏈比較有成功機會的商業模式。舉例來說，供應鏈管理就是一種 B2B 的協作模式。供應鏈節點間的紙本訊息遞送曠日廢時，藉由區塊鏈高信任度的點對點網路成立的聯盟鏈，可大幅提升遞送速度與運作效能，包含增進產品運送速度與成本效益、提升產品的可追溯性、改善與合作伙伴之間的協調性，甚至是取得供應鏈融資。例如國內某大型金控公司早已於 2019 年藉由區塊鏈完成全球首次橫跨歐亞地區的信用狀交易的概念驗證，關務署亦與新加坡及紐西蘭進行跨境合作，驗證區塊鏈於跨國貿易通關的可能性，並獲得相當良好的驗證結果。

　　而來到 B2B2C 的應用場景，以國內某醫療機構與保險公司的合作案例來說，在病患同意的前提下，患者辦理出院時，醫院自動將就醫紀錄透過區塊鏈傳送至保險公司；保險公司在核定理賠後，立即透過區塊鏈傳遞撥款資訊給銀行；銀行確認付款後，便自動將理賠金轉入患者的銀行帳戶。此項醫療入院-出院結算-理賠的傳統業務，過去往往耗費數天，在區塊鏈的協助下，患者上午出院，當天下午即可獲得理賠金。此一 B2B2C 模式即為「區塊鏈原生型」的代表性應用。另一種 B2B2C 保險案例，保戶在某間保險公司更改資料，透過區塊鏈同步更新給聯盟鏈的其它相關公司，雖然也是點對點的應用，但與集中式資料庫的維護無異，並無商業亮點。此兩例雖同為保險業 B2B2C 應用區塊鏈的模式，但有無營造新的生態圈並產生價值，才是能否成功的關鍵因素。

　　美國哈佛大學終生職榮譽教授 John P. Kotter 曾提到：「企業最忌只求穩定、不思改變，企業高層應訴諸領導力，建立急迫感的氛圍，儘速推動變革，讓同仁看到重大機會，齊一心力有所作為。」身為企業內的專業經理人，面對策略性科技的態度或許無需急著立即導入，但也應及早了解籌畫。為能聚焦在實用的場景，本書二版僅保留和 B2B、B2B2C 有關的個案，希望能拋磚引玉，鼓勵讀者完成更多的夢想。而偏向 B2C 的應用個案悉數刪除，包括：公共政策平台、競標拍賣系統、真實新聞系統、區塊鏈與共享經濟、區塊鏈與點數經濟。

接著我們以下圖來解說本章 DApp 個案的系統架構。DApp 主要包含兩大部分：區塊鏈上的智能合約以及與使用者互動的前端界面，讀者已熟悉的錢包軟體也實為一種 DApp。

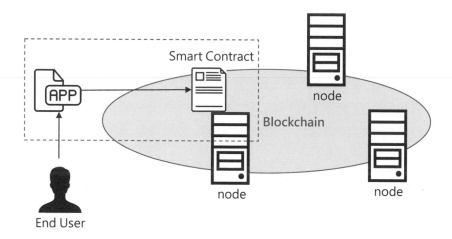

有些讀者或許覺得前端界面不是必要條件，認為只要透過指令的方式還是可以存取與使用區塊鏈上的智能合約，這其實並不全然沒有道理，但卻會讓 DApp 的推廣變得更不容易，就好比架構傳統的關聯式資料庫後，使用者還必須執行 SQL 指令；或者也像是在提供 RESETful API 服務後，卻要求使用者自行透過 HTTP POST 調用 web service。

此外，前端界面能以多種方式存在，例如 web based 和行動裝置 App 等。若以 web based 的方式存在，可能會回到過去集中化的老路，同時還須負責保管使用者的金鑰，而目前多數的加密貨幣交易所多半是採用這種系統架構設計。若以 App 方式呈現，也面臨必須到集中化的 App 商店下載與取得之風險，但金鑰檔卻可直接存放在使用者的行動裝置中，形成冷錢包的設計架構。

　　不論是 web based 或 App 架構皆還是存在集中化的疑慮，因此開始有人嘗試直接將 DApp 的前端放置在區塊鏈或分散式儲存機制中，才能實現真正分散式的世界，不過這些應用方式並不在本書探討的範圍，留待未來有機會再行討論。

6-2　區塊鏈供應鏈金融

　　在進入本節的案例探討前，我們先來聊聊什麼是供應鏈金融（Supply Chain Finance）。首先請試著想像供應鏈的運作流程。

　　在某個特定商品的供應鏈中，從原物料的採購，到中間產品或最終產品的製作，最後由經銷商將產品販售給顧客。吾人可將整個流程中的角色簡化為供應商、製造商、銷售商以及終端消費者。

供應商　　　　製造商　　　　銷售商　　　終端消費者

　　在簡化的流程中，競爭力較強、規模較大的核心企業（如製造商），因其強勢的主導地位，使上下游相對弱勢的相關企業在交付貨款、定價策略等貿易條件上承受巨大的壓力。舉例來說，上游的供應商供貨給核心企業的同時，可能須面臨應收帳款延遲給付的資金壓力；下游的銷售商亦可能需要透過繳納保證金的方式，提早對核心企業支付資金。由於上下游企業多半只是中小型公司，因此這種資訊不對稱的情況往往會造成資金管理上的失衡。

　　歸咎其原因在於核心企業不願承擔資金風險，同時也掌握供應鏈上的資訊流、物流與資金流等權力，使得核心企業具有不可替代的地位，造成與供應鏈成員之間不對等的情形。上下游中小型企業也因為規模小、抵押物不足，或授信困難等原因，成為金融機構拒絕放貸的主要原因。

　　供應鏈金融即是為了解決上述問題所孕育而生的創新金融服務。簡單地說，供應鏈的上下游企業分擔了核心企業的資金風險，但卻沒有得到核心企業以其信用做為支撐，為此，如果核心企業的信用能夠進行延伸，並且注入給上下游企業，提高金融機構對中小型企業的授信程度，解決抵押與擔保資源匱乏的問題，進而願意提高放款的意願。如此一來，供應鏈金融不僅舒緩了中小企業的資金壓力，同時也能夠有效監管核心企業與上下游企業的業務往來，形成正向循環，提升整條供應鏈的競爭力。

　　無獨有偶，除了金融機構對供應鏈金融感到興趣外，有越來越多的電商，例如：亞馬遜、UPS、沃爾瑪、京東、阿里巴巴等，亦正嘗試提供全球或其生態系統的中小企業融資方案。

　　不少人誤解了新興的供應鏈金融，誤以為其僅將傳統的人工審核流程由線下移到線上，並提高 e 化的程度而已，其實並不然，傳統供應鏈金融所面臨的是資訊透明度低、單據真實性不易驗證、交易流程難以追溯等問題。在當前 FinTech 繁榮發展之際，可以透過區塊鏈等具有防止交易竄改、提高監管透明度、增加交易追溯性之技術來實現新型態的商業模式。例如 IBM 在 2017 年與匯豐銀行、德意志銀行等 7 間歐洲銀行組成策略聯盟，建置以區塊鏈為基礎的跨境貿易融資平台；中國的「點融網」也與富士康旗下的「富金通」合作打造「Chained Finance」金融平台，更不用說許多新創公司也嘗試透過 FinTech 提供新興的供應鏈金融服務。

　　反觀國內的回收紙供應商為例，其多以現金付款給資源回收戶，但收款時間相對較長，容易產生資金周轉問題。而進口造紙製程輔助劑的供應商，從海外下訂付款到企業支付貨款的期程亦相對冗長，也會有銀行融資的需求。於是 2022 年 10 月，包含多間大型金控與造紙相關企業所組成的「區塊鏈供應鏈金融平台聯盟」成功推出的供應鏈金融服務，已經可以實現供應鏈的融資、撥款，初期每月提供數十家供應商，平均數億資金，讓供應商得以獲得穩定的現金流。

　　請參見下圖，供應鏈流程的左半部即為本節所要示範的區塊鏈供應鏈金融之概念圖，大致上可以分為下列五個步驟：

① 在真實世界中，上游供應商交付原物料給製造商。

② 製造商將交易憑單（例如發票資訊）輸入至區塊鏈。

③ 金融機構持續監聽區塊鏈上的事件。

④ 金融機構偵測與確認交易事件後，隨即根據放款規則將款項撥付給供應商。

⑤ 供應商得到以加密貨幣支付的貸款款項（真實世界可採法幣撥款）。

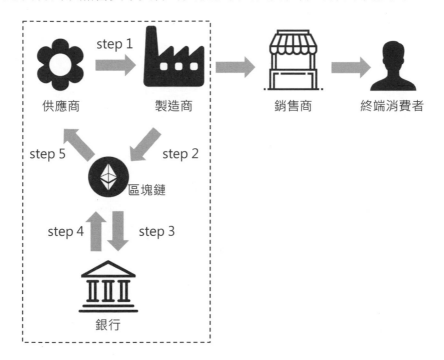

　　支持供應鏈金融的智能合約應包括下列幾項功能：製造商上傳交易憑單、觸發交易事件、金融機構進行加密貨幣移轉。為了讓所有的交易資訊（如金流資訊等）皆能記錄在智能合約中，銀行必須先將一筆資金暫存在智能合約以供資金調撥所需。

　　如下為本例智能合約之內容：

```
// SPDX-License-Identifier: MIT
pragma solidity ^0.8.15;
```

```
contract SupplyChainContract {

  //合約主持人(銀行)
  address payable public bank;

  //製造商位址
  address payable private factory;

  //記錄一筆供應鏈交易
  struct SupplyTransaction {
    string transNo;     //交易憑單編號
    string transMemo;   //交易說明
    address payable supplier; //供應商
    uint transTime;     //交易時間
    uint transValue;    //實體交易金額
    uint loanTime;      //放款時間
    uint loanValue;     //放款金額
    bool exist;
  }

  //儲存所有供應鏈交易
  mapping(uint => SupplyTransaction) public transData;

  //總供應鏈交易數
  uint public transCnt;

  //新增供應鏈交易事件
  event InsTransEvt(uint transCnt);

  //記錄合約主持人(銀行)
  constructor () {
    bank = payable(msg.sender);
  }

  //只有銀行可執行
  modifier onlyBank() {
    require(msg.sender == bank,
    "only bank can do this");
     _;
  }

  //只有製造商可執行
  modifier onlyFactory() {
    require(msg.sender == factory,
```

```
    "only factory can do this");
     _;
}


//智能合約儲值
receive () external payable onlyBank{
}


//查詢智能合約餘額
function queryBalance() external view onlyBank returns(uint){
 return address(this).balance;
}


//設定製造商位址
function setFactory(address payable _factory) external onlyBank {
 factory = _factory;
}


//查詢製造商位址
function queryFactory() public view returns(address) {
 return factory;
}

//新增一筆供應鏈交易
 function insSupplyTrans(string memory transNo,string memory transMemo, address
payable supplier,uint transValue) public onlyFactory returns(uint){
    //供應鏈交易數量加1
    transCnt++;

    transData[transCnt].transNo = transNo;
    transData[transCnt].transMemo = transMemo;
    transData[transCnt].supplier = supplier;
    transData[transCnt].transValue = transValue;
    transData[transCnt].transTime = block.timestamp;
    transData[transCnt].loanTime = 0;
    transData[transCnt].loanValue = 0;
    transData[transCnt].exist = true;

    //觸發新增交易事件
    emit InsTransEvt(transCnt);

    return transCnt;
}
```

```
//查詢交易是否存在
function isTransExist(uint transKey) public view returns(bool) {
  return transData[transKey].exist;
}

//傳輸加密貨幣給供應商
function loanEth(uint transKey, uint loanValue) public onlyBank{
  require(transData[transKey].exist,
        "transaction not exist");

  //設定放款金額
  transData[transCnt].loanValue = loanValue;

  //設定放款時間
  transData[transCnt].loanTime = block.timestamp;

  //指定放款金額移轉供應商
  transData[transCnt].supplier.transfer(loanValue);
}
```

本智能合約宣告了兩個 address payable 變數以儲存銀行與製造商的位址，由於須放置加密貨幣於智能合約做為放款的資金，因此銀行也同時擔任合約主持人，負責合約部署的工作。

```
//合約主持人(銀行)
address payable public bank;

//製造商位址
address payable private factory;
```

為了能記錄一筆完整的供應鏈交易，本智能合約同時定義 SupplyTransaction 資料結構以儲存所需的資訊，包括交易憑單編號（本範例採用發票編號）、交易說明備註、供應商位址、交易區塊時間、實體交易金額、放款區塊時間、放款金額（以加密貨幣表示）以及 exist 判定交易是否存在的旗號。

```
//記錄一筆供應鏈交易
struct SupplyTransaction {
  string transNo;    //交易憑單編號
  string transMemo; //交易說明
  address payable supplier; //供應商
```

```
uint transTime;    //交易時間
uint transValue;   //實體交易金額
uint loanTime;     //放款時間
uint loanValue;    //放款金額
bool exist;
}
```

　　transData 為映射型別的變數，其主鍵為交易序號，資料值為 SupplyTransaction 資料結構；transCnt 則為記錄交易總量的變數，同時也做為 transData 的主鍵值。

```
//儲存所有供應鏈交易
mapping(uint => SupplyTransaction) public transData;
//總供應鏈交易數
uint public transCnt;
```

　　為使銀行能隨時偵測交易事件的發生，智能合約可透過 InsTransEvt 事件的觸發通知鏈外的銀行 Oracle 程式。

```
//新增供應鏈交易事件
event InsTransEvt(uint transCnt);
```

　　如同前面所提到的，銀行角色將同時做為智能合約的部署人，因此在合約的建構者函數中，必須記錄銀行的位址，由於有些功能僅允許銀行或是製造商才可以使用，因此要宣告 onlyBank 與 onlyFactory 兩個修飾子做為函數執行的限制條件。

```
//記錄合約主持人(銀行)
constructor () {
    bank = payable(msg.sender);
}

//只有銀行可執行
modifier onlyBank() {
    require(msg.sender == bank,
    "only bank can do this");
    _;
}

//只有製造商可執行
modifier onlyFactory() {
```

```
    require(msg.sender == factory,
    "only factory can do this");
    _;
}
```

智能合約須具備餘額，因此需提供宣告為 payable 的 receive 函數，同時也宣告為 onlyBank，代表只有銀行角色才可傳輸加密貨幣給智能合約。做為查詢智能合約餘額的 queryBalance 函數，當然也必須宣告為 onlyBank，代表只有銀行角色才允許查詢。

```
//智能合約儲值
receive () external payable onlyBank{
}

//查詢智能合約餘額
function queryBalance() external view onlyBank returns(uint){
 return address(this).balance;
}
```

設定製造商位址的 setFactory 函數亦宣告為 onlyBank，表示只有銀行角色方可以執行。對映的 queryFactory 函數則用以查詢製造商的位址。

```
//設定製造商位址
function setFactory(address payable _factory) external onlyBank {
 factory = _factory;
}

//查詢製造商位址
function queryFactory() public view returns(address) {
 return factory;
}
```

新增供應鏈交易的 insSupplyTrans 函數則宣告為 onlyFactory，代表只有製造商才允許執行，其主要的輸入參數包含 transNo 實體交易的編號（如發票號碼）、transMemo 交易說明、supplier 交貨的供應商位址、transValue 實體交易的金額。在執行 insSupplyTrans 函數功能時，會先將 transCnt 加一以做為新交易的主鍵，同時做為總交易量的計數值；接著將輸入參數儲存至 transData 結構中的對映欄位。

由於此時尚未進行放款,因此記錄放款時間的 loanTime 欄位及記錄放款金額的 loanValue 變數皆僅需填入 0 即可。

insSupplyTrans 函數最後會觸發 InsTransEvt 事件,以通知銀行進行放款。至於 isTransExist 函數則是根據交易主鍵查詢交易是否存在的功能函數。

```
//新增一筆供應鏈交易
function insSupplyTrans(string memory transNo,string memory transMemo, address
payable supplier,uint transValue) public onlyFactory returns(uint){
    //供應鏈交易數量加1
    transCnt++;

    transData[transCnt].transNo = transNo;
    transData[transCnt].transMemo = transMemo;
    transData[transCnt].supplier = supplier;
    transData[transCnt].transValue = transValue;
    transData[transCnt].transTime = block.timestamp;
    transData[transCnt].loanTime = 0;
    transData[transCnt].loanValue = 0;
    transData[transCnt].exist = true;

    //觸發新增交易事件
    emit InsTransEvt(transCnt);

    return transCnt;
}

//查詢交易是否存在
function isTransExist(uint transKey) public view returns(bool) {
    return transData[transKey].exist;
}
```

智能合約的最後一個 loanEth 函數,則提供撥款給供應商的功能,因此須宣告為 onlyBank,代表只有銀行角色才可以執行。當銀行進行撥款時,先透過 require 指令判斷交易資訊是否存在於 transData 結構中,同時記錄 loanValue 放款金額與 loanTime 放款時間,最後再透過 transfer 指令將放款的加密貨幣傳輸給供應商。

```
//傳輸加密貨幣給供應商
function loanEth(uint transKey, uint loanValue) public onlyBank{
    require(transData[transKey].exist, "transaction not exist");
```

```
//設定放款金額
transData[transCnt].loanValue = loanValue;

//設定放款時間
transData[transCnt].loanTime = block.timestamp;

//指定放款金額移轉供應商
transData[transCnt].supplier.transfer(loanValue);
}
```

　　智能合約設計完畢後即可開始撰寫 Java 程式。請參考前幾節所介紹的內容自行產製所需的合約包裹物件。完整程式碼包括實作銀行角色的 SupplyChainBank.java 及製造商角色的 SupplyChainFactory.java。Java 程式皆須宣告區塊鏈節點的 URL 及智能合約的位址。

```
// 區塊鏈節點位址
private String blockchainNode = "http://127.0.0.1:8080/";

// 智能合約位址
private String contractAddr =合約位址;
```

　　演練場景共需要三個角色，分別是銀行、製造商與供應商，其中只有供應商不需要進行智能合約之存取，因此不需要提供金鑰檔的儲存路徑。

```
// 銀行金鑰檔
private String bankKey = "C:\\bankKeyFile";

// 銀行 EOA
String bank = 銀行 EOA

// 製造商金鑰檔
private String factoryKey = "C:\\factpryKeyFile";

// 製造商 EOA
String factory =製造商 EOA

//供應商 EOA
String supplier = 供應商 EOA
```

以 SupplyChainBank.java 做為演練銀行的角色，並提供下列幾個函數，包括：設定製造商 EOA 的 initFactory 函數、傳輸加密貨幣給智能合約的 transferETH 函數，以及啟動 Oracle 傾聽區塊鏈事件的 startOracle 函數。initFactory 函數需輸出三個參數：記錄銀行金鑰檔的儲存路徑的 keyFile、銀行 EOA 密碼的 myPWD，以及製造商之 EOA 的 factory。在取得合約包裹物件中，僅需呼叫物件的 setFactory 函數並傳入製造商的 EOA，即可順利完成設定製造商的動作。

```java
// 設定製造商
private void initFactory(String keyFile, String myPWD, String factory) {
 try {
     // 連接區塊鏈節點
     Web3j web3 = Web3j.build(new HttpService(blockchainNode));

     // 指定金鑰檔，及帳密驗證
     Credentials credentials = WalletUtils.loadCredentials(myPWD, keyFile);

     // 取得合約包裹物件
     // 新版的寫法，解決 EIP-155
     long chainId = 168;
     FastRawTransactionManager txMananger = new FastRawTransactionManager(web3,
credentials, chainId);
     SupplyChainContract contract = SupplyChainContract.load(contractAddr, web3,
txMananger, new DefaultGasProvider());

     // 設定製造商位址
     contract.setFactory(factory).send();
     System.out.println("set factory,done");

 } catch (Exception e) {
     System.out.println("set factor,err:" + e);
 }
}
```

transferETH 函數之功能在於移轉加密貨幣給智能合約，以做為撥款給供應商之所需。由於其運作說明與前幾節範例大同小異，請讀者自行參酌。startOracle 函數則為啟動 Oracle 服務之用，準備傾聽區塊鏈上所發生的事件，須傳入其欲傾聽的智能合約的位址。智能合約的 InsTransEvt 事件總共呈現兩項訊息，一個是宣告成 indexed 的 eventType，另一個則是記錄供應鏈交易主鍵的 transCnt 變數。

為能從合約事件的 indexed 參數判斷事件的種類，需先對「TransIns」關鍵字進行 SHA3 之雜湊編碼。另外 InsTransEvt 事件只有一個非 indexed 的 uint 變數，因此剖析事件資訊所須的 Function 物件僅須加入 TypeReference<Uint>即可。

接著執行 Web3j 物件的 ethLogFlowable 函數，即可依據過濾條件進行事件之剖析。只要比對函數簽名式進行的 Keccak (SHA3)編碼是否相同，即可得知其是否為預定要處理的事件。一旦確認有新的交易在供應鏈上產生，隨即會呼叫 handleTransEvent 函數做更進一步的處理。

```
// 啟動 Oracle 服務
public void startOracle(String contractAddr) {
 try {
     // 連線區塊鏈節點
     Web3j web3 = Web3j.build(new HttpService(blockchainNode));

     // 設定過濾條件
     EthFilter filter = new EthFilter(DefaultBlockParameterName.EARLIEST,
DefaultBlockParameterName.LATEST,contractAddr);

     // 取得事件 topic 的 hash code
     String eventTopicHash = Hash.sha3String("InsTransEvt(uint256)");

     // 交易事件的 Log
     Function transLog = new Function("", Collections.<Type> emptyList(),
            Arrays.asList(new TypeReference<Uint>() {}));

     // 抓取 Event
     Disposable subscription = web3.ethLogFlowable(filter).subscribe(log -> {
         List<String> list = log.getTopics();
         for (String topic : list) {
             System.out.println("topic:" + topic);

             if (topic.equals(eventTopicHash)) {
                 System.out.println("handle trans");
                 handleTransEvent(log, transLog);
             }
         }
     });
 } catch (Exception e) {
```

```
        System.out.println("Oracle 偵測錯誤:" + e);
    }
}
```

　　handleTransEvent 函數為處理供應鏈交易事件的函數。由於 InsTransEvt 事件僅會回傳供應鏈交易的主鍵，因此只要對 type.getValue()做適當的轉型即能得到交易主鍵值，再將其傳遞給 querySupplyChainTrans 函數，進一步確認交易是否確實存在於區塊鏈，若為真，則將交易主鍵與供應鏈交易金額傳遞給 executeLoan 函數以準備進行放款。

```
// 處理交易事件
private void handleTransEvent(Log log, Function function) {
 try {
     List<Type> nonIndexedValues = FunctionReturnDecoder.decode(log.getData(),
function.getOutputParameters());
     int inx = 0;
     long transKey = 01; // 交易 ID
     for (Type type : nonIndexedValues) {
         System.out.println("Type String:" + type.getTypeAsString());
         System.out.println("Type Value:" + type.getValue());
         if (inx == 0) {
             // 回傳的參數，乃是交易編號
             try {
                 transKey = ((BigInteger) type.getValue()).longValue();
             } catch (Exception e) {
                 System.out.println("convert error:" + e);
             }
         }
         inx++;
     }

     // 判斷供應鏈交易是否存在
     Long transValueObj = querySupplyChainTrans(bankKey, "16888", transKey);
     if (transValueObj != null && transValueObj.longValue() > 0) {
         // 執行放款
         System.out.println("ready to loan");
         executeLoan(bankKey, "16888", transKey, transValueObj.longValue());
     } else {
         // 不執行放款
         System.out.println("trans not exist,stop load");
     }
```

BLOCKCHAIN

```
    } catch (Exception e) {
        System.out.println("Error:" + e);
    }
}
```

　　Java 程式的 querySupplyChainTrans 函數提供了查詢供應鏈交易資訊的功能。雖然在智能合約中並沒有定義對映的功能函數，但由於 transData 映射變數宣告為 public，因此外部程式能夠直接加以取用。透過包裹物件存取 transData 變數時，所得到的是一個由底層 web3j 自動產製的 Tuple8 物件。Tuple8 物件所定義的 getValueX 函數乃是依照智能合約之 SupplyTransaction 資料結構的欄位依序產生的對映關係，因此在實作程式時須根據欄位的型別進行適當的轉換。

　　querySupplyChainTrans 函數在確認交易確實存在於區塊鏈時，會將查詢所得的供應鏈交易金額封裝在 Long 物件回傳給上層的呼叫者，若查無指定的供應鏈交易時則會回傳 null。

```
// 查詢供應鏈交易
private Long querySupplyChainTrans(String keyFile, String myPWD, long transKey)
{
  Long transValueObj = null;
  try {
      // 連接區塊鏈節點
      Web3j web3 = Web3j.build(new HttpService(blockchainNode));

      // 指定金鑰檔，及帳密驗證
      Credentials credentials = WalletUtils.loadCredentials(myPWD, keyFile);

      // 取得合約包裹物件
      // 新版的寫法，解決 EIP-155
      long chainId = 168;
      FastRawTransactionManager txMananger = new FastRawTransactionManager(web3,
credentials, chainId);
      SupplyChainContract contract = SupplyChainContract.load(contractAddr,
web3, txMananger,
              new DefaultGasProvider());

      // 查詢交易是否存在
      if (contract.isTransExist(new BigInteger("" + transKey)).send()) {
      System.out.println("供應鏈交易存在");
```

```java
// 取得交易物件
Tuple8 transData = contract.transData(new BigInteger("" + transKey)).send();

// 交易憑單編號
String transNo = (String) transData.getValue1();

// 交易說明
String transMemo = (String) transData.getValue2();

// 供應商
String supplier = (String) transData.getValue3();

// 交易時間
BigInteger transTime = (BigInteger) transData.getValue4();

// 實體交易金額
BigInteger transValue = (BigInteger) transData.getValue5();
transValueObj = transValue.longValue();

// 放款時間
BigInteger loanTime = (BigInteger) transData.getValue6();

// 放款金額
BigInteger loanValue = (BigInteger) transData.getValue7();

// 交易存在旗標
Boolean exist = (Boolean) transData.getValue8();

// 時間呈現格式
SimpleDateFormat timeFormat = new SimpleDateFormat("yyyy-MM-dd hh:mm:ss");
Calendar bolckTimeCal = Calendar.getInstance();

System.out.println("transNo:" + transNo);
System.out.println("transMemo:" + transMemo);
System.out.println("supplier:" + supplier);

bolckTimeCal.setTimeInMillis(transTime.longValueExact() * 1000);
System.out.println("transtime:"+ timeFormat.format(bolckTimeCal.getTime()));

System.out.println("money:" + transValue);

bolckTimeCal.setTimeInMillis(loanTime.longValueExact() * 1000);
```

```
    System.out.println("loanTime:" + timeFormat.format(bolckTimeCal.getTime()));

    System.out.println("loanMoney:" + loanValue.longValue());
    System.out.println("transFlag:" + exist);
    } else {
     System.out.println("Trans not exust");
     transValueObj = null;
    }
} catch (Exception e) {
    System.out.println("quert trans,err:" + e);
}
return transValueObj;
}
```

在確認供應鏈交易存在後，程式流程便會呼叫 executeLoan 函數進行放款，executeLoan 函數須傳入下列幾個參數：記錄銀行金鑰檔路徑的 keyFile 變數、銀行 EOA 密碼的 myPWD 變數、供應鏈交易主鍵 transKey 變數，以及供應鏈交易金額的 transValue 變數。

包裹物件的 loanEth 函數對映於智能合約的 loanEth 函數，它會從智能合約的餘額扣除指定數量的加密貨幣，並移轉給供應鏈交易的供應商。假設供應鏈交易金額與加密貨幣之間的比例為 10：1，代表 10 單位的法幣只能轉換成 1 單位的加密貨幣，在進行單位轉換時，須先將法幣除以 10 得到 ETH 單位，再透過 Convert.toWei 指令將 ETH 轉換成以 wei 單位的表示金額。

```
// 執行放款
private void executeLoan(String keyFile, String myPWD, long transKey, long
transValue) {
 try {
    // 連接區塊鏈節點
    Web3j web3 = Web3j.build(new HttpService(blockchainNode));

    // 指定金鑰檔，及帳密驗證
    Credentials credentials = WalletUtils.loadCredentials(myPWD, keyFile);

    // 取得合約包裹物件
    // 新版的寫法，解決 EIP-155
    long chainId = 168;
```

```
    FastRawTransactionManager txMananger = new FastRawTransactionManager(web3,
credentials, chainId);
    SupplyChainContract contract = SupplyChainContract.load(contractAddr, web3,
txMananger, new DefaultGasProvider());

    // 查詢交易是否存在
    Boolean isExist = contract.isTransExist(new BigInteger(""+ transKey)).send();
    if (isExist) {
  System.out.println("trans exist ready to loan");
    // 計算放款額度
    long loanValue = transValue / 10;
    BigInteger weiValue = Convert.toWei(""+loanValue, Convert.Unit.ETHER).
toBigInteger();

    // 執行放款
    contract.loanEth(new BigInteger("" + transKey), new BigInteger("" +
weiValue)).send();
    System.out.println("loan finish");
      } else {
        System.out.println("trans not exist");
    }

} catch (Exception e) {
    System.out.println("loan execute,err:" + e);
  }
}
```

　　介紹完扮演銀行角色的 SupplyChainBank 程式後，接著討論演練製造商角色的 SupplyChainFactory 程式。製造商 Java 程式的重點只有 insSupplyTrans 函數，用來將供應鏈交易的相關資訊上傳到區塊鏈，此舉代表是將核心企業的信用延伸給供應商，提高銀行對供應商的授信程度。銀行透過剛才介紹的 Oracle 機制取得交易憑單等資訊後，便可即時進行放款。

　　insSupplyTrans 函數需輸入下列幾個參數：記錄製造商金鑰路徑的 keyFile 變數、製造商密碼的 myPWD 變數、供應鏈交易編號的 transNo、供應鏈交易說明的 transMemo、供應商 EOA 的 supplier 以及供應鏈交易金額的 transValue 變數。當呼叫包裹物件的 insSupplyTrans 函數上傳供應鏈交易資訊時，需同時使用 TransactionManager 與 TransactionReceiptProcessor 實作非同步機制，由於與先前範例內容相同，故在此不另列表。

```
// 新增供應鏈交易
private void insSupplyTrans(String keyFile, String myPWD, String transNo, String
transMemo, String supplier, long transValue) {
  try {
      // 連接區塊鏈節點
      Web3j web3 = Web3j.build(new HttpService(blockchainNode));

      // 指定金鑰檔，及帳密驗證
      Credentials credentials = WalletUtils.loadCredentials(myPWD, keyFile);
      System.out.println("check credential");

      int attemptsPerTxHash = 30;
      long frequency = 1000;

      // 建立交易處理器
      TransactionReceiptProcessor myProcessor = new
QueuingTransactionReceiptProcessor(web3, new InsTransCallBack(),
attemptsPerTxHash, frequency);

      // 建立交易管理器
      long chainId = 168;
      TransactionManager transactionManager = new RawTransactionManager(web3,
credentials, chainId, myProcessor);
      System.out.println("create trans manager");

      // 取得合約包裹物件
      SupplyChainContract contract = SupplyChainContract.load(contractAddr,
web3, transactionManager, new DefaultGasProvider());
      System.out.println("grab contract");

      // 加入一筆供應鏈交易
      contract.insSupplyTrans(transNo, transMemo, supplier, new BigInteger("" +
transValue)).sendAsync();
      System.out.println("insert trans ok");
  } catch (Exception e) {
      System.out.println("insert trans,err:" + e);
  }
}
```

萬事俱備後即可開始進行場景演練。如下為銀行的執行腳本：

```
// step1. 銀行設定製造商
initFactory(bankKey, "16888", factory);
```

```
// step2. 存放餘額於智能合約
transferETH(bank, contractAddr, bankKey, "16888", "200");

// step3. 銀行進行事件傾聽
// step4. 傾聽事件後，取得交易資訊
// step5. 進行放款的動作
startOracle(contractAddr);
```

製造商的腳本就相對簡單許多，僅需執行 insSupplyTrans 函數即可。

```
// step1. 上傳一筆供應鏈交易資訊
insSupplyTrans(factoryKey, "16888", "ABC888", "buySomething", supplier, 200);
```

執行過程與正確性可透過錢包軟體來觀察。如下所示，演練場景共有三個角色，分別是銀行、製造商與供應商。供應商目前的加密貨幣餘額為 0。

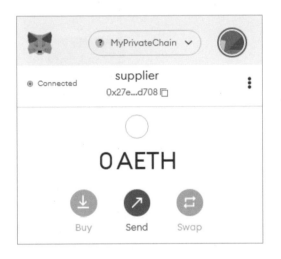

由於在程式開始執行前，銀行尚未將加密貨幣儲值到智能合約，因此透過錢包軟體所觀察到的智能合約餘額是 0。要注意的是，由於查詢智能合約餘額的權限只有開放給銀行角色，因此，須確認錢包當前的使用者是誰。

當銀行設定製造商 EOA 並儲值加密貨幣到智能合約後，可發現智能合約果然得到 200 ETH 的加密貨幣。

製造商將供應鏈交易資訊上傳到區塊鏈並經過銀行確認後，將從智能合約餘額扣除對映的加密貨幣，並移轉給供應商。由圖可見，智能合約餘額果然已被扣除了。

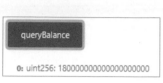

透過交易主鍵進行查詢，可發現所有的供應鏈交易資訊已正確地記錄在對映的欄位中。

最重要的是，供應商也在最即時的情況下，取得所需的資金。

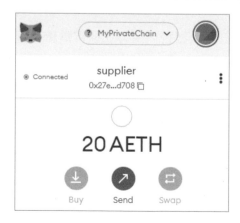

　　本節透過一個簡化的範例，介紹如何實作區塊鏈的供應鏈金融。當然還有許多可以改善的空間，例如智能合約的 transData 變數應透過管制的函數間接取得、提供銀行取回智能合約餘額的功能、供應鏈交易禁止重覆登錄、不可重覆放款等，這些更完備的功能就留給有興趣的讀者自行實作。

　　經由本節範例探討可發現，利用區塊鏈實作供應鏈金融不僅可提高交易流程的透明度，包含製造商何時上傳交易資訊、銀行何時進行撥款等，更重要的是，可將過去需要花上幾天的審核與撥款作業時間，縮短在幾分鐘甚至於幾秒內便能夠自動完成。

　　不過，經過幾年的測試之後，將區塊鏈應用在供應鏈金融也引發眾多業界的反思。他們有志一同地認為，若在鏈上存證的文件與發票都是虛假的，那麼強調資料能共享在不可竄改的區塊鏈又有什麼意義？是的！前端資料的轉換仍需要從源頭就保證其真實性，供應鏈金融所面臨的問題亦是當前區塊鏈未走完的最後一哩路。

6-3　區塊鏈自動醫療理賠

　　若將區塊鏈應用在保險領域上，比較可能具有效益與亮點的方向應是自動理賠的部分。國內已有不少相對成功的概念性驗證（proof of concept, POC）案例，例如航班延誤險即是智能合約聽取航空公司的航班資訊，在判斷有班機延誤的情況時，根據智能合約的處理邏輯自動觸發理賠動作，乘客不需要在事後才自行提出種種證明與申請，因此可大幅提升顧客滿意度，同時在理賠的過程中，完全基於高可信度的區塊鏈實作而成，因此也可減少保險詐欺的行為，可說是 B2B2C 商業模式的典範。

　　另外以醫療領域的全球藥品市場規模為例，從 2018 年約為 1.17 兆美元，2022 年預計可到達約 1.48 兆美元，年複合成長率（CAGR）達 9.1%，預計到 2026 年，更有望達到 2.13 兆美元的規模。醫療機構保存大量和病人有關的機密資訊，背後隱藏龐大的商機，區塊鏈已能為這些資訊提供高可信度的記錄方案，若能再將自動化理賠機制應用於醫療範圍，將可擴大其效益。

舉例如下圖所示，當客戶辦理出院手續時，醫院資訊系統會同時將離院相關資訊上傳到區塊鏈；保險公司在偵測到理賠申請事件時，便會根據當初所簽署的要保書內容計算理賠金額，再將確認後的理賠金額記錄於區塊鏈；而在後方的金融機構偵測到撥款事件時，便自動將法幣移轉至保險受益人的銀行帳號，因此保險客戶在完成出院手續後的幾分鐘之內，理賠金就會自動撥存到他的戶頭之中。

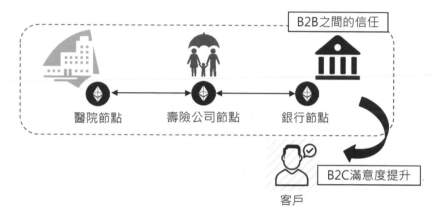

這種基於 B2B2C 的商業模式是目前比較具有亮點的區塊鏈應用，國內某知名金控公司旗下的醫療、保險與銀行子公司之間，雖然已有透過區塊鏈串接成功的 POC 案例，但礙於目前金融法規與個資法之間的限制與衝突，尚無法真正落實與商轉。

本節範例將簡化商業模式的複雜度，即保險公司在確認理賠資訊無誤時，將直接以加密貨幣的方式撥款，因此只會有醫療機構、保險公司與保險受益人三種角色。這三種角色於自動醫療理賠機制中所需負責的工作分別如下：

- 保險公司：負責將智能合約上鏈，並於合約中設定醫院帳號，同時即時聽取離院手續申請事件，最後撥款加密貨幣給保險受益人。

- 醫療機構：於合約中新增病人資訊及上傳病歷資訊，並觸發離院手續申請事件。

- 保險受益人：本範例假設病患與受益人為同一個人，且擁有區塊鏈帳號，可以接收加密貨幣做為理賠金。

下列為本案例所使用的智能合約：

```solidity
// SPDX-License-Identifier: MIT
pragma solidity ^0.8.15;

contract InsuranceContract {
 //醫院 EOA
 address payable private hospital;

 //保險公司 EOA
 address payable private insuranceCorp;

 //病歷資訊
 struct MedicalRecord {
  string symptom;      //症狀
  string cause;        //病因
  uint day;            //住院天數
  uint money;          //住院花費
  bool exist;
 }

 //記錄病人資訊
 struct Patient {
  string name;      //姓名
  string addr;      //住家地址
  uint recordCnt;   //病歷總量
  mapping(uint => MedicalRecord) records; //病歷
  bool exist;
 }

 //儲存所有病人基本資訊
 mapping(address => Patient) private patientData;

 //記錄合約主持人(保險公司)
 constructor () {
   insuranceCorp = payable(msg.sender);
 }

 //只有保險公司可執行
 modifier onlyInsuranceCorp() {
```

```solidity
    require(msg.sender == insuranceCorp,
    "only insuranceCorp can do this");
     _;
}

//只有醫院可執行
modifier onlyHospital() {
    require(msg.sender == hospital,
    "only hospital can do this");
     _;
}

//只有醫院和保險公司可執行
modifier onlyHospitalAndInsuranceCorp() {
    require(msg.sender == hospital || msg.sender == insuranceCorp,
    "only hospital and insuranceCorp can do this");
     _;
}


//設定醫院 EOA
function setHospital(address payable _hospital) public onlyInsuranceCorp {
 hospital = _hospital;
}

//查詢醫院位址
function getHospital() public view returns(address) {
 return hospital;
}

 //新增一筆病人資訊
 function insPatient(address patientAddr, string memory name,string memory addr)
public onlyHospital {
  require(!isPatientExist(patientAddr),
        "patient data already exist");

  patientData[patientAddr].name = name;
  patientData[patientAddr].addr = addr;
  patientData[patientAddr].recordCnt = 0;
  patientData[patientAddr].exist = true;

  emit InsPatientEvnt(patientAddr);
}

 //查詢病人資訊是否存在
```

```
function isPatientExist(address patientAddr) public view returns(bool) {
    return patientData[patientAddr].exist;
}
```

```
//新增病人事件
event InsPatientEvnt(address patientAddr);
```

```
//新增一筆離院申請
function insRecord(address patientAddr, string memory symptom, string memory
cause, uint day, uint money) public onlyHospital returns(uint){
    require(isPatientExist(patientAddr),
            "patient data not exist");

    //病歷序號加1
    patientData[patientAddr].recordCnt+=1;
    uint inx = patientData[patientAddr].recordCnt;

    //新離院資訊
    MedicalRecord memory record = MedicalRecord({
        symptom: symptom,       //症狀
        cause: cause,           //病因
        day: day,               //住院天數
        money: money,           //住院花費
        exist: true             //確認資訊存在
    });

    //新增病歷於病人記錄
    patientData[patientAddr].records[inx] = record;

    //觸發離院事件
    emit InsRecordEvnt(patientAddr, inx, day, money);

    //回傳病歷序號
    return inx;
}
```

```
//離院申請事件
event InsRecordEvnt(address patientAddr, uint256 recordID, uint256 day, uint256
money);
```

```
//查詢離院申請資訊-病因
function queryRecordCause(address patientAddr, uint recordID) public
onlyHospitalAndInsuranceCorp view returns(string memory){
    require(isPatientExist(patientAddr),
```

```
                    "patient data not exist");

    require(patientData[patientAddr].records[recordID].exist,
          "medical record not exist");

    return patientData[patientAddr].records[recordID].symptom;
}

//查詢離院申請資訊-住院天數
function queryRecordDays(address patientAddr, uint recordID) public
onlyHospitalAndInsuranceCorp view returns(uint){
    require(isPatientExist(patientAddr),
          "patient data not exist");

    require(patientData[patientAddr].records[recordID].exist,
          "medical record not exist");

    return patientData[patientAddr].records[recordID].day;
}

//查詢離院申請資訊-住院費用
function queryRecordMoney(address patientAddr, uint recordID) public
onlyHospitalAndInsuranceCorp view returns(uint){
    require(isPatientExist(patientAddr),
          "patient data not exist");

    require(patientData[patientAddr].records[recordID].exist,
          "medical record not exist");

    return patientData[patientAddr].records[recordID].money;
}
}
```

本智能合約宣告了兩個變數以儲存醫療機構與保險公司的 EOA。

```
//醫院 EOA
address payable private hospital;

//保險公司 EOA
address payable private insuranceCorp;
```

接著宣告型別為 MedicalRecord 的資料結構以儲存一筆病歷資訊，其中包含：
症狀、病因、住院天數、住院花費與判斷資料是否存在等資訊。

```
//病歷資訊
struct MedicalRecord {
 string symptom;        //症狀
 string cause;          //病因
 uint day;              //住院天數
 uint money;            //住院花費
 bool exist;            //判斷是否存在
}
```

　　而命名為 Patient 的自訂資料型別則為儲存一筆病人的資料，其中涵蓋病人姓名、住家地址、病歷總量及儲存該病人所有病歷的映射型別變數。

```
//記錄病人資訊
struct Patient {
 string name;      //姓名
 string addr;      //住家地址
 uint recordCnt;   //病歷總量
 mapping(uint => MedicalRecord) records; //病歷
 bool exist;
}
```

　　如前之案例，我們同樣藉由映射型別的變數儲存所有病人的資料，其主鍵值為病人的 EOA，資料內容則為自訂的 Patient 結構。

```
//儲存所有病人基本資訊
mapping(address => Patient) private patientData;
```

　　在智能合約的建構者函數中，取得合約部署人的 EOA，並設定為合約主持人以及保險公司的角色。

```
//記錄合約主持人(保險公司)
 constructor () {
   insuranceCorp = payable(msg.sender);
}
```

　　為了避免非限定角色的人執行不相關的合約函數，故宣告下列修飾子以做為限制條件：限定只有保險公司才能使用的 onlyInsuranceCorp、只有醫療機構才可以使用的 onlyHospital，以及只有保險公司與醫院才能執行的 onlyHospitalAndInsuranceCorp。

```
//只有保險公司可執行
modifier onlyInsuranceCorp() {
  require(msg.sender == insuranceCorp,
  "only insuranceCorp can do this");
  _;
}

//只有醫院可執行
modifier onlyHospital() {
  require(msg.sender == hospital,
  "only hospital can do this");
  _;
}

//只有醫院和保險公司可執行
modifier onlyHospitalAndInsuranceCorp() {
  require(msg.sender == hospital || msg.sender == insuranceCorp,
  "only hospital and insuranceCorp can do this");
  _;
}
```

　　本範例限定只有合約發起人才可以設定醫院的 EOA，因此唯有保險公司才能執行合約函數 setHospital 宣告，同時將輸入的位址設定為醫院角色。

```
//設定醫院 EOA
 function setHospital(address payable _hospital) public onlyInsuranceCorp {
  hospital = _hospital;
}

//查詢醫院位址
 function getHospital() public view returns(address) {
  return hospital;
}
```

　　我們可藉由 insPatient 合約函數來新增一筆病人資訊，輸入的參數包含了病人 EOA、病人姓名與病人的居住地。此外 insPatient 合約函數也被宣告為僅有醫院角色才可以執行。函數內的 require 指令可用來判斷病人資料是否已存在於資料結構中，如果資料尚未存在，則將輸入參數與資料結構的欄位做相對映之儲存。

　　請注意，exist 欄位需設定為 true，方能判斷資料是否已存在。合約函數在完成新增病人資料後，同時觸發 InsPatientEvnt 事件以反應資料新增的情況。

```
//新增一筆病人資訊
 function insPatient(address patientAddr, string memory name,string memory addr)
public onlyHospital {
  require(!isPatientExist(patientAddr), "patient data already exist");

  patientData[patientAddr].name = name;
  patientData[patientAddr].addr = addr;
  patientData[patientAddr].recordCnt = 0;
  patientData[patientAddr].exist = true;

  emit InsPatientEvnt(patientAddr);
 }
```

　　區塊鏈上的所有人（若為私有鏈則為參與者）皆可透過 isPatientExist 函數判斷是否已存在某病人的資料，其判斷的依據是 exist 欄位是否已被設定為 true。

```
//查詢病人資訊是否存在
function isPatientExist(address patientAddr) public view returns(bool) {
  return patientData[patientAddr].exist;
}

//新增病人事件
event InsPatientEvnt(address patientAddr);
```

　　insRecord 合約函數可用來新增一筆病歷資料，同樣的限制，僅有醫院角色才可以執行此函數。由於病人與病歷資料之間存在著 master-detail 般的關係，因此函數在一開始會透過 require 指令來判斷病人資料存在。病人資料中的 recordCnt 欄位不僅是記錄病歷的累積數量，同時也做為病歷的主鍵值，當執行新增病歷後，函數將回傳病歷的主鍵值做為 DApp 前端之參考。

　　insRecord 合約函數新增一筆封存病歷資訊的 MedicalRecord 型別變數，其資料欄位包含了儲存症狀的 symptom、病因的 cause、住院天數的 day 以及住院花費金額的 money，並藉由「patientData[patientAddr].records[inx]」指令將病歷資料附加於病人資料的 records 映射欄位中，最後再引發 InsRecordEvnt 事件通知鏈外的 DApp 前端做適當之處理。

```
//新增一筆離院申請
 function insRecord(address patientAddr, string memory symptom, string memory
cause, uint day, uint money) public onlyHospital returns(uint){
   require(isPatientExist(patientAddr), "patient data not exist");

   //病歷序號加 1
   patientData[patientAddr].recordCnt+=1;
   uint inx = patientData[patientAddr].recordCnt;

   //新離院資訊
   MedicalRecord memory record = MedicalRecord({
     symptom: symptom,      //症狀
     cause: cause,          //病因
     day: day,              //住院天數
     money: money,          //住院花費
     exist: true            //確認資訊存在
   });

   //新增病歷於病人記錄
   patientData[patientAddr].records[inx] = record;

   //觸發離院事件
   emit InsRecordEvnt(patientAddr, inx, day, money);

   //回傳病歷序號
   return inx;
 }
```

本智能合約提供了三個用以查詢與病歷資訊有關的函數：離院申請病因的 queryRecordCause、離院申請住院天數的 queryRecordDays 以及離院申請住院費用的 queryRecordMoney。這些函數限定只有醫療機構與保險公司才可查詢，而非公開於整個區塊鏈。

設計完智能合約之後即可開始撰寫 Java 程式，請參考前幾節的介紹，自行產製所需的包裹物件，在 InsuranceCorp.java 與 InsuranceHospital.java 有完整的 Java 程式可以參考。

透過保險公司 EOA 使該智能合約上鏈後，保險公司便成為合約主持人，因此需先透過 initHospital 函數執行設定醫院角色 EOA 的工作。

```
// 設定醫院
private void initHospital(String keyFile, String myPWD, String hospital) {
  try {
      // 連接區塊鏈節點
      Web3j web3 = Web3j.build(new HttpService(blockchainNode));

      // 指定金鑰檔，及帳密驗證
      Credentials credentials = WalletUtils.loadCredentials(myPWD, keyFile);

      // 取得合約包裹物件
      // 新版的寫法，解決 EIP-155
      long chainId = 168;
      FastRawTransactionManager txMananger = new FastRawTransactionManager(web3,
credentials, chainId);
      InsuranceContract contract = InsuranceContract.load(contractAddr, web3,
txMananger,new DefaultGasProvider());

      // 設定醫院位址
      contract.setHospital(hospital).send();
      System.out.println("設定醫院,完成");

  } catch (Exception e) {
      System.out.println("設定醫院錯誤,錯誤:" + e);
  }
}
```

保險公司在設定醫院角色 EOA 後，便可啟動 Oracle 服務，準備即時傾聽區塊鏈事件。建立 EthFilter 過濾物件時，須傳入智能合約位址做為過濾的第一道條件。由於只專注於理賠事件之處理，因此透過 sha3String("insRecord")函數取得合約事件之 indexed 參數的編碼，其它類型的 indexed 事件則不加以處理。理賠事件可取得與理賠計畫有關的資訊，如：保險受益人 EOA、病歷序號、住院天數、住院金額等，因此建立 Function 物件時，須傳入剖析 Log 所需的 TypeReference 列表，其設定方式與前幾例無異，故在此省略。

```
// 啟動 Oracle 服務
public void startOracle(String contractAddr) {
  try {
      // 連線區塊鏈節點
```

```
    Web3j web3 = Web3j.build(new HttpService(blockchainNode));

    // 設定過濾條件
    EthFilter filter = new EthFilter(DefaultBlockParameterName.LATEST,
DefaultBlockParameterName.LATEST,
        contractAddr);

    // 取得事件 topic 的 hash code
    String eventTopicHash = Hash.sha3String("InsRecordEvnt(address,uint256,
uint256,uint256)");

    // 交易事件的 Log
    Function transLog = new Function("", Collections.<Type> emptyList(),
        Arrays.asList(new TypeReference<Uint>() {
        }, new TypeReference<Uint>() {
        }, new TypeReference<Uint>() {
        }, new TypeReference<Uint>() {
        }));

    System.out.println("Oracle service start...");

    // 持續偵測事件

    // 抓取 Event
    Disposable subscription = web3.ethLogFlowable(filter).subscribe(log -> {
        List<String> list = log.getTopics();
        for (String topic : list) {
            System.out.println("topic:" + topic);
            if (topic.equals(eventTopicHash)) {
                System.out.println("處理交易事件");
                handleTransEvent(log, transLog);
            }
        }
        System.out.println("data:" + log.getData());
    });
} catch (Exception e) {
    System.out.println("Oracle 偵測錯誤:" + e);
}
}
```

　　handleTransEvent 函數在底層機制偵測到合約事件時，進行邏輯處理的函數。
事件回傳資訊會於合約事件宣告時依序回傳，因此可透過 inx 做為順序之判斷，依
序為保險受益人 EOA、病歷序號、住院天數、住院金額。

　　此處我們假設透過簡單的理賠計算公式，每 1,000 單位的住院金額可獲得 1 ETH 的理賠，因此，若住院金額為 3.6 萬元則可以獲得 36 ETH 的理賠，最後再透過 transferETH 將理賠金從保險公司 EOA 的餘額移轉給保險受益人。

```java
// 處理事件內容
private void handleTransEvent(Log log, Function function) {
 try {
    List<Type> nonIndexedValues = FunctionReturnDecoder.decode(log.getData(),
function.getOutputParameters());
    int inx = 0;
    String address = ""; // 保險客戶 EOA
    BigInteger recordInx = BigInteger.ZERO; // 病歷序號
    BigInteger days = BigInteger.ZERO; // 住院天數
    BigInteger money = BigInteger.ZERO; // 住院金額

    for (Type type : nonIndexedValues) {
        // 第一個參數是 address
        if (inx == 0) {
            try {
                // 將位址，轉換成 16 進制的字串
                address = Numeric.toHexStringWithPrefix((BigInteger)
type.getValue());
            } catch (Exception e) {
            }
        }

        // 第二個參數是病歷序號
        if (inx == 1) {
            recordInx = (BigInteger) type.getValue();
        }

        // 第三個參數是住院天數
        if (inx == 2) {
            days = (BigInteger) type.getValue();
        }

        // 第四個參數是住院金額
        if (inx == 3) {
            money = (BigInteger) type.getValue();
        }
        inx++;
    }
```

```
    System.out.println("保險受益人:" + address);
    System.out.println("病歷序號:" + recordInx.longValueExact());
    System.out.println("住院天數:" + days.longValueExact());
    System.out.println("住院金額:" + money.longValueExact());

    // 撥款理賠金
    String payMoney = "" + (money.longValueExact() / 1000);
    transferETH(insuranceCorp, address, insuranceCorpKey, "16888", payMoney);
} catch (Exception e) {
    System.out.println("Error:" + e);
}
}
```

再回到醫療機構角色，其所需處理的工作就相對簡單許多，首先透過 Java 程式的 insPatient 函數新增病人的基本資料，也就是透過智能合約所提供的 insPatient 合約函數來完成。

```
// 新增病人資訊
private void insPatient(String keyFile, String myPWD, String patient, String name,
String addr) {
  try {
      // 連接區塊鏈節點
      Web3j web3 = Web3j.build(new HttpService(blockchainNode));

      // 指定金鑰檔，及帳密驗證
      Credentials credentials = WalletUtils.loadCredentials(myPWD, keyFile);
      System.out.println("身分驗證");

      // 取得合約包裹物件
      // 新版的寫法，解決 EIP-155
      long chainId = 168;
      FastRawTransactionManager txMananger = new FastRawTransactionManager(web3,
credentials, chainId);
      InsuranceContract contract = InsuranceContract.load(contractAddr, web3,
txMananger, new DefaultGasProvider());
      System.out.println("取得合約");

      // 加入一筆病人資料
      contract.insPatient(patient, name, addr).send();

      System.out.println("新增病人資訊");
  } catch (Exception e) {
```

```
        System.out.println("新增病人資訊錯誤,錯誤:" + e);
    }
}
```

　　接著經由 insRecord 函數加入一筆該病人的病歷資訊，當病歷資訊寫入區塊鏈後，便會引發一連串相關的離院申請事件，使得保險公司的 Oracle 服務能夠偵測到事件，自動完成理賠撥款。

```
// 新增供應鏈交易
private void insRecord(String keyFile, String myPWD, String patient, String
symptom, String cause, int day, int money) {
 try {
    // 連接區塊鏈節點
    Web3j web3 = Web3j.build(new HttpService(blockchainNode));

    // 指定金鑰檔，及帳密驗證
    Credentials credentials = WalletUtils.loadCredentials(myPWD, keyFile);
    System.out.println("身分驗證");

    // 取得合約包裹物件
    // 新版的寫法，解決 EIP-155
    long chainId = 168;
    FastRawTransactionManager txMananger = new FastRawTransactionManager(web3,
credentials, chainId);
    InsuranceContract contract = InsuranceContract.load(contractAddr, web3,
txMananger,new DefaultGasProvider());
    System.out.println("取得合約");

    // 加入一筆離院資訊
    contract.insRecord(patient, symptom, cause, new BigInteger("" + day), new
BigInteger("" + money)).send();
    System.out.println("新增離院資訊");

 } catch (Exception e) {
    System.out.println("新增離院資訊錯誤,錯誤:" + e);
 }
}
```

　　介紹完 DApp 前端函數功能後便可開始進行案例演練。如下所示為保險公司的演練情境：步驟 1 為新增醫院角色 EOA；步驟 2 則啟動 Oracle 服務準備傾聽合約事件。

```
public InsuranceCorp() {
 // step 1. 保險公司設定醫院 EOA
 initHospital(insuranceCorpKey, "16888", hospital);

 // step 2. 傾聽離院申請事件
 startOracle(contractAddr);
}
```

醫療機構的演練情境則如下：步驟 1 為新增病人的資訊，包括病人的 EOA；步驟 2 為新增該名病人的病歷資訊以準備觸發離院申請事件。請注意，住院金額設定為 36,000 元。

```
public InsuranceHospital() {
 // step 1. 新增病人資訊
 insPatient(hospitalKey, "16888", patient, "Jackie", "TPE");

 // step 2. 新增病歷
 insRecord(hospitalKey, "16888", patient, "胸悶", "心臟病開刀", 10, 36000);
}
```

我們亦可藉由錢包軟體觀察案例是否正確地執行，在演練開始之前，保險受益人（即病人 patient）的加密貨幣餘額為 0 ETH。

　　而當提出離院申請並觸發理賠事件後，保險公司偵測合約事件所進行的理賠處理也可正確地運作，如下所示，住院金額為 36,000 元已被正確換算成 36 ETH，並移轉至保險受益人。

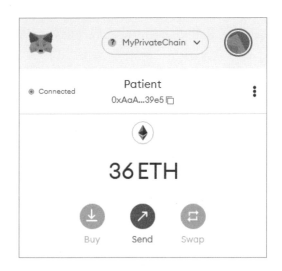

　　本節所示範的醫療保險自動化機制是以加密貨幣做為理賠之依據，因此將金流實作在區塊鏈上。然我們認為，未來比較可行的方式應是僅利用區塊鏈進行資訊流之記錄，而金流應採用鏈下的法幣系統，其緣由在於加密貨幣擴大應用的可能性不大，且區塊鏈記錄資訊流才是一種比較務實的方式。

　　另外在歐盟 GDPR（一般資料保護規範）擴大適用範圍的當前，對於相對高度隱私的病歷資訊的保存也是區塊鏈系統下一步所需思考之處，畢竟區塊鏈中的資料將被永久保存，然若病患提出資料抹除的請求時，GDPR 相關資安要求卻又允許將資料永久刪除，這中間著實存在一些矛盾之處。

6-4 習題

6.1 本章示範的區塊鏈供應鏈金融僅支援單一製造商服務多家供應商的商業模式,請試著調整智能合約,使之成為能夠支援多家製造商與多家供應商的方式。

6.2 自動醫療理賠範例中,並沒有加入反查病歷資訊是否真正存在於區塊鏈之驗證,請試著調整範例之設計,使之更為周全。

07

NFT 與 Web3 實務應用

　　自比特幣於 2008 年濫觴至今，各界藉由其核心的區塊鏈技術如火如荼推動、創造更多的商業應用，可惜這些專案多屬概念驗證（Proof of Concept, POC）性質，往往缺乏實用價值，也不易商轉。近年來，NFT 的興起被視為區塊鏈應用的明日之星，但是事實真是如此嗎？本章將探討 NFT、元宇宙與 Web3 之間的關係，以及未來可能的發展趨勢，並且帶領各位讀者建置第一個 NFT 智能合約。

本章架構如下：

- ❖ 漫談 NFT
- ❖ 概說元宇宙
- ❖ 縱觀 Web3
- ❖ NFT 停看聽
- ❖ 我的第一枚 NFT 非同質化代幣
- ❖ IPFS 星際檔案系統：NFT 安全守門員
- ❖ 搭著 IPFS 直上 Web3 的 NFT 代幣
- ❖ 結語

7-1　漫談 NFT

去中心化金融 DeFi

在談論 NFT 之前，先概略介紹何謂「去中心化金融（decentralized finance, DeFi）」。去中心化金融所追求的目標即是消除金融交易的中介者，使之具備所有權分散、交易內容不被否認，且具有透明與抗審查等特性的金融服務與系統。相對於傳統中心化的金融服務（CeFi），以信用卡消費為例，會先由買方的銀行付款給如 VISA 的支付公司，再由支付公司將款項交付給賣方的銀行，最後賣方再到自己的銀行戶頭提領帳款。整個過程除了需耗費時日之外，亦產生交易中介者層層的手續費成本，故 DeFi 被視為下一波金融科技的炸子雞。

然而在 2022 年 6 月 20 日的中央銀行季度報告中，強調投資人應注意 DeFi 的六大風險，包括：資訊不對稱與詐欺風險、市場誠信風險、非法活動風險、營運與技術風險、治理風險、風險外溢到傳統金融市場。DeFi 通常會透過網紅、社群媒體及線上推廣活動等管道宣傳，投資人沒有對等的資訊可以了解相關的風險。實作 DeFi 的區塊鏈與智能合約雖然是公開的，但需要具備一定的技術能力與知識，且 DeFi 能快速、匿名提領資金，可能使得受害者遭遇損失後無從追索。此外，Defi 亦有網路壅塞與手續費攀升問題。因此，投資人在從事相關的投資活動時，仍必須小心謹慎才是。

DeFi 的目標可藉由區塊鏈、加密貨幣以及智能合約等技術加以實現。參考前幾章所介紹的，智能合約是一種運行在區塊鏈的電腦程式，在區塊鏈生態系統中扮演公正且被信任角色。如同現實生活中的契約一樣，可依照事先擬定的規則（程式邏輯）依約自動執行。本書介紹的以太坊（Ethereum）便是最具代表性的區塊鏈技術，可以完整體現智能合約的運作。而 NFT 就是 DeFi 的一種應用，據 CryptoSlam 平台的統計資料顯示，迄今為止，NFT 總銷售額已經超過 360 億美元。這些 NFT 來自 18 個區塊鏈，包括以太坊、Ronin、Solana、Avalanche、Wax、Polygon 和 Flow，其中，以太坊之占比高達 75%以上。

透過以太坊發行的 NFT 數量雖然很多，且支援的錢包也多，但以太坊在交易時往往需要付出高額的 gas，也因為交易速度相對較慢，較適合發行高單價、具有稀缺性的 NFT。其它後起之秀，如：Polygon，便具有交易手續費低、速度快等特性，相對較適合發行一般性、數量較多的 NFT。不過此議題並不在本書探討的範圍內，就留給有興趣的讀者自行研究。

同質化貨幣

在探討 NFT 之前，讓我們先複習幾個和以太坊有關的名詞與技術。「位址」一詞在以太坊中，可以指外部帳戶（externally owned account, EOA）或合約帳戶（contract account）。EOA 是一組公開字串，對映終端用戶的私鑰，可以想像是終端用戶在區塊鏈世界的「銀行帳號」。合約帳戶則是指智能合約的位址，意指智能合約也可以擁有區塊鏈的「銀行帳號」。使得終端用戶與智能合約皆可以擁有以太幣餘額（ether balance），都可以進行以太幣的轉出與轉入，或是觸發與執行其它智能合約。

首次代幣發行（initial coin offering, ICO）是一個廣為人知的智能合約應用，其精神乃源於證券市場的首次公開募股（initial public offering, IPO），兩者的差異為 IPO 是向公眾籌集資金，發行之標的物是證券；ICO 則是向公眾募集加密貨幣，進而發行另一種新代幣（token）。具體而言，ICO 是一種遵循以太坊開發者協議 ERC 20 標準所撰寫的智能合約，在區塊鏈原生的加密貨幣之上，另外創建一種新型態的代幣。

舉例來說，終端用戶將 1 個以太幣轉帳給某個 ERC 20 智能合約，而該合約程式的處理邏輯，會在合約上記錄該用戶兌換了 20 個此 ICO 新代幣。由於合約程式僅記錄終端用戶所持有該代幣的數量，而每一個代幣的價值皆相同，故遵循 ERC 20 所發行的代幣也被稱為同質化代幣（fungible token）。代幣在終端用戶之間的轉入與轉出交易行為，實質上僅是合約程式記錄其所持有代幣數量的增減。（註：可以參考本書第四章完整之介紹。）

ICO 推行之初，眾人將其視為如 IPO 的另一種投資管道而趨之若鶩，但好的構想卻因為良莠不齊的 ICO 專案而偏離初衷，甚至導致惡意吸金的情事發生，使得 ICO 不再受到投資人的青睞與信任。

相對於同質化代幣，當今流行的則是非同質化代幣，即是眾所談論的 NFT（non fungible token）。NFT 是一種遵循 ERC 721 所撰寫的智能合約。在 ERC 721 合約中，可以使每個 NFT 代幣對映到不同的數位資產，且須使用不同金額的加密貨幣購買，造就了每個代幣能夠呈現出獨一無二的價值。ERC 721 於 2017 年 9 月 20 日發表，主要標準的制定與貢獻者是 Dieter Shirley，他是新創公司 Axiom Zen 的遊戲開發技術總監，此公司於同年 11 月 28 日公開推出營運一款知名休閒遊戲——謎戀貓（CryptoKitties），即是基於以太幣交易的遊戲，遊戲中的每隻貓咪為一個 ERC 721 代幣。玩家可以購買虛擬貓咪，也可出售與馴養後代等。

NFT 非同質化貨幣

2021 年，NFT 將加密貨幣應用推向另一波高潮，創造出許多新的商業模式。在國外，佳士得拍賣會在該年 3 月 12 日採用 NFT 拍賣一幅名為「Everydays: The First 5000 Days」的數位照片，最後以近 7,000 萬美元的天價落槌。無獨有偶，在國內也掀起一波 NFT 熱潮，舉凡像是阿妹演唱會、周杰倫旗下潮牌 PHANTACi、霹靂國際布袋戲角色、明華園歌仔戲演出等，甚至國際名廚江振誠也推出可以吃的 NFT。在千變萬化的市場中，人們似乎害怕與任何商機失之交臂，不趕緊發想個 NFT 的應用就落伍了。但究竟 NFT 的真正價值何在？這些食衣住行育樂的商品看似與 NFT 結合，但是在本質、價值上符合 NFT 的真義嗎？

首先，我們須確定 NFT 的商品（如：圖片）是否可如實存放上在區塊鏈上？就技術面來說，若欲將 1 MB 大小的圖片儲存在以太坊的智能合約上，需得透過 215 個 unit256 型態的變數。以 2022 年 4 月的幣價計算，此舉約需花費 304 萬台幣的 gas (手續費)，當然不可行！在經過繁複的資料轉換與運算後，區塊鏈上到底儲存了什麼奇珍異寶？讀者若是透過 Etherscan 等工具追本溯源，將會發現 ERC 721 合約所儲存的 NFT 代幣，其實不過是代幣編號、終端用戶位址（用戶在區塊鏈世界的「銀行帳號」），以及數位商品在網際網路上資源名稱（Uniform Resource

Identifier, URI）之間的對映關係而已。換言之，NFT 行銷上宣傳所稱讓每一項數位收藏品擁有獨一無二的數位身分證，也可以讓擁有者證明其所有權，其實不然，那不過是代幣編號、終端用戶位址與 URI 的結合，充其量只是個資料對照表。

另方面，前述的代幣 URI 顯示的是數位商品真正儲存地，但令人驚訝的是，追蹤該代幣 URI 的超連結往往會發現，人們花了大額鈔票所購買的某些 NFT 商品，只不過是網頁伺服器上的某張圖片，且是毫無保障地被存放在一般的網頁伺服器。倘若該網頁伺服器發生故障或無法存取，那麼所購買的 NFT 商品不就石沉大海了嗎？

再者，智能合約所儲存的前述對映關係雖無法被竄改，然若網頁伺服器管理員直接置換 URI 所對映的數位商品，則原購買的高價數位藝術品不就可輕易被竄改成贗品了？由此可見，NFT 雖承襲了區塊鏈不可竄改的特性，但並不代表 NFT 就可被信任。

NFT 與 IPFS 相輔相成

為解決前述 NFT 相關問題，於是有研究嘗試將 NFT 商品存放到星際檔案系統（InterPlanetary File System, IPFS）。IPFS 是一種分散式檔案儲存、共享與可持久化的網路傳輸協定，可與區塊鏈協同運作。IPFS 參考了 BitTorrent、Git 以及區塊鏈的雜湊樹（merkle tree）等技術實作而成，以解決傳統網頁架構的缺點（如中心集權管理與重覆資料儲存等）。IPFS 根據檔案內容計算雜湊值，並依此做為檔案唯一的識別位址。相同雜湊值的檔案只會被儲存一份，若檔案被複製、修改或重新上傳，便會得到不同於修改前的雜湊值。因此，若能將代幣編號、終端用戶位址，以及 IPFS 識別位址之間的對映關係寫到智能合約上，應可同時驗證數位資產擁有權、確保檔案完整性，亦能儲存大檔案內容，補足區塊鏈不適合儲存檔案的缺點。

前陣子火紅一時的無聊猿 NFT，便是將圖片儲存在 IPFS 的成功案例。雖然圖片上的一個像素（pixel）遭到修改便會得到不同的雜湊值，但以人類肉眼來說，是看不出任何差異的。因此，即使區塊鏈搭配 IPFS，依然無法確認是否買到贗品。

區塊鏈的驗證機制僅是「確認資料有上傳」與「不可否認資料有上傳」，但並不代表上傳的內容是正確且可被信任。如何證明數位資產的真偽？如何驗證數位資產是正版？如何防止數位資產被複製？這些都是 NFT 目前做不到的事。關於 IPFS 將在本章第五節有更詳細的介紹。

　　NFT 確實帶來很多想像空間，而不是只能做為個人頭像（Profile Picture, PFP）的應用，更勝者可以將藝術品予以資產證券化，讓多人可以共同且合法地擁有 NFT。更進一步，可以讓 NFT 成為「真實資產」在虛擬世界的「產權代表」，例如擁有某 ERC 721 代幣的人，代表其在真實世界擁有某棟房子的產權。或者是 NFT 最重要的功能與特性，可以透過智能合約公平且公正的運作，讓原始的藝術創作者得以合理分潤，而不再受到中間層層剝削。然而，到目前為止，NFT 的實用性還是令人存疑，即便在「賦能 NFT」出現後亦是如此。「賦能 NFT」是指除了收藏功能之外，還可和產品、服務，或是特殊權益進行連結的 NFT，例如：持有 NFT 可以兌換炸雞或是特殊的餐點、享有停車優惠、線下兌換商品、換取遊戲寶物等。可是在前一位 NFT 持有者享用完服務之後，NFT 是否還有價值可以繼續在二級市場上流通？若無搭配長期的會員經營策略，那麼「賦能 NFT」同樣也只是一張漂亮的圖檔而已，充其量只有短暫的行銷效果，淪為炒作一途。

　　此外在連結實體世界與數位環境的介面上，NFT 遇到與產銷履歷、產品溯源等情況，仍是十分仰賴受信任的中介者。回到問題的根源，萬一在資料寫入時，已發生錯誤或已被竄改呢？NFT 雖然承襲區塊鏈通透與不可被竄改等特性，但同樣地，區塊鏈尚未走完的最後一哩路，NFT 也難以達成。對於如何監理 NFT，目前國際間尚無共識，實作方式也尚在討論、凝聚共識中。我國財政單位認為：「NFT 屬於商品，商品交易該課徵營業稅。」而高等法院之民事判決：「比特幣為權利所依附之客體，其性質應屬『物』，且屬代替物。」刑事法院則多認為：「虛擬貨幣非有形財物，僅屬無形之財產上利益。但是加密貨幣並非合法通貨，同樣從『商品』的角度將之稱為『虛擬通貨』。」因此，以加密貨幣「購買」NFT 的行為，充其量僅是以物易物，陷入無法可管的窘境。

另外，談到 NFT 就不能不討論智慧財產權（Intellectual Property Rights, IPR）。智慧財產權意指：「人類用腦力所創造的智慧產物，具有財產上的價值，並由法律賦予排除他人侵害的權利。」智慧財產權包含著作權、商標、專利和營業祕密，以下是對各項權利簡單的比較說明：

權利	保護對象	申請方式	保護期間	成立要件	是否須公開	法律責任
專利權	可供利用之發明，含物、方法與視覺訴求設計	申請後，經過審查	自申請日期： • 發明：20 年 • 設計：15 年 • 新型：10 年	• 產業利用性 • 新穎性 • 進步性	申請後 18 個月之後，須公開	民事
商標	用於企業服務、產品等任何具有識別性之標識	申請後，經過審查	註冊公告當日起算 10 年，可申請展延，不限次數	識別性	註冊公告	民、刑事
著作權	各種內容創作，如：美術作品、印刷、出版、表演、拍攝或記錄、文學、藝術或音樂等	不需申請，創作完即受保護	• 人格權：永久保護 • 財產權：生存期間及死亡後 50 年	原創性	可公開發表	民、刑事
營業祕密	技術、方法、製程、配方、程序、設計或其它可用於生產、銷售或經營之資訊	不需申請	成立即受保護，沒有法定期限	• 非他人所知 • 具經濟價值 • 合理保護措施	不得公開	民、刑事

NFT 通常聚焦在著作權的討論。著作權簡單的說，就是授權他人製作複製品的權利，賦予創作者與該項作品有關的無形權利。為了有所依據，著作權的產生便不能只是存於腦海之中，必須要確立有形媒介，如：寫下來，錄下來等，以文稿、畫作、數位圖像、影片等實體作品呈現。購買 NFT 猶如購買藝術品，NFT 藝術家仍然保有著作權，買家購買 NFT 後可用於個人用途，並且將之展示，但並沒

有購買該 NFT 的著作權，故沒有散播或販售 NFT 的複製品的權利，也不可以製作該 NFT 的衍生作品。但是如同其它藝術品一樣，買家有權出售 NFT 給其他人。除非有明確的書面協議，作者亦可將將著作權轉讓給買家。

NFT 交易曾在 2021 年蓬勃發展，然而到了 2022 年，全球最大 NFT 平台 OpenSea 宣布將裁員 20%。2022 年 1 月的以太坊區塊鏈 NFT 銷售額，曾達到 50 億美元高峰，但 2022 年 6 月已降到 7 億美元。加密貨幣交易所 Coinbase 也在 2022 年 6 月宣布裁員 1,000 人，占總員工數 18%。因此，若規劃投資 NFT 商品的讀者必須小心謹慎才是上策。

7-2　概説元宇宙

「元宇宙」一詞出自 1992 年的科幻小說《Snow Crash》，描寫人們戴上虛擬實境裝置（VR）在虛擬世界生活。許多影視作品也有類似的詮釋，例如《一級玩家》、《脫稿玩家》等。2021 年 10 月 29 日，社群媒體巨擘臉書宣布更名為 Meta，將虛擬實境納入元宇宙（Metaverse）的願景之中。然部分人士將元宇宙視為行銷炒作，誠如維爾福軟體（Valve Software）創辦人 Gabe Newell 所言：「談論元宇宙的人根本沒玩過大型多人線上角色扮演遊戲（MMORPG）。在線上捏一個虛擬化身（Avatar）是早在十幾年前就做得到的事，並非什麼新發明。」

元宇宙的表現形式大多從遊戲為起點，逐漸整合網際網路、數位娛樂、教育、醫療等。美國遊戲軟體公司 Beamable 的創辦人 Jon Radoff，依市場價值鏈將元宇宙分為七層架構，由下往上概述如下：

- 基礎設施層：5G/6G、新製程半導體等硬體有關部分。

- 人機互動層：物聯網穿戴設備，各式新式人機介紹面。

- 去中心化層：自我主權身分聲張，數位資產和貨幣價值交換。

- 空間計算層：混合現實/虛擬計算，記錄資產在虛擬世界的足跡位置。

- 創作者經濟層：創作者以更多工具進行創作。

- 探索層：如何推拉新體驗給使用者，如：虛擬商店及社群。

- 體驗層：不限 2D、3D，更多元的體驗方式。

其中第三層去中心化層，即為元宇宙和區塊鏈交集之處。服務或系統建置者可以藉由使用區塊鏈與 NFT，對元宇宙的數位資產進行擁有權的確認，也可以在元宇宙的虛擬世界中使用加密貨幣滿足支付的需要。姑且不論元宇宙是否只是噱頭，臉書掀起的這波革命確實帶來另外一個新的議題：「如何在虛擬世界主張數位資產的所有權？」有些人認為可以藉由 NFT 逐漸建構元宇宙與區塊鏈的共生關係，最終實現此一願景。

無聊猿 NFT 的母公司 Yuga Labs，預計出售旗下元宇宙遊戲 Otherside 的 5.5 萬筆虛擬土地，這些土地皆是以 NFT 呈現，預估最多可獲得價值 3 億美元的加密貨幣，可望成為迄今最大規模的 NFT 發行。然而需注意的是，虛擬世界的土地可能不具有稀缺性，不見得符合稀有財的定義。元宇宙雖然可能涉及區塊鏈技術，但是背後完全由企業掌控，可能全然違背去中心化的理念，並且因為其著重於沉浸式體驗，在未來的發展藍圖上，去中心化不必然會成為企業追求的核心價值。此外，當各個企業財團紛紛推出自己的元宇宙，將會形成碎片化的「多重元宇宙」。除非有機會一統由不同企業財團所掌控的「多重元宇宙」，否則元宇宙在現階段不過是個行銷名詞。投資這些新興科技時，應該加以了解其營運方式，避免落入龐式騙局，或是重演 1637 年鬱金香狂熱事件。

本書付梓之際，適逢臉書更名為 Meta 屆滿一週年，Mark Zuckerberg 於 2022 年 11 月初宣布裁員 13%，大約影響約 11,000 多位員工。同時，凍結招聘到 2023 年的第一季度。這也許是因為在新冠肺炎疫情期間，各大科技巨頭評估市場對於資訊科技具有高度需求，紛紛提高投資金額與大舉招聘員工——以 Meta 為例，其雇用人數增加 80% 以上，達到約 8.7 萬名員工。但在後疫情時代，人們已走到戶外，資訊市場急轉直下，對於電子商務的需求可能不如之前預期的樂觀。因此，包括 Meta 在內的各大企業，不得不進行大幅度的裁員。

　　然而 Meta 旗下的虛擬世界 Horizon Worlds 作為元宇宙的入口，已創建約 10,000 個不同的虛擬空間，但卻只有大約 9%的虛擬空間有超過 50 名使用者拜訪過。雖然每月大約有 200,000 名活躍用戶，但多數在使用該平台一個月後就不再返回。甚至 Meta 的內部文件這麼寫道：「這個空蕩的世界令人悲傷。」Meta 在元宇宙的投資金額已超過百億美元，但股價卻在一年中下跌 60%以上。可見這一波響亮的行銷操作市場並不買單，元宇宙是否真的有遠景，就留給歷史去評斷。

7-3　縱觀 Web3

　　近來乘著 NFT 與元宇宙的浪潮，有人重提 Web 3.0，並將元宇宙與 Web 3.0 劃上等號，但是兩者之間其實並沒有直接關聯。事實上，Web 3.0 濫觴於 1999 年 WWW 的發明者 Tim Berners-Lee 教授提出的語意網（semantic Web）概念，當時是指讓電腦可以模擬人類大腦處理事情，概念類似今日人工智慧（AI）應用。但在不同時期有不同的定義，且包含多層涵義，主要是用來區分網際網路發展過程的方向和特徵。2006 年左右，Web 3.0 可能代表更大量的資料訪問、更高速的網路頻寬與硬體規格。而在 2010 年左右，Web 3.0 似乎又和移動設備、搜索與人工智慧牽涉在一起。現今廣被接受的定義，則是在 2014 年由以太坊共同創辦人 Gavin Wood 所提出的：「其目標為建立一種不受審查、壟斷的基礎網路協議，用以保護使用者的個資。」綜合上述，可以將每一代的「Web」區分如下：

- Web 1.0：人人都是資訊的接收者。由 WWW 開創的新時代，網站架設存在高技術門檻。資訊傳播是單向式，人們只能查詢與閱讀他人分享的資料。

- Web 2.0：人人都是資訊的提供者。隨著社群平台的興起，人們不再需要具備專業的技術背景，便能夠透過平台和他人分享資訊與互動。然而，個資與隱私完全被平台業者掌控，使用者生成內容（User-generated content, UGC）甚至還必須受到平台業者管控。此外，有些企業會蒐集用戶行為販售盈利，但終端使用者並沒分得實質好處，卻還可能因違反平台政策，被凍結與移除帳號，甚至是停權。

- Web 3.0：人人都是資訊的擁有者。藉由去中心化的網路應用，沒有誰可以恣意封鎖與剝奪數位資產。核心的價值包括：去中心化、對抗威權與審查、強調對於個資有絕對掌控權等。這些你我是否覺得似曾相識？是的，這些概念廣納前述所談的種種區塊鏈相關願景，因此區塊鏈普遍被認為是實現 Web3 主要的技術之一。

順便一提，對於這樣一個新興的領域，究竟該稱之為 Web 3.0 還是 Web3？其實都是可以的！若從承襲 Web 1.0、Web 2.0 的命名習慣，那麼就會順理成章的將之稱為 Web 3.0，同時有可能會和歷年的定義衝突。於是加密貨幣圈內崇尚自由與抵禦體制的人士不希望遵循規則，期望打破傳統，因此傾向將之稱為 Web3。本書尊重各種角度與想法，因此本書所提，不論 Web 3.0 或是 Web3 暫指相同的東西。

其實，目前對 Web 3.0 的定義仍然莫衷一是，總括來說，應具有下列元素：

- 使用區塊鏈技術，並讓終端用戶可以完全掌控自己的資料。終端用戶亦可決定資料的分享對象，如：購物紀錄是用戶分享給平台，而不是由平台持有。

- 可基於擁有權的分潤，例如用戶分享創作內容之後，可獲得加密貨幣獎勵。同時，在交易過程不會有角色傾斜的情況，所稱角色如：產品創作人、使用者、投資人等，每個人的地位都是平等的。

在 Web3 區塊鏈世界中，人們皆持有自己的「加密貨幣錢包」，以做為登入各種服務的鑰匙，無需再提交個資給科技巨頭。舉凡聊天內容、分享貼文與影片、販賣資訊、觀看廣告等，所有賺得的加密貨幣皆會自動存入錢包中，透過錢包即可直接進行去中心化的支付與交易。

欲以實作方式體現 Web3 所描繪的遠景，依然面臨眾多的技術考驗。例如：Web3 強調對個資有更多的權力，猶如 GDPR 的遺忘權（Article 17），賦予人們有權要求資料控管者，刪除其個人資料的權利，但是區塊鏈強調追蹤性與不可竄改，資料一旦上鏈，就可能會被永久寫到區塊鏈之中。若嘗試以脫鏈方式儲存個資，問題又會回到原點，面臨被集中儲存或是被竄改的風險。

Web3 另一個顯而易見的問題是，全球如此龐雜的資料要儲存在什麼地方？是否有全球統一的管理方式？前面所提的 IPFS 可能會是個答案，但這項技術發展未臻成熟，尚須經過幾年的驗證。除此之外，根據 2022 年 6 月 ethernodes 觀測網站的資料指出，以太坊節點數目前大約僅 5,712 個，這個數量可代表全球去中心化的分散程度？此程度是否表示整體環境已夠去中心化了？況且，還有許多新興的區塊鏈出現，而這些區塊鏈的節點數明顯達不到去中心化的程度，同時，還只被少數的機構掌握，在這種情況下的 Web3 一點意義也沒有。

要想連接到 Web3 的世界，就必須使用適當的 Web3 瀏覽器。雖然基本上 Web3 瀏覽器和 Web 2.0 瀏覽器沒有太大不同，但 Web3 瀏覽器可以讓使用數據不被企業所用，也可以連接到 DApp。Web 2.0 瀏覽器透過擴充功能，如：安裝本書前幾章示範的 Metamask 錢包，便能悠遊 Web3 的世界。但純粹的 Web3 瀏覽器則不需要額外的安裝。

下方列舉幾個已經內建錢包和支援 Web3 域名的瀏覽器，提供使用者得以更便於體驗 Web3：

- Brave：無需另外下載擴充套件，即可保管加密資產、追蹤投資組合，並與 Web3 DApps 互動。預設封鎖追蹤器、廣告，提升載入速度，亦能保護用戶隱私。觀看 Brave 平台提供的廣告，可獲得 BAT 加密貨幣作為獎勵。

- Opera：以其高效瀏覽、隱私保護、內建的廣告阻擋等功能聞名，亦不需要安裝擴充功能便可以連接與使用 DApp。 2022 年發表的加密貨幣瀏覽器專案（Crypto Browser Project）強調以 Web3 作為發展核心。

- Osiris：使用 Metawallet 作為內建的加密錢包，主要鏈接第二層網路（layer 2），使之能夠更快的進行交易。

未來 Web3 並不會完全取代 Web 2.0，如同當前，最傳統的 Web 1.0 依然存在且運行中。Web3 跟公共鏈的目的皆為打造一台世界電腦，讓所有參與者提供運算環境，成為世界電腦的一環。

特斯拉時任執行長馬斯克（Elon Musk）曾於 2021 年 12 月 21 日於 Twitter（推特）表示：「有人見過 Web3 嗎？我找不到。」他並非完全不相信 Web3，而是認為依目前的技術與環境，談論 Web3 還嫌太早。有人說區塊鏈是一種技術，但筆者認為它更像是一種思維的轉變，也可以說是一種世代的社會運動，反抗威權與政府。綜上所述，DeFi（去中心化金融）、NFT（非同質化代幣）、DAO（去中心化組織）雖解決不同面向的問題，但都可能會是引領下一波 Web3 網路革命的關鍵技術，對技術從業人員來說，還是必須時時關心趨勢變化。

7-4　NFT 停看聽

根據 NFT 數據分析網站 NonFungible.com 資料顯示，在 2021 年 9 月時曾出現日均銷售量 22.5 萬枚 NFT 的盛況。加密數據網站 DappRadar 表示，NFT 在 2022 年第一季的銷售額有 125 億美元之多，但在 2022 年第三季則降到只有 34 億美元。而在 2022 年 10 月——本文撰寫之際，最大 NFT 市場 OpenSea 的銷售額亦連續五個月下滑，足見 NFT 熱潮冷卻的速度之快。這多多少少受到美國聯儲會為了對抗通膨而加息，導致投資人紛紛規避高風險的產品，加密貨幣市場因此遭受重創，比特幣從 2021 年 11 月達到巔峰以來，至今亦下跌約 70% 之多。

吾人在投入 NFT 世界時，不妨藉由下列幾個問題來協助自己查驗方向的正確性：

1. NFT 平台是否使用區塊鏈技術？許多 NFT 平台標榜簡化流程，不強調需使用加密貨幣才能購買 NFT 商品，也不提供查詢智能合約位址的功能，如此是否可行？是否有過度行銷之虞？

2. NFT 平台是採公鏈或私有鏈架設而成？前者發行的加密貨幣較具有投資價值，而後者或有喪失去中心化的核心價值之憾。

3. NFT 資產的移轉是否僅能透過特定交易平台？若交由平台全權管控，亦不符合區塊鏈交易透明的核心價值。

4. 所使用的區塊鏈有多少節點？投入前宜透過公開的資訊平台查詢，節點數越少，代表越容易遭受攻擊，無法達成防止竄改交易之目標。

5. NFT 商品存放在什麼地方？如果是在 NFT 交易平台或一般網頁伺服器，仍屬中心化的架構，恐有單點故障（Single Point of Failure, SPOF）的風險，代表一旦主機失效，即可讓整體系統無法運作。

6. 如何驗證「數位資產」為正版？某些 NFT 平台提供自家的證明機制，但由中心化的平台來進行驗證，便難以保證其公正性。長期來看，也許可以透過類似數位憑證認證機構（Certificate Authority）的機制，公開創作者的公鑰與憑證來保障權益。

7. 具有「賦能」功能的 NFT 可以提高獲利效益，須確認 NFT 是否可以享受額外福利以及其交易次數是否設限？若對交易次數加以設限，恐增加日後難以轉賣的投資風險。

8. 購得 NFT 不等於擁有創作者的著作財產權，端視有無創作者著作權之授權。同時，也應確認是否購得「所有權」，否則僅是擁有「數位資產冠名權」，可以向人炫耀「這張圖是我的」，但不一定真正擁有它。

　　若未能釐清以上各點，大眾面對 NFT 世界的宛若盲人摸象。建立並掌握以上幾個準則，即便面對種類繁多的選擇，也必能在關鍵的時局做出精準的預判。

　　NFT 與加密貨幣在某種程度上屬於烏托邦式的信仰，不見得有機會實現。然而，其底層的區塊鏈技術，以及衍生出來 Web3 目標，雖仍存在著許多限制，卻有可能改變資訊技術的生態與全貌。企業欲以新創的資訊技術做為市場競爭的決勝錦囊，宜需停看聽，透徹了解 NFT 真義，也應時時關注世界政經的發展趨勢，分析成性便能見微知著、鑑往知來，在投身加密貨幣市場時，能辨明何種盛況只會是曇花一現，哪塊大餌的背後是行銷騙徒暗設的天羅地網，哪條不起眼的窄路是真正可以踏上的康莊大道。

7-5 我的第一枚 NFT 非同質化代幣

經由前一節的介紹，可以知道 NFT 乃遵循 ERC 721 標準的智能合約實作而成。本節將簡短說明與實作 NFT 智能合約，有興趣的讀者亦可參考官網：https://eips.ethereum.org/EIPS/eip-721 之說明。

符合 ERC 721 標準的智能合約皆必須實作 ERC721 和 ERC165 介面，下圖為 ERC721 所定義的函數與事件。

函數簽名	功能說明
event Transfer(address indexed _from, address indexed _to, uint256 indexed _tokenId);	NFT 的擁有權改變時所引發的事件。
event Approval(address indexed _owner, address indexed _approved, uint256 indexed _tokenId);	NFT 授權時發出的事件，記錄授權地址 owner，被授權地址 approved 和 tokenid。
event ApprovalForAll(address indexed _owner, address indexed _operator, bool _approved);	啟用擁有者或禁用操作員時發出的事件。
function balanceOf(address _owner) external view returns (uint256);	計算指定擁有者擁有 NFT 的數量。
function ownerOf(uint256 _tokenId) external view returns (address);	回傳 NFT 擁有者的位址，輸入參數_tokenId 即為 NFT 的識別子（identifier）。
function safeTransferFrom(address _from, address _to, uint256 _tokenId, bytes data) external payable;	將 NFT 的擁有權從一個位址轉移到另一個位址。參數 data 是記錄本次移轉的額外資料，無特定的格式。
function safeTransferFrom(address _from, address _to, uint256 _tokenId) external payable;	將 NFT 的擁有權從一個位址轉移到另一個位址。
function transferFrom(address _from, address _to, uint256 _tokenId) external payable;	進行 NFT 的所有權移轉，函數的呼叫者必須負責確認`_to`能夠接收 NFT，否則可能造成永久丟失。

函數簽名	功能說明
function approve(address _approved, uint256 _tokenId) external payable;	更改或重新確認 NFT 的批准地址。
function setApprovalForAll(address _operator, bool _approved) external;	啟用或禁用第三方操作員管理的批准`msg.sender`的所有資產。
function getApproved(uint256 _tokenId) external view returns (address);	取得單一 NFT 的批准地址。
function isApprovedForAll(address _owner, address _operator) external view returns (bool);	查詢輸入之地址是否是另一個地址的授權操作員。

下方則為 ERC165 所定義的函數。

函數簽名	功能說明
function supportsInterface(bytes4 interfaceID) external view returns (bool);	查詢合約是否為實作介面。

　　ERC721 合約撰寫相對複雜許多，於此筆者不打算如同示範 ERC20 一樣，從無到有的撰寫程式碼，而是直接引用 OpenZeppelin 已經提供的智能合約範本。OpenZeppelin 是一個開源的智能合約倉庫，除了支援 MIT 授權之外，亦提供各式各樣的合約範本，當然也包括符合 ERC721 標準的智能合約。因此，我們只需要繼承適當的智能合約範本，另外擴充自己需要的功能即可。讀者可從下列網址取得 OpenZeppelin 智能合約範本：https://github.com/OpenZeppelin/openzeppelin-contracts。

　　取得範本之後，請解壓縮到本地端硬碟。而為了讓 Remix IDE 能夠存取本地電腦的智能合約範本，必須再安裝 Remixd。可執行下列指令進行 Remixd 之安裝。（註：npm 並非標準的套件管理工具，故使用 npm 之前請先安裝 node，請參考網址：https://nodejs.org）。

```
npm install -g @remix-project/remixd
```

Remixd 安裝過程即如下所示：

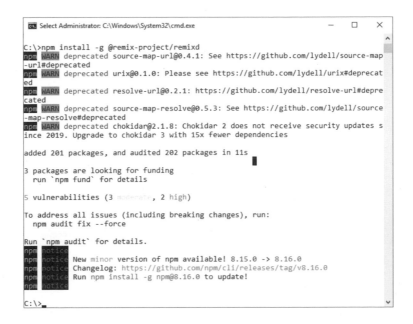

安裝完 Remixd 之後，便可以執行下列指令啟動 Rmixd，其中-s 參數便是指向 OpenZeppelin 智能合約範本的儲存目錄。

```
remixd -s C:\openzeppelin\contracts --remix-ide http://remix.ethereum.org
```

再回到 Remix IDE 的「FILE EXPLORER」的功能選項，選擇「connect to localhost」，此時執行於瀏覽器的 Remix IDE 便能夠和本地端的 OpenZeppelin 智能合約範本進行連接。

允許網頁程式讀取本地端的資源會有資安上的風險,因此亦會彈跳視窗說明。

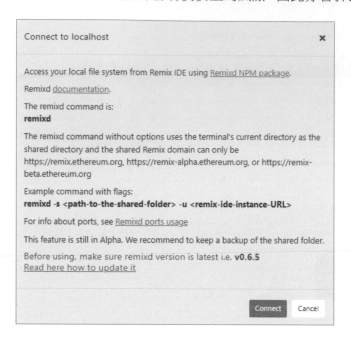

點選「Connect」鈕完成確認之後,便可以在 Remix IDE 的工作區看到 OpenZeppelin 所提供的智能合約範本了。

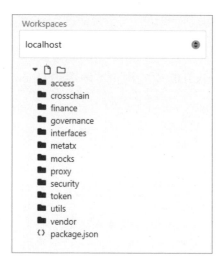

　　為了能夠貼近 NFT 的實作，接下來，筆者將介紹如何將 NFT 智能合約部署到 Rinkeby 測試鏈。首先，先簡短的介紹 Rinkeby 測試鏈。Rinkeby 是以太坊其中一個測試鏈，基於 PoA（proof of authority）共識演算法運作，所以若是透過自建的、非授權節點連接 Rinkeby，就無法挖到 ETH 獲得獎勵。其約有 46 個活躍的節點，出塊時間約為 15 秒，由預先授權的節點運行，可防止有心人士攻擊，並藉此提高性能。開發人員亦可以藉由它進行測試，使所開發的去中心化應用程式更趨完善。此外，Rinkeby 亦被 OpenSea、Manifold Studios 和 Rarible 等各大知名交易平台廣泛使用，這也意謂可以藉此實測 NFT 的運作情況，稍後亦將進行介紹。

　　欲取得 Rinkeby 免費的 ETH，可以先免費註冊 Alchemy 帳號，註冊之後可以得到比沒有註冊時更多的 ETH。註冊網址為 https://www.alchemy.com/。而 Rinkeby Faucet 則提供免費的 ETH，但僅能在測試鏈上使用，可協助完整的測試智能合約，而不用等到智能合約部署至正式鏈時，才發現存在的風險，因而發生丟失數位資產的情況。

　　接下來，便可以將 MetaMask 設定並連接到 Rinkeby 測試鏈。如下，請點選 MetaMask 上方的網路選擇列表，並且選擇 Rinkeby 測試鏈。

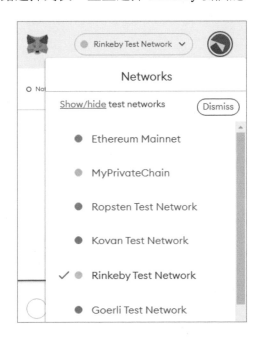

切換至 Rinkeby 測試鏈之後，發現此時帳戶還沒有任何加密貨幣餘額。

接著請連結至 https://rinkebyfaucet.com/，並在 address 欄位中填入欲取得免費 Rinkeby ETH 的位址，再點選「Send Me ETH」鈕。

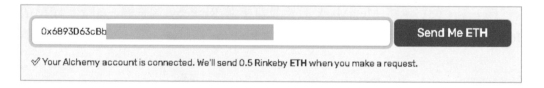

等待交易確認之後，所指定的 EOA 位址便可以獲取免費的 0.5 Rinkeby ETH。需注意的是，雖然只是為了測試之目的，但為公平起見，平台還是限制每 24 小時只能要求 0.5 Rinkeby ETH（註：若沒有註冊 Alchemy 帳號，則每 24 小時只能要求 0.1 Rinkeby ETH）。

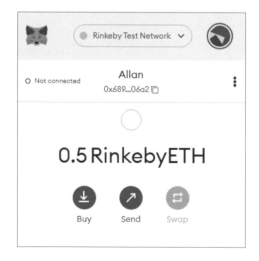

Etherscan 交易觀測平台亦提供觀察 Rinkeby 測試鏈的交易情況，網址為：https://rinkeby.etherscan.io。輸入交易序號之後，便可以看到剛才由 Rinkeby Faucet 所提供免費 ETH 的交易內容。

⑦ Transaction Hash:	0x6ed1f0
⑦ Status:	✔ Success
⑦ Block:	11164756　148 Block Confirmations
⑦ Timestamp:	⏱ 38 mins ago (Aug-08-2022 05:04:48 AM +UTC)
⑦ From:	0x2031832e5
⑦ To:	0x6893d63cbb
⑦ Value:	0.5 Ether　($0.00)
⑦ Transaction Fee:	0.000252000001512 Ether ($0.00)
⑦ Gas Price:	0.000000012000000072 Ether (12.000000072 Gwei)

連接 Rinkeby 測試鏈，成功取得免費的測試用 ETH 後，其餘的加密貨幣轉入與轉出等操作，皆與連接正式鏈沒有什麼不同，故不贅言說明。接下來，就可以正式撰寫智能合約了。

如下是最精簡的 NFT 智能合約，它乃繼承由 OpenZeppelin 所提供的 ERC721PresetMinterPauserAutoId。開發人員此時只要設定 NFT 的名稱（例如：NonoDog）、代幣代碼（例如：NDOG）以及代幣的 Metadata 的 URI 即可。所謂的 Metadata 乃是用來詳述與此 NFT 有關的資訊（例如：圖片檔的位置），本章稍後會有更詳細的介紹。

```
// SPDX-License-Identifier: MIT
pragma solidity ^0.8.0;

import "./token/ERC721/presets/ERC721PresetMinterPauserAutoId.sol";

contract MyNFT is ERC721PresetMinterPauserAutoId {
```

```
    //建構者函數
    constructor()
    ERC721PresetMinterPauserAutoId("NonoDog", "NDOG", "https://alc16888.s3.
ap-northeast-1.amazonaws.com/")
    {}

    //允許礦工可以在鑄幣之後，更新 tokenURI
    function setTokenURI(uint256 tokenId, string memory tokenURI) public {
        require(hasRole(MINTER_ROLE, _msgSender()), "web3 CLI: must have minter
role to update tokenURI");
        setTokenURI(tokenId, tokenURI);
    }
}
```

請參考前幾節的說明將智能合約上鏈，需注意的是，現在是欲將智能合約上鏈至 Rinkeby 測試鏈，而非前面幾節所自建的私有鏈。

完成智能合約上鏈之後，便可以試著鑄幣（mint NFT）。鑄幣是加密貨幣圈的「行話」，意指打造出一個 NFT。「burn（銷毀）」則是與 mint 相反，任何對原本 NFT 失去控制權的行為都可以用 burn 稱之。有時候會為了提高 NFT 的稀缺性程度，而進行銷毀以減少數量。

本節所示範的智能合約在呼叫 mint 函數時，會為所指定的 EOA 位址鑄造一個 NFT，並將所有權歸屬給該 EOA 位址。請注意，NFT 的資產編號，即 token ID 是由合約自動生成的。

同樣地，鑄幣亦可以透過下列網址：https://rinkeby.etherscan.io/ 來觀察交易情況。

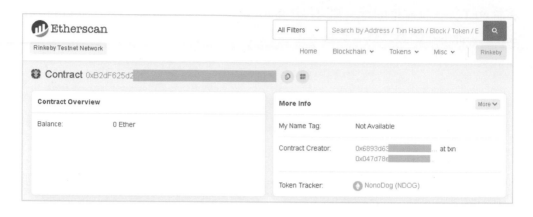

接著，再請登入全球最大的 NFT 交易平台 OpenSea 所提供連接測試鏈的平台：https://testnets.opensea.io/account。登入時，OpenSea 測試鏈平台會要求與 MetaMask 建立連接。順利登入後，便可以查詢 EOA 位址的 NFT 餘額。

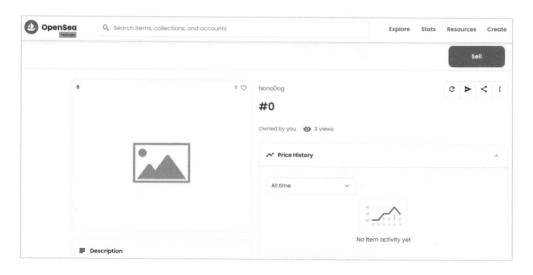

但為什麼我們的 NFT 數位資產沒有漂亮的圖片？而是顯示不存在的圖示？這就必須談到 NFT 的 Metadata 了。且讓我們來探究 Metadata 是怎麼一回事。請點選該筆 NFT 下方的 Details 選項，其中 Contract Address 連接可引導使用者到 Etherscan 觀看該合約的交易歷程。

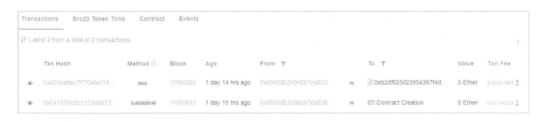

連結至 Etherscan 平台之後，下方的 Transactions 列表，可以看到該智能合約的交易歷程。目前該智能合約總共只有兩筆交易，一筆是將智能合約上鏈，另外一筆交易便是剛才的鑄幣。請點選 Txn Hash 欄位的超連結，觀看鑄幣交易內容。

下方交易細節顯示了將編號 0 的 NDOG NFT 鑄幣給了 0x0689……的 EOA 位址。

再回到 Remix IDE，請點選智能合約的 tokenURL 函數，並且輸入編號 0。我們可以看到函數執行後的結果，即是方才撰寫的智能合約所指定的 URL，同時加上編號 0 所形成的網址。而這個網址就是指取得 NFT 之 Metadata 所在的 URL。

到目前為止，我們可以知道智能合約所記錄的 NFT 所有權，只不過是 NFT 所有人的 EOA 與資產編號之間的對映關係。那麼實際上的圖片或數位資產儲存在什麼地方呢？讓我們接著深入探討何謂 Metadata，繼而解開這個疑惑。

簡單而言，Metadata 賦予如 OpenSea 這樣的應用程式能夠以更豐富的方式描述與呈現數位資產。藉由智能合約的數位資產識別子（如：ERC721 的 token_id）與 Metadata 之間的對映，使得數位資產可以具有名稱、描述和圖像等屬性。根據 OpenSea 的規範，Metadata 須以 JSON 格式呈現，以下為 JSON 各個欄位的說明：

JSON 欄位	欄位說明
image	數位資產之圖像的 URL，它可以是任何類型的圖像。也可以是 IPFS 的路徑。OpenSea 建議採用 350x350 的圖像。
image_data	SVG 格式圖像的 raw data，可以即時據此建立與呈現圖像。然而，OpenSea 不建議採用此種方式。
external_url	顯示在圖像下方的超連結，使用者將離開 OpenSea 網站，而連結到指定的網站。
description	對於數位資產的文字描述，亦支援 Markdown 標記語言。
name	數位資產的名稱。
background_color	在 OpenSea 顯示的背景顏色，必須是不帶前置#符號，其以 6 個字元的十六進制表示法。

JSON 欄位	欄位說明
animation_url	多媒體附件的 URL，支持下列副檔名的格式，包括：GLTF、GLB、WEBM、MP4、M4V、OGV 和 OGG，以及音頻相關的附件，如：MP3、WAV 和 OGA。亦支持 HTML 頁面，允許使用 JavaScript 畫布、WebGL 等技術建構具豐富體驗的 NFT。
youtube_url	連接到 Youtube 的 URL。
attributes	針對數位資產的屬性描述，將之呈現在 OpenSea 頁面。允許將自定義的屬性增添至 Metadata 之中，創造更多的應用。

attributes 是以陣列的方式呈現，而每一筆陣列元素都代表 NFT 的一項特徵；trait type 是用以表示 NFT 資產的特徵名稱；value 則是該特徵的值，display_type 則是描述欲如何呈現此一特徵。如果特徵的型態是字串時，則可以不用理會 display_type 之設定。

對於數值型態的特徵，目前共支援三種不同的呈現方式。display_type 設定為 number 時，顯示在圖像的右下角。boost_percentage 顯示在左下角，boost_number 亦顯示在左下角，但不顯示百分比符號。對於數值型態的特徵，亦可以增加 max_value 欄位為數值設定上限值。OpenSea 支持日期型態的特徵，須傳 unix 時間戳（秒）作為值。OpenSea 也另支援 Enjin Metadata 型態的描述方式，由於屬於進階的內容，故留給有興趣的讀者自行研究。

下方為典型的 Metadata 案例。

```
{
  "name": "my breakfast",
  "image": "https://alc16888.s3.ap-northeast-1.amazonaws.com/food.png",
  "external_url": "https://alc16888.s3.ap-northeast-1.amazonaws.com/0",
  "description": "Egg cake is a traditional breakfast, nutritious and delicious.",
  "attributes":
  [
    {
      "trait_type": "Food name",
      "value": "Egg cake"
    },
    {
```

```
      "trait_type": "Color",
      "value": "Yellow"
    },
    {
      "display_type": "number",
      "trait_type": "Price",
      "value": 35,
      "max_value": 100
    },
    {
      "display_type": "boost_number",
      "trait_type": "Size",
      "value": 30
    },
    {

      "display_type": "date",
      "trait_type": "Enjoy Date",
      "value": 1660170000
    }
  ]
}
```

　　撰寫 NFT 智能合約時，請將它置於 Metadata URI 所指定的網頁伺服器，並確認藉由與之對映的資產編號可以讀取到 Metadata 的內容。例如下列的網址必須要能取得上述 Metadata 的 JSON 內容。

```
https://alc16888.s3.ap-northeast-1.amazonaws.com/0
```

　　接著，再把 Metadata 所描述的圖像置於所描述的網址，例如：

```
https://alc16888.s3.ap-northeast-1.amazonaws.com/food.png
```

　　將 Metadata 以及圖片上傳至網頁空間之後，請重新回到 OpenSea 平台，並點選「reload metadata」按鈕。此時，我們的第一個 NFT——我的早餐（my breakfast），果然可以漂漂亮亮地顯示在 NFT 交易平台了。

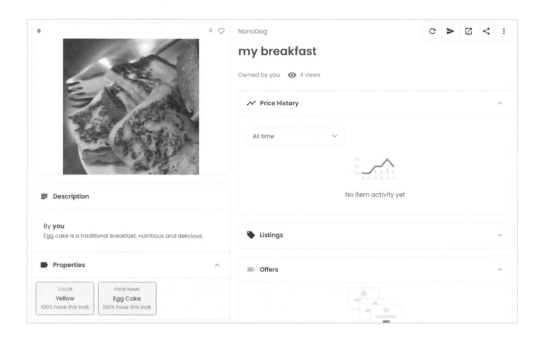

　　雖然在此 NFT 上傳到測試鏈後，即可使用測試 ETH 進行購買與轉換等交易，但是交易後得到的測試 ETH，仍僅供測試，並無法換回法幣就是了！

　　經由本節的介紹，可以得知智能合約中所儲存的只是 NFT 的資產編號與 EOA 位址的對映關係。而 NFT 的 Metadata 與數位圖片也只是存放在一般的網頁伺服器。重新回顧先前所提的問題：「在這樣的情況下，NFT 所聲稱的所有權，真的可以得到保障嗎？」

　　雖然智能合約所儲存的 NFT 資產編號與 EOA 位址的對映關係可能無法被竄改，但是假設網頁伺服器發生故障或無法存取，所購買的 NFT 的 Metadata 與數位商品不就石沉大海了嗎？此外，如果網頁伺服器的管理員竄改 Metadata 或是數位商品的連結，那麼人們原本購買的高價數位藝術品不就可被輕易的置換成便宜貨？NFT 若沒有遭受 51%攻擊，基本上，它的交易紀錄繼承襲了區塊鏈不可竄改的特性，但存在前述種種風險之下，並不代表 NFT 就可以被信任。

此外，NFT 發行的稀缺性是人為創造出來的。誠如狗狗幣（Dogecoin）創辦人帕爾默（Palmer）曾痛批加密貨幣是一場騙局，其不過是透過避稅、消除監管、人造稀缺性種種手段，擴大支持者的財富而已。當人們投資 NFT 商品時，也應該靜下心來細細思量：花了大把鈔票所購買的 NFT 商品，只不過是網頁伺服器上的某張圖片，並且是毫無保障地被存放在一般的網頁伺服器？為解決這個困境，於是有人發想了其它的配套措施，嘗試將 Metadata 與數位商品存放到 IPFS，這就是下一節所要介紹的內容。

7-6　IPFS 星際檔案系統：NFT 安全守門員

星際檔案系統（InterPlanetary File System, IPFS）是一種實現分散式檔案儲存、共享與持久化的網路傳輸協定，類似 HTTP 協訂，其終極目標為取代傳統 HTTP。2014 年，Protocol Labs 在開源社群的協助下開始發展 IPFS。最初是由 Juan Benet 所設計，目前主要採用 Go 和 JavaScript 開發，Python 版本亦在實作中。

IPFS 並不是一種區塊鏈，但可以和區塊鏈協同運作，它參考了區塊鏈使用的 Merkle Tree 及 BitTorrent、Git 等技術，意圖解決傳統 Web 架構中心化集權、單點故障（SPOF）、重覆儲存等缺點。IPFS 更是模組化的通訊協議，可概分為連接層、路由層、資料交換層，其中連接層可以架構在其它網路協訂之上，而路由層則用以定位文件所在位置，資料交換層則是採用 BitTorrent 技術進行 P2P 連接。IPFS 嘗試將文件割切為較小的資料塊，並採用 P2P 方式讓檔案可以從多個下載點並行下載，這種做法不僅可以相對提升檔案取得的速度，也可以降低單一下載點頻寬不足的問題，根據資料顯示約可以省下 60%的頻寬使用。正因為 IPFS 採用 P2P 的架構，因此，不會有單點故障的問題，並且自然形成 CDN（Content Delivery Network 或 Content Distribution Network）加速檔案之取得。

相較於 IPFS，傳統 HTTP 乃是中心化的通訊協訂，使用者所瀏覽的 HTML、圖片、影片等網頁資源皆必須從中心化的 HTTP 伺服器下載。在這種情況下，將可能因為頻寬不足而影響下載速度，或是中心化伺服器本身效能低落等緣故，造成使用者經驗（User Experience, UX）不佳。中心化的 HTTP 架構亦可能因為戰爭、天然災害、伺服器毀損等種種因素，造成網頁無法瀏覽的情況。簡單來說，IPFS 採用的分散式架構，理論上可以讓檔案永遠存在於全網，而不存在無法訪問的情況。IPFS 欲將所有分享的硬碟串接起來，進而形成一部龐大的檔案系統，也正因為是一個檔案系統，自然會有檔案夾與檔案之分。其屬於分散式的架構，因此，網頁資源不會發生被中心化網頁伺服器的管理員恣意刪除、下架、替換的情況。

除此之外，也可能可以藉由分散式架構防止 DDOS 攻擊。前一陣子面對資安危機提高時，有人提出以 IPFS 抵禦 DDOS 攻擊。其實，IPFS 成功抵禦網站被封鎖、癱瘓的情況早有前例可循。2017 年，西班牙舉辦加泰隆尼亞的獨立公投，中央政府強力封鎖支持公投的網站，民間團體則透過使用 IPFS 架設分散式的「公投 2017 網站」，讓公投資訊得以繼續傳播。但是資訊技術是中立的，有人用於良善的地方，就會有人以之做惡。一個名為 Dark Utilities 的惡意程式，便是透過 IPFS 派發，在受感染的系統上，啟用遠端存取、命令執行、DDOS 攻擊、加密貨幣挖礦等非電腦擁有者自願的動作，並讓執法人員難以追查。

使用 IPFS 就代表擁抱 Web3 了嗎？筆者認為要視情況界定之。Web3 的核心價值在於去中心化、對抗威權與審查、強調讓使用者對於個資有絕對掌控權，不再受制於大企業等，人人都是資訊的擁有者。Web3 的出發點並不是在對抗 DDOS，故 IPFS 也許可以建置分散式網站，卻不一定 100%符合其精神。

IPFS 採用雜湊值做為文件之辨識，具有許多優點，但並不易於讓人類閱讀與記誦。因此，IPFS 同時也導入 IPNS 名稱服務，是一種基於 SFS（自認證系統）的命名體系，將文件的雜湊值轉換較容易記住的名字。兩份文件即使只有 1 個 bit 的差異，根據其內容所計算得到的雜湊值也會有所不同，相同雜湊值的檔案，全網只會儲存一份，IPFS 便是利用此一特性，做為文件的唯一識別子，也就是根據文件的內容創建文件指紋，亦稱之為 CID （content identifier）。也可以為文件建立版本管理機制，類似程式碼版本控制工具，如：GIT、SVN 等，對文件的版本進行管理，以消除重複儲存的文件。除此之外，藉由雜湊值的比對，IPFS 便可基於文件的內容進行尋找，而不是像傳統的 HTTP 架構一樣，只能依靠檔案的域名。

即便具有諸多優點，基於分散式架構的 IPFS 其實也沒辦法保證所上傳的檔案可以被永久取得。如同 P2P 網路的種子死亡之後，全網的任何節點都找不到檔案的副本（Cache）時，即使知道檔案的雜湊值也只是枉然。2017 的菲樂幣（Filecoin）一例，是底層使用 IPFS 技術的 ICO 專案，它透過加密貨幣獎勵的方式，鼓勵人們幫忙架設節點，幫忙儲存檔案副本，讓檔案可以在分散式檔案系統中永久保存。但此案已超出本書介紹的範圍，故留給有興趣的讀者自行研究。

回過頭來，IPFS 可以如何強化 NFT？前文提到，人們花了大額鈔票所購買的 NFT 商品及其 Metadata，若只存放於一般網頁伺服器，是一點保障都沒有。倘若讓 NFT 搭配 IPFS，並將 Metadata 或數位資產上傳到 IPFS 之中，不僅能確保內容的連接關係一致不變（immutable），又能夠永久儲存大檔案的文件。同時，透過區塊鏈技術也能使得 NFT 的所有權證明不可被竄改，豈不同時解決多個問題？聽起來是否很有趣？根據資訊顯示，目前 IPFS 每週約有 125TB 的網路流量、200 萬名使用者、20 萬個節點運作中。Cloudflare 亦已營運分散式的網路，使用者可在沒有架設本地 IPFS 節點的情況下，更快速且安全的存取 IPFS。就讓我們從架設 IPFS 節點來了解更多細節吧！

請先連接到：https://dist.ipfs.io/#go-ipfs 取得 IPFS 軟體。kubo（go-ipfs）是最早發布以及最廣被使用的 IPFS 軟體。它包含：IPFS 伺服器、命令列工具、HTTP RPC API，以及可以透過瀏覽器瀏覽內容的 HTTP Gateway。且支援多種作業系統，如：macOS、FreeBSD、Linux、OpenBSD、Windows 等。筆者取得了 v0.15.0 版。下載之後，直接執行即可。

如下所示，Init 初始化之後，會建立一個\Users\使用者帳號\.ipfs 目錄，用來放置 IPFS 有關的檔案與 Cache。

使用下列指令可以顯示與節點有關的資訊。

```
ipfs id
```

使用下列指令可以將檔案加到 IPFS。

```
ipfs add 檔案名稱
```

雜湊值「QmeDqvnE4juS1ykcdKVAB69cRT3wbGzqL97q8Mmb5k2sQp」就是圖檔在 IPFS 網路的唯一識別字。讀者使用下列指令即可以觀看檔案的內容。

```
ipfs cat 檔案名稱
```

由於上傳的檔案是圖檔，故會顯示其 binary 內容。亦可搭配 -r 參數的使用，將整個指定的子目錄一併上傳到 IPFS。

```
ipfs add -r 目錄名稱
```

```
Administrator: C:\Windows\System32\cmd.exe                    —    □    ×

C:\kubo>ipfs add -r ./mynft/
 255.10 KiB / ? [-----------------------------------=-----------------------]
▣added QmeeQhWbHNhaitTuoJjvgMCrZiQzuNYHcZiT4HL4w9Sg6t mynft/food.png
 589.89 KiB / 589.89 KiB [==========================================] 100.00%
▣added QmeDqvnE4juS1ykcdKVAB69cRT3wbGzqL97q8Mmb5k2sQp mynft/juice.png
 589.89 KiB / 589.89 KiB [==========================================] 100.00%
▣added QmZCSCkzWHo2SDF8B2jiEFEdwcATkFJsoy7HFrnAFPBUav mynft
 589.89 KiB / 589.89 KiB [==========================================] 100.00%

C:\kubo>_
```

如上所示，指定目錄中的多個檔案皆被上傳至 IPFS 網路，並取得對映的雜湊值。
請注意，方才上傳的圖檔 juice.png，此時重新上傳一次後，依然會得到相同的雜
湊值「QmeDqvnE4juS1ykcdKVAB69cRT3wbGzqL97q8Mmb5k2sQp」，這是因為
檔案的內容並沒有改變。而儲存檔案的目錄，也會被計算為雜湊值，如：
「QmZCSCkzWHo2SDF8B2jiEFEdwcATkFJsoy7HFrnAFPBUav」。

此外，若 IPFS 的 daemon 程式正啟動，便會連上 IPFS 網路，其他節點便可以
透過雜湊值取得檔案。IPFS 亦提供本地端的 Web 伺服器，我們可以連接
http://127.0.0.1:5001/webui 來觀看。

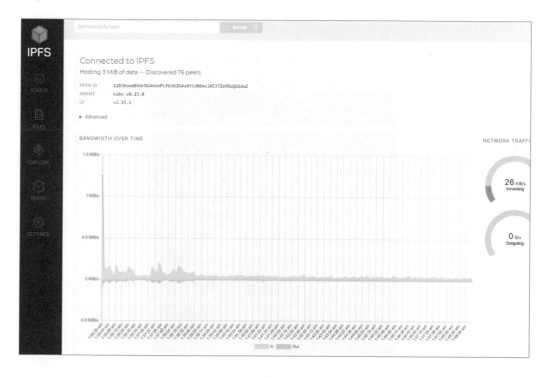

　　點選左邊的「PEERs」可以顯示整個 IPFS 執行中的節點，如下當下約有 476 個節點。

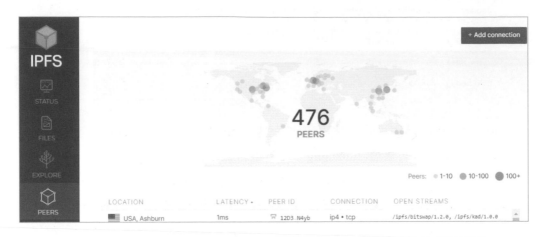

　　上傳至 IPFS 網路的檔案，可以透過 IPFS 公共閘道服務（IPFS public gateway）轉換成 HTTP 所能接受的規格進行觀看。請開啟瀏覽器，並輸入下列網址：https://ipfs.io/ipfs/QmeDqvnE4juS1ykcdKVAB69cRT3wbGzqL97q8Mmb5k2sQp?filename=QmeDqvnE4juS1ykcdKVAB69cRT3wbGzqL97q8Mmb5k2sQp 便可以得到下方之結果。

請注意，網址 ipfs.io 可能會被瀏覽器列為不安全的網址。以 Chrome 瀏覽器為例，使用者可以藉由「設定/隱私權和安全性/網站設定/其他內容設定/不安全的內容/不得顯示不安全的內容」功能，將網址設定為信任，即可以避免無法瀏覽的情況。

順便一提，吾人也可以透過適當的機制，將 Public Gateway 做為反向代理的角色，意即終端使用者不用知道在代理伺服器後面的 IPFS 叢集的存在，只要知道反向代理的 IP，反向代理服務亦會將瀏覽的網頁內容回覆給終端使用者。接著，可以再透過 DNS 的配置，將網域與 Public Gateway 設定成對映關係。如此一來，便可以將靜態網站搬到 IPFS，並且可以降低 DDOS 的攻擊。如何以 IPFS 架設靜態網站已經超出本書介紹的範圍，有興趣的讀者不妨自行參考相關服務提供商，如 Cloudflare 的文件說明。

到目前為止，我們已簡單介紹 IPFS 的概念與運作原理，以及如何將目錄與檔案上傳到 IPFS 網路了。下一節便會試著讓 IPFS 與 NFT 協同運作，達到更為完善的應用。

7-7　搭著 IPFS 直上 Web3 的 NFT 代幣

前一節示範的 NFT 智能合約乃繼承自 ERC721PresetMinterPauserAutoId，該範例具有下列特點：

- 合約持有人具有銷毀 token 的能力。

- 礦工角色（miner）允許鑄幣。

- 暫停者角色（pauser）具有暫停 token 傳輸的能力。

- 自動生成 token ID 與 Metadata URI。

該合約使用 AccessControl 鎖定不同角色的權限。部署合約的 EOA 將被授予 minter 和 pauser 角色，以及作為預設的 admin，可再授予其它 EOA 具 minter 和 pauser 角色。

在前一節中，我們將 mynft 整個目錄上傳到 IPFS，並得到如下之結果：

由於一併上傳了整個目錄，因此除了從下列 https://ipfs.io/ipfs/QmeDqvnE4 juS1ykcdKVAB69cRT3wbGzqL97q8Mmb5k2sQp?filename=QmeDqvnE4juS1ykcd KVAB69cRT3wbGzqL97q8Mmb5k2sQp 可以瀏覽 juice.png 圖檔之外，使用目錄的雜湊值的 URL 也同樣可以取得同一個圖檔 https://ipfs.io/ipfs/QmZCSCkzWHo2 SDF8B2jiEFEdwcATkFJsoy7HFrnAFPBUav/juice.png，此為在目錄雜湊之後直接放上檔名的方式。因此針對第二個 NFT 的發行，可以提供如下的 Metadata，暫且命名為 IPFS.json。

```json
{
  "name": "my beverage",
  "image": "https://ipfs.io/ipfs/QmZCSCkzWHo2SDF8B2jiEFEdwcATkFJsoy7HFrnAFPBUav/
juice.png",
  "external_url": "https://ipfs.io/ipfs/QmZCSCkzWHo2SDF8B2jiEFEdwcATkFJsoy7HFrn
AFPBUav/juice.png",
  "description": "Thai-style milk tea is delicious",
  "attributes":
  [
    {
      "trait_type": "Food name",
      "value": "milk tea"
    },
    {
```

```
      "trait_type": "Color",
      "value": "Yellow"
    },
    {
      "display_type": "number",
      "trait_type": "Price",
      "value": 50,
      "max_value": 100
    },
    {
      "display_type": "boost_number",
      "trait_type": "Size",
      "value": 30
    },
    {
      "display_type": "date",
      "trait_type": "Enjoy Date",
      "value": 1660170000
    }
  ]
}
```

　　接著將 IPFS.json 上傳到 IPFS，可得到如下之結果。需注意的是，請不要將之置於 mynft 目錄，並重新上傳整個目錄，否則將因目錄的內容已被調整，而得到不同的雜湊值。

```
Administrator: C:\Windows\System32\cmd.exe                    —    □    ×
 806 B / 806 B [========================================] 100.00%▒ ^
added QmXrZZVAzdXrkrAinBa28znrtYMy3fJ17zmaMVWAYsURyq IPFS.json
 806 B / 806 B [========================================] 100.00%
C:\kubo>_
```

BLOCKCHAIN

接下來確認 Metadata 是否有被上傳到 IPFS。

現在就可以試著鑄造第二個 NFT 了。前一節所示範的智能合約會根據 Token ID 自動生成 Metadata 的 URL，但是這並不是我們想要的功能。我們希望在鑄造 NFT 的同時，也可以為其指定 Metadata 的 IPFS 位置。如下即為新智能合約的程式內容：

```solidity
// SPDX-License-Identifier: MIT
pragma solidity ^0.8.0;

import "./token/ERC721/ERC721.sol";
import "./access/Ownable.sol";

contract MyNFT2 is ERC721, Ownable {

  using Strings for uint256;
```

```
// Optional mapping for token URIs
mapping (uint256 => string) private _tokenURIs;

constructor(string memory _name, string memory _symbol) ERC721(_name, _symbol) {}

function mint(address _to, uint256 _tokenId, string memory tokenURI_) external
onlyOwner() {
  _mint(_to, _tokenId);
  _setTokenURI(_tokenId, tokenURI_);
}

function _setTokenURI(uint256 tokenId, string memory _tokenURI) internal virtual {
    require(_exists(tokenId), "ERC721Metadata: URI set of nonexistent token");
    _tokenURIs[tokenId] = _tokenURI;
}

function tokenURI(uint256 tokenId) public view virtual override returns (string
memory) {
    require(_exists(tokenId), "ERC721Metadata: URI query for nonexistent token");

    string memory _tokenURI = _tokenURIs[tokenId];

    return _tokenURI;
  }
}
```

　　智能合約藉由使用 mapping，儲存 Token ID 與 Metadata URL 之間的對應關聯。請編譯新的智能合約，並且上鏈至測試鏈。

　　在透過 mint 函數進行鑄幣時，除了允許同時傳入 NFT Token ID 與擁有人的 EOA 之外，亦能設定其對應的 Metadata URL。如下所示，token URL 請設定為 Metadata 在 IPFS 的位置。

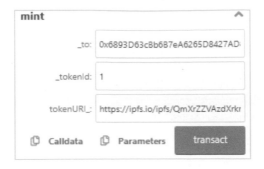

透過 tokenURI 函數之確認，果見 NFT 的 Metadata 已經指向 IPFS。

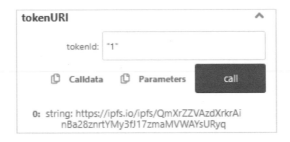

當我們進到測試的 OpenSea 平台後，應可看到儲存在 IPFS 的 NFT 了。

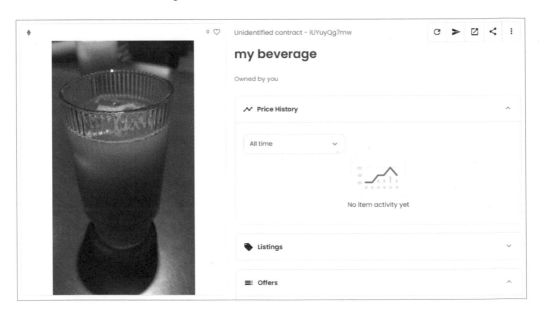

當我們將檔案上傳至 IPFS 時，首先會被加到本地端的 IPFS 節點，再將檔案的 CID 廣播到 IPFS 網路，使得任何人都能透過 CID 直接連到源頭節點請求檔案。而他們的 IPFS 節點也將暫時保留一份副本，有助於在另一個節點請求時加快取得檔案。但在預設情況下，這些副本是會過期的，並藉由過期機制節省其它 IPFS 節點的儲存空間。一旦源頭節點失效，其它節點又沒有副本時，可能就再也找不到檔案，這和 P2P 網路的種子消失是相同情況。

但對於 NFT 來說這並非好事，畢竟我們希望 NFT 永遠都存在。雖然我們可以自行維運一個永遠不會下線的 IPFS 節點，成本效益卻過低。因此，可以考慮採用如 Pinata 這類型的 IPFS 固定服務（IPFS Pinning Service）。此服務的運作原理很簡單，就是透過其所提供的 API 將檔案上傳，再儲存到它們的 IPFS 節點。由於 Pinata 的 IPFS 節點是 7 x 24 小時運作，因此解決了找不到源頭節點的疑慮。至於如何申請免費的 Pinata 服務則相對容易，就留給有興趣的讀者自行研究。

NFT 搭配 IPFS 似乎讓消費者在投資與購買 NFT 時更有保障，但事實真的是如此嗎？別忘了，智能合約也是資料一致性的重要環節，倘若智能合約允許發起人修改 NFT Metadata 的 IPFS URI，並且指向其它的數位資源，那麼這一切豈不是落得一場空？確實如此，大眾在進行相關投資時，還是應該先確保 NFT 發起人過去的交易誠信，並盡可能地理解智能合約所提供的功能為何。

前面我們提到使用 IPFS 並不一定代表擁抱 Web3，但 NFT 就可以代表是 Web3 嗎？君不見礙於資訊技術的門檻過高，大部分的人還是仰賴中心化的交易平台與區塊鏈互動？這些中心化的仲介者掌握實際的權力、主宰整個市場，從當前的運作方式觀察，此與 Web3 的核心價值——去中心化、對抗威權與審查、強調對於個資有絕對掌控權等——大相逕庭，故筆者並不認為 Web3 的世界已經到來，並不至於完全否定 Web3，而是以當前的技術與商業成熟度來說，現階段的 Web3 更像只是行銷話術而已。

去中心化的 Web3 世界看起來似乎還有一大段距離，但還是有許多人持續推動去中心化的偉大理想，其中實踐者莫過於以太坊共同創辦人 Vitalik Buterin。他在 2022 年初時提出靈魂綁定代幣（Soulbound Token, SBT）的概念。他認為目前區塊鏈世界大多數都是在談論可轉讓、金融化的資產，但在現實社會中，卻有許多經濟活動是建立在持久性、不可轉讓的關係之上。因此在推動去中化社會（DeSoc）的過程中，需要有對社會信任關係的編碼系統，而這個就會是 SBT 的應用場景。

簡單地說，有別於可轉讓的 NFT，SBT 是一種不可轉讓的代幣，可將個人或企業的特徵和成就（如：學歷證書、出席證明、藝術作品證明等）以區塊鏈的形式進行標記，進而實現將社會結構（如：家庭、學校、品牌、企業商標等）帶入區塊鏈的虛擬世界，例如：大學可以向畢業生發放學歷 SBT、醫院可以發放所有醫療紀錄的醫療 SBT，使之成為構築去中心化社會的基礎。藝術作品證明是當前 NFT 面臨最大的難題之一，因為無法證明作品與藝術家之間的關係。若可以將 SBT 連結到 NFT 收藏品，SBT 便可協助 NFT 藝術家在數位世界建立信譽，亦可協助 NFT 買家辨識其真偽，解決 NFT 市場紊亂的情況。

一旦 SBT 生態系統構成之後，即可創造出一個抗審查、由下而上的社會信貸系統，吾人可從各項綁定的 SBT 作為個人信用評等的參考，建立一個以信任為基礎的鏈上信用機制，進而實現無抵押貸款或信貸的鏈上借貸。但是 SBT 也尚存未決的難題，由於鏈上的所有紀錄都是公開的，有心人士可能會透過綁定的 SBT（如：畢業學校、工作經歷、技能證明等資訊）推敲其在真實世界的身分。況且 SBT 是不可轉讓的，若個人因種種緣故需將 SBT 轉換到不同的錢包時，該如何處理？若錢包遺失了，如何透過機制恢復使用者在去中心社會的身分？這些尚未有解決之道的情境皆是 SBT 應用上的可能會遭遇的。

7-8　結語

　　以太坊與區塊鏈技術未來會如何發展，我們可從相關的社會現象中觀察。當前現實世界的資源多為中高齡者所掌控，不論是土地、房屋等資源稀有值高，被既得利益者所造成的內捲化（Involution），讓整個社會只能重複勞作、發展遲緩，行之有年的各項制度與社會結構皆是圍繞在中心化的思維所設計。去中心化在本質上是一種思維方式，對現實體制的不滿與絕望，反而讓年輕世代的目光投射到虛擬世界，那片未開發之地似乎充滿著機會，相關的技術吸引人們的目光。擁抱區塊鏈、NFT 與 Web3 等技術更像是反對體制、反抗威權以及世代隔閡的社會運動，而廣被年輕世代接受與歡迎。這種情況猶如賽博龐克（Cyberpunk）小說所描繪的世界。賽博龐克是控制論（Cybernetics）與龐克（Punk）的結合詞。這類型的作品大多是以科技已經高度發展的世界為背景，描述著控制與反控制、反差極大的不完美社會。故事中，世界往往被中央集權的政府或大企業完全控制，而不願意服從，卻又有擁有高超技術或是高超能力的主角，則引領人們反抗體制。

　　多年前網際網路開始普及，其實就是一種虛擬化的開端，而資訊的原生世代比起年長者更能接受生活在網路世界。也正因為如此，在現實與虛擬之間，儼然形成世代之爭。虛擬世界之於殘酷的現實世界顯得相對完美，不會受到物理上的限制。Meta 公司的元宇宙即是基於可以在虛擬世界工作為出發點，這和過去 VR 產品以娛樂為主的觀點是全然不同的，年輕世代更容易接受在虛擬世界工作的趨勢。而在虛擬世界的工作報酬，可能就會以虛擬貨幣支付，並且可以在虛擬世界直接消費購物。NFT 未來的發展不僅只是購買頭像而已，而可能會慢慢發展成為虛擬世界的所有權認證機制，在虛擬世界的消費需要以加密貨幣支付，而所有權的歸屬則是要透過 NFT。在現實物質世界中，銀貨兩訖之後便完成交易，商品可以物理性的交付行為轉給買家，所有買賣交易的核心，其實就是所有權的移轉。但在虛擬世界中，卻很難證明買家對於虛擬商品的所有權。若無法證明虛擬商品的歸屬權，便無法彰顯其價值，那麼就不會有人購買，更遑論在虛擬世界進行交易。

　　區塊鏈一波又一波的浪潮，不斷的衝擊多年來活在中心化世界的我們。區塊鏈與 Web3 亦是一種思想運動，依靠哲學啟發人們，倘若無法從根源的思維方式徹底調整、改變，那麼區塊鏈技術發展到最後可能只是枉然。在 Web3 真正來臨之前，於是便有人提出折衷的 Web 2.5，即在保有 Web2 良好的使用者體驗，和以使用者為主，更加開放、去中心化的 Web3 之間取得平衡點。這可能才是對區塊鏈未來幾年更好的發展方向。

　　麥肯錫（McKinsey）在 2022 年 8 月底發布的「麥肯錫 2022 年科技趨勢展望報告」，依照創新度、關注度與投資力進行評分，挑選 14 種值得關注的科技趨勢，其中 Web3 是值得提早因應布局、掌握商機的趨勢。麥肯錫認為 Web3 是網際網路的未來模型，具有將權力下放給用戶的特性，使之能夠更好地控制個人數據變現（Monetization），增強對數位資產的所有權控制。2021 年度，綜合公開與私募市場的投資規模達 1,110 億美元之多，在 14 項科技趨勢中排名第 6。

　　但如同筆者一再的提醒，雖然 Web3 受到許多關注，但商業模式仍在探討與測試的階段，仍然面臨許多的挑戰。對於資訊從業人員來說，我們僅能持續地跟上腳步，持續培養自己的技術競爭力，隨著未來時局的變化因應行動。企業也應該要跟緊新技術的發展，找到創新的商業模式，擬訂更好的組織發展戰略。

7-9 習題

7.1 請仿照本章範例，創建你/妳的一個 NFT，並部署到 OpenSea 的測試環境。

7.2 本章所介紹的 IPFS 可能可以解決數位資產不一致的風險，除此之外，試想是否有更好的解決方法？

7.3 有人建議直接將 SVG 向量圖像以文字的方式，直接寫到智能合約之中，而不用額外搭配 IPFS，試問，這可能會有甚麼限制？

區塊鏈專有名詞解釋

下表為本書各章節區塊鏈專有名詞之整理。

專有名詞	解釋
ABI (application binary interface)	描述智能合約所提供的介面（interface）資訊，告知合約使用者該如何取用合約所提供之函數的説明書。
bitcoin	比特幣；第一個字母為大寫時，Bitcoin 表示所使用的資訊技術與網路；當為小寫時，表示加密貨幣本身；而 BTC 則為其貨幣符號。 做為鼓勵人們共同維護帳本之獎勵，也是在比特幣區塊鏈網路中，做為支付機制的加密貨幣。
block	區塊；封存交易資訊的資料結構。
blockchain	區塊鏈；高度可信任之分散式（去中心化）資料庫技術。
Byzantium	拜占庭；全名稱為實用拜占庭容錯（Practical Byzantine Fault Tolerance, PBFT）的共識演算法。 透過不斷重複進行訊息交換與相互驗證，並識別出有問題的節點。節點數量至少要有 4 個，容許 1 個有問題的節點。公式為 $N \geq (3 * F) + 1$（N：節點總數，F：有問題的節點數）。

專有名詞	解釋
CBDC (central bank digital currency)	「中央銀行數位貨幣」用於指稱各種由中央銀行發行的數位貨幣，也稱為數位法定貨幣（digital fiat currencies）或數位基礎貨幣（digital base money）。
consensus	共識機制；所有人皆認可區塊生成（即雜湊結果）的過程。
consortium blockchains	聯盟鏈；介於公有與私有鏈的連接方式，通常透過邀請制加入，運作於數個群體或組織之間的區塊鏈網路。
contract account	智能合約在以太坊網路中的「位址」。
DApp (decentralized application)	一種在後端結合去中心化區塊鏈的應用程式，通常包含前端 GUI 程式與智能合約的組成。
DC/EP (Digital Currency Electronic Payment)	「數位貨幣電子支付」是由中國人民銀行發行的法定數位貨幣，在雙層營運模式下，定位等同於流通中現金（M0）。貨幣以電子形式存在，價值與人民幣的紙鈔和硬幣相等。2021 年 7 月，按國際慣例更名為 e-CNY。
double spending	雙花；同一筆加密貨幣同時傳給兩個不同人的問題。
DSA (digital signature algorithm)	數位簽章演算法；屬於美國聯邦資訊處理標準的演算法，是一種數位資料防偽技術。
ECC (elliptic-curve cryptography)	橢圓曲線演算法；一種公開金鑰的密碼技術，金鑰長度較其它演算法更短，但安全程度卻更強。
ECDSA	橢圓曲線數位簽章演算法；結合 ECC 與 DSA 的加密演算法。
EOA (externally owned account)	一組公開字串，對應於終端用戶的私鑰，可想像成終端用戶在以太坊區塊鏈的「銀行帳號」，可擁有以太幣餘額。
ERC 20	編號第 20 號的 Ethereum Request for Comment 需求，提出實作代幣合約（token contract）的參考標準。
Ether	以太幣；在以太坊區塊鏈中，做為支付機制的加密貨幣。
Ethereum	以太坊；第一個可執行程式（智能合約）的區塊鏈。

專有名詞	解釋
Ethereum wallet	以太錢包；提供方便友善且具圖形化操作界面，可進行加密貨幣的資金移轉、智能合約的使用等。
EVM (Ethereum virtual machine)	Ethereum 虛擬機；存在於以太坊節點之中，負責執行存放在區塊上的 bytecode。具有圖靈完備特性。
faucet service	水龍頭服務；在以太坊區塊鏈中，取得免費測試幣的服務。
fork	分叉；同一時間內，有兩個區塊生成，造成在全區塊鏈網路中，存在著兩條高度相同，但礦工簽名不同或交易排序不同的區塊鏈。
fungible tokens	可代替的代幣；兩人可以相互移轉代幣後，看不出有任何價值差別。
gas	在以太坊區塊鏈中，執行交易所需支付的以太幣。願意支付的 gas 若低於要求，則為交易失敗。
genesis block	創世區塊；區塊鏈網路上的第一個區塊。
go-ethereum	簡稱為 geth，使用 Go 語言所開發的以太坊節點程式。
hash function	雜湊函式；將資料編碼成固定長度且不可逆的結果。
Hype cycle	Gartner 顧問公司每年會對新科技的成熟演變速度及要達到成熟所需的時間，提出預測與推論，並繪製的「技術成熟度曲線」，協助企業評估是否採用新科技。
ICO (initial coin offering)	數位貨幣首次公開募資，源自股票市場的 IPO 概念，向公眾募集加密貨幣。
IPO (initial public offering)	首次公開募股，是公開上市集資的類型之一。
JSON (Javascript object notation)	一種輕量級的資料交換語言。
JSON-RPC	透過 JSON 格式，並以無狀態（stateless）、輕量（light-weight）的遠端程序呼叫（remote procedure call, RPC）通訊協定，使用節點的功能。
Merkle tree	二元樹狀（binary tree）資料結構。
mining	挖礦；計算區塊雜湊值的動作。
miner	礦工；執行雜湊運算可獲得加密貨幣獎勵的帳號。

專有名詞	解釋
NFT (non-fungible token)	不可代替代幣；代幣具有唯一性，同時每個代幣具有不同的價值，適合實現「真實資產」在虛擬世界的「產權代表」。
Node.js	一種能在伺服器端執行 JavaScript 的開放原始碼、跨平台之執行環境。
nonce	在密碼學中，代表只能被使用一次的數字。
P2P network	點對點網路，毋須通過中心機制的網路連線架構。
parity	使用權威證明（Proof-of-Authority, PoA）共識演算法的以太坊區塊鏈。
PoA (proof-of-authority)	「權威證明」之共識機制；依靠預設的 authority nodes，在指定的時間內生成區塊的共識演算法。
PoW (proof-of-work)	「工作量證明」之共識機制，以計算速度為獎勵之判定依據。
PoS (proof-of-stake)	「權益證明」之共識機制，依持有者質押的方式獲取獎勵。
private blockchain	私有鏈；限制使用於某個群體或是組織內部的區塊鏈網路。
public blockchain	公有鏈；對全世界開放，任何人皆可自由連接、讀取資料與發送交易的區塊鏈網路。
Quorum	摩根大通基於 Ethereum 技術，所開發的區塊鏈平台。
RPC (remote procedure call)	遠端程序呼叫；是一種電腦通訊協定，允許執行另一台電腦上的程式。
smart contract	智能合約；在以太坊區塊鏈上所執行的程式。
SHA256	SHA256 是安全雜湊演算法 2 (secure hash algorithm 2)的成員之一，是一種雜湊函式演算法的標準。
SHA3	SHA3 (secure hash algorithm 3)；第三代安全雜湊演算法，原名為 Keccak。
Solidity	一種靜態型別、合約導向式的程式語言，用於開發在 EVM 上執行的智慧型合約。
STO (Security Token Offering)	證券型代幣，即資產權利轉換為區塊鏈代幣並發行給公眾，是一種受政府高度監管的 ICO。

專有名詞	解釋
SWIFT (Society for Worldwide Interbank Financial Telecommunication)	「全球銀行金融電信協會」，總部位於比利時的全球性同業合作組織，為全球社群提供金融報文傳送平台和通信標準。
Turing completeness	圖靈完備；在不論時間長短的情況下，機器可以將一切可計算的問題（computational problem）計算出結果。機器（或程式語言）具有下列四種特性，即可稱之為圖靈完備：無限的儲存（storage）、運算（arithmetic）、條件判斷（conditional branching）以及重複（Repetition）。
Unix epoch	UNIX 系統常使用的時間表示方式，代表在不考慮閏秒的情況下，從協調世界時間（即 1970 年 1 月 1 日 0 時 0 分 0 秒起）到目前為止的總秒數。
web3.js	一種用來跟以太坊區塊鏈網路溝通的 JavaScript 函式庫。
web3j	是一個輕量級、高度模組化、具高互動性、型別安全的 Java 函式庫套件。透過 web3j 套件的使用，Java 程式便可和 Ethereum 節點程式與網路進行互動，也能很方便地整合鏈上的智能合約。

B

區塊鏈相關套件文件說明

　　區塊鏈是個創新的技術，各種支援方案方興未艾，初學者常感吃力，無所適從，我們建議讀者學會閱讀各相關方案的文件說明，這是學好區塊鏈技術的不二法門。因此，本附錄整理本書所用到的解決方案的文件說明。

B-1 | web3j 套件

　　web3j 是本書主角之一，它是一個輕量級、高度模組化、具高互動性、型別安全的 Java 函式庫套件。透過 web3j 套件，Java 程式便可和 Ethereum 節點程式與區塊鏈網路進行互動，也能輕易地整合鏈上的智能合約。本書付梓之際，web3j 在 GitHub 共獲得 4,400 顆以上的星星評等，當時在 GitHub 的專案共有 7,840,356 個之多，其中獲得 1,000 顆以上星星評等的專案，約有 37,603 個，而能夠獲得 4,000 顆星星評等的專案，更是鳳毛麟角，總計只有 8,543 個專案。由此觀之，web3j 是排名前 0.1%的專案，足見是一個極受眾人好評的專案。

　　傳統使用 Java 套件時，程式設計師往往都習慣參閱 JavaDoc 文件，如此一來，可以從宏觀的角度掌握類別與函數的運用。然可惜的是，web3j 不論在 GitHub 或是官網皆沒有提供線上 JavaDoc 版文件來參閱，十分不便。為此，程式設計師可藉由專案自動化建構工具 gradle 自行編譯套件時，同時生成 JavaDoc 文件。如下所示，乃是筆者所建立的 web3j JavaDoc 文件。

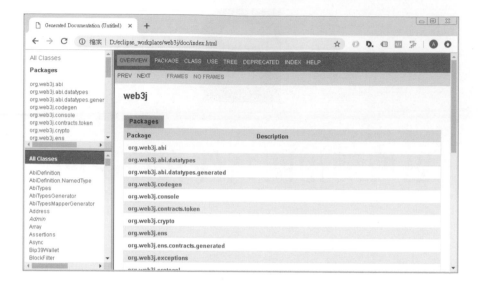

　　這個畫面應該讓 Java 程式設計師倍感親切了，它完整呈現 web3j 所有的 package 和類別，再也不會迷失在迷霧之中。

　　讀者從左下角可選類別 org.web3j.codegen.SolidityFunctionWrapperGenerator，它是我們接觸 web3j 的第一個類別，用來產製智能合約包裹物件的工具程式。如下即為其 JavaDoc 說明。簡單地說，該工具可以藉由 Solidity 的 ABI，建立對映的 Java 原始碼。

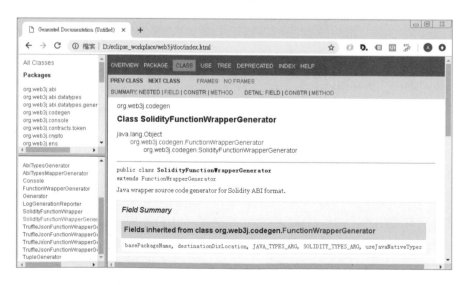

　　在前幾章的範例中，Java 程式設計師可以透過 Web3j 類別的 build 靜態函數，在傳入 HttpService 物件之後，取得可與區塊鏈節點連接的 Web3j 物件。

```java
Web3j web3 = Web3j.build(new HttpService("http://127.0.0.1:8080/"));
```

　　然而，根據上圖 JavaDoc 文件的內容，Web3j 類別的套件名稱是 org.web3j. protocol，同時用來取得物件實體的 build 函數的傳入值必須實作 Web3jService，這似乎和各章節的範例皆傳入 HttpService 物件有所不同？因此，讓我們點選上圖中的 Web3jService，藉由超連結引導取得對 Web3jService 介面更詳細的說明。

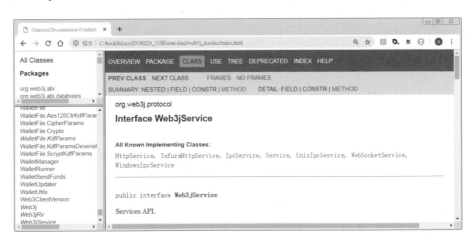

在 Web3jService 介面的 JavaDoc 頁面可以看出來，有多個類別皆實作 Web3jService 介面，HttpService 也是其中一個。讓我們再點選 HttpService 類別的超連結。果不其然，該類別的 JavaDoc 文件亦說明 HttpService 乃是一個實作 Web3jService 介面的類別。

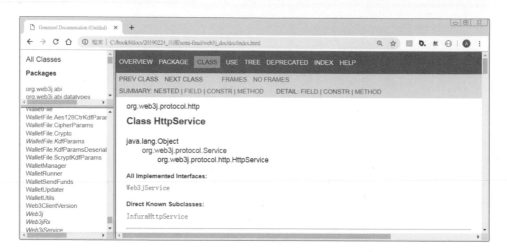

正因為如此，Web3j 物件的 build 函數才可以接受以 HttpService 物件為傳入參數的情況。透過 JavaDoc 文件的層次性的閱讀便可以讓程式設計師了解 Web3j 所有類別之間的關聯。

但並非所有函數、介面或類別等都有如此完善之說明，我們來看看一個常用在取得金鑰檔的憑證物件之指令：

```
Credentials credentials = WalletUtils.loadCredentials("168", " keyfile");
```

如下是 JavaDoc 對 loadCredentials 函數的說明。

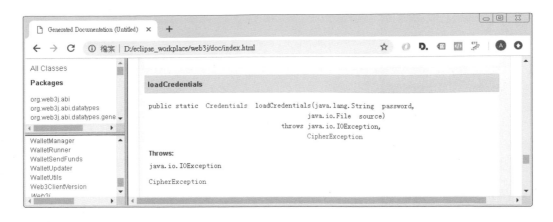

　　該函數除了說明參數以及可能產生的例外事件外，並沒有提供進一步如何使用上的說明。這也是目前大多區塊鏈工程師所面臨到的問題，所有的資訊皆散在網際網路各角落，並沒有一個統一的窗口，即便連官方的文件亦復如是。身為程式設計師的我們，該如何因應才好呢？最好的學習法不外乎就是多觀摩他人所分享的程式碼、多花一些時間加以測試與研究。這也正是本書的價值之一，筆者在撰寫本書時，也面臨沒有足夠的文件可參考的窘境，僅能耗費大量的心力 try and error，找到一個相對可行的方法。

B-2　Solidity 套件

　　之於 Java 語言的 web3j 套件，Solidity 的文件支援又是怎麼樣的情況呢？基本上，solidity 是個語法類似於 Javascript 的程式語言。如下是 Solidity 智能合約開發者的線上文件（https://solidity.readthedocs.io/en/develop/index.html），從網頁標題更新到 0.8.0 版來看，是有持續性的維護。

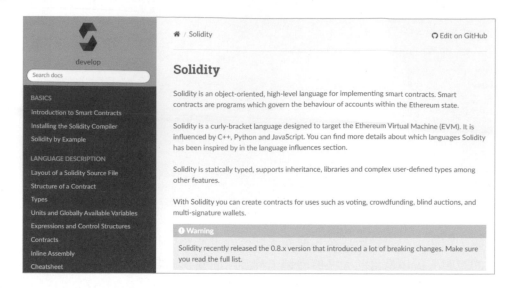

本書在第四章對 Solidity 智能合約常用的函數做了簡單的介紹，然讀者可從此網站發現，Solidity 其實提供不少的函數可供使用，例如：block.difficulty (uint) 可以取得當前區塊的困難值、tx.gasprice (uint) 可以查詢當前交易的 gas 價格等。下圖即為官網對 Solidity 所有函數之說明。

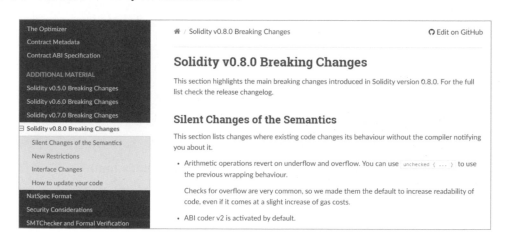

然可惜的是，官網雖然藉由章節編排對函數介紹做了區隔整理，但整體來說，依舊是散落在官網的各個地方。因此，學習 solidity 的不二法門也是多多觀摩他人作品並勤快動手做。

APPENDIX C

圖像引用致謝

本書部分圖像引用自 www.flaticon.com 網站上之圖庫，感謝之作者如下所列：

作者：bqlqn

　　page 1-56 (上) (錢符號)

作者：Freepik

　　page 1-20、1-21、1-22 (人影)

　　page 1-52 (人影、銀行)

　　page 1-56 (上) (飛機)

　　page 1-56 (下) (銀行、雨傘、客戶)

　　page 3-03、3-15 (人影)

　　page 4-42 (銀行、人影、App)

　　page 5-50、5-51 (錢包)

　　page 6-04 (人影、App)

　　page 6-05 (供應商、製造商、銷售商、人影)

　　page 6-07 (供應商、製造商、銷售商、人影、銀行)

　　page 6-27 (銀行、雨傘、客戶)

作者：iconixar

　　　　page 1-21 (上)、3-15 (HTML)

作者: joalfa

　　　　page 1-56 (下)、6-26 (醫院)

作者：Smashicons

　　　　page 1-05 (電腦)

　　　　page 1-20、1-21、1-22、3-03、3-15 (電腦、JSON)

　　　　page 4-42、6-04 (電腦)

作者：srip

　　　　page 1-21、1-21、3-15 (Server)

作者：surang

　　　　page 1-20、1-21、1-22、3-03、3-15、4-04、4-42、6-04 (智能合約)

區塊鏈 NFT 與 Web3 實務應用

作　　者：李昇暾 / 詹智安
企劃編輯：江佳慧
文字編輯：詹祐甯
設計裝幀：張寶莉
發 行 人：廖文良

發 行 所：碁峰資訊股份有限公司
地　　址：台北市南港區三重路 66 號 7 樓之 6
電　　話：(02)2788-2408
傳　　真：(02)8192-4433
網　　站：www.gotop.com.tw
書　　號：AEL026500
版　　次：2023 年 04 月初版
建議售價：NT$600

國家圖書館出版品預行編目資料

區塊鏈 NFT 與 Web3 實務應用 / 李昇暾, 詹智安著. -- 初版. --
　臺北市：碁峰資訊, 2023.04
　　面；　公分
　ISBN 978-626-324-446-7(平裝)
　1.CST：網路資料庫　2.CST：通訊協定　3.CST：電子貨幣
312.758　　　　　　　　　　　　　　　　　112002416

讀者服務

- 感謝您購買碁峰圖書，如果您對本書的內容或表達上有不清楚的地方或其他建議，請至碁峰網站：「聯絡我們」\「圖書問題」留下您所購買之書籍及問題。（請註明購買書籍之書號及書名，以及問題頁數，以便能儘快為您處理）
http://www.gotop.com.tw

- 售後服務僅限書籍本身內容，若是軟、硬體問題，請您直接與軟體廠商聯絡。

- 若於購買書籍後發現有破損、缺頁、裝訂錯誤之問題，請直接將書寄回更換，並註明您的姓名、連絡電話及地址，將有專人與您連絡補寄商品。